今すぐ使えるかんたん

Windows 11

完全ガイドブック

Copilot 対応　改訂第3版

困った
解決&
便利技

JN051700

Imasugu Tsukaeru Kantan Series
Windows 11 Kanzen Guide book : Copilot
LibroWorks

技術評論社

本書の使い方

- 本書は、パソコンの操作に関する質問に、Q&A 方式で回答しています。
- 目次やインデックスの分類を参考にして、知りたい操作のページに進んでください。
- 画面を使った操作の手順を追うだけで、パソコンの操作がわかるようになっています。

クエスチョンのタイトルは具体的な
質問や疑問を表しています。

クエスチョンという単位
ごとに、パソコンの機能
や操作について解説して
います。

クエスチョンに対する回
答を簡潔に表しています。
「設定」アプリの手順とコ
ントロールパネルでの手
順など、複数の回答を表
示する場合もあります。

参照するQ番号を示して
います。

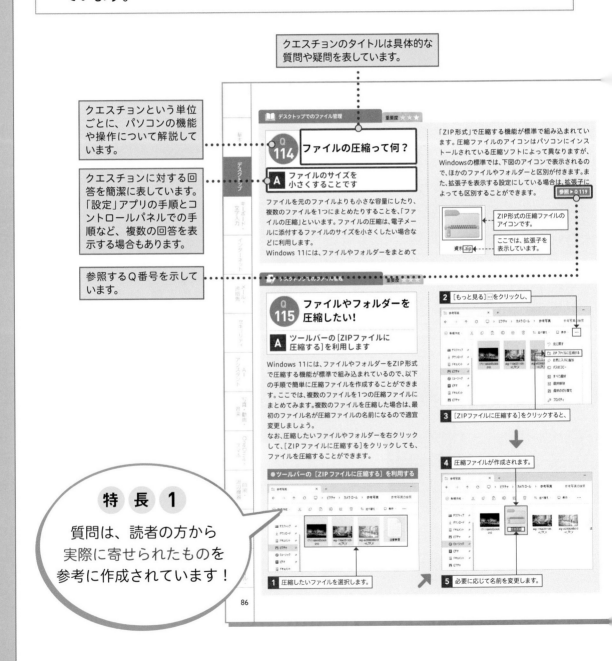

特 長 1

質問は、読者の方から
実際に寄せられたものを
参考に作成されています！

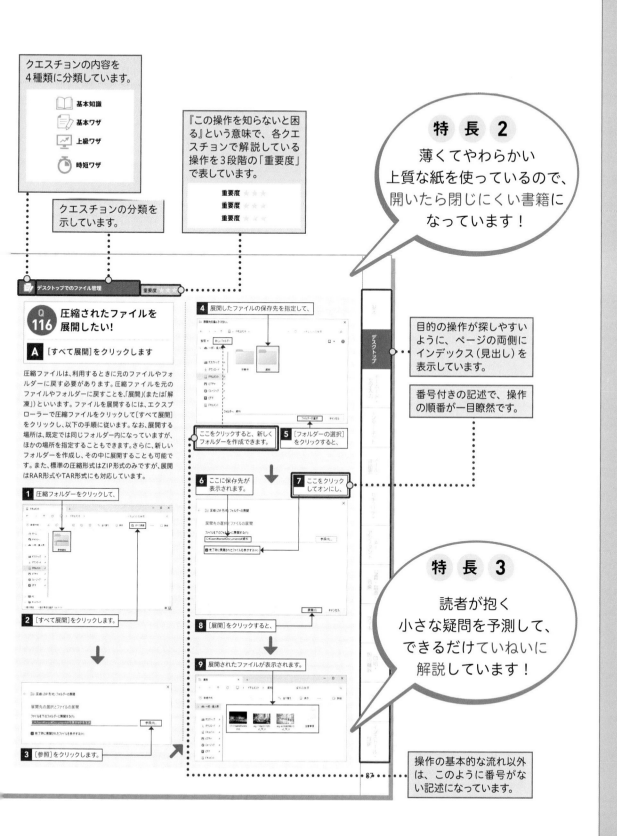

クエスチョンの内容を
4種類に分類しています。

📖 基本知識
📝 基本ワザ
📈 上級ワザ
⏱ 時短ワザ

クエスチョンの分類を
示しています。

『この操作を知らないと困る』という意味で、各クエスチョンで解説している操作を3段階の「重要度」で表しています。

重要度 ★ ★ ★
重要度 ★ ★ ★
重要度 ★ ★ ★

特 長 2

薄くてやわらかい
上質な紙を使っているので、
開いたら閉じにくい書籍に
なっています！

デスクトップでのファイル管理　　重要度

Q 116 圧縮されたファイルを展開したい！

A ［すべて展開］をクリックします

圧縮ファイルは、利用するときに元のファイルやフォルダーに戻す必要があります。圧縮ファイルを元のファイルやフォルダーに戻すことを「展開」(または「解凍」)といいます。ファイルを展開するには、エクスプローラーで圧縮ファイルをクリックして［すべて展開］をクリックし、以下の手順に従います。なお、展開する場所は、既定では同じフォルダー内になっていますが、ほかの場所を指定することもできます。さらに、新しいフォルダーを作成し、その中に展開することも可能です。また、標準の圧縮形式はZIP形式のみですが、展開はRAR形式やTAR形式にも対応しています。

1 圧縮フォルダーをクリックして、

2 ［すべて展開］をクリックします。

3 ［参照］をクリックします。

4 展開したファイルの保存先を指定して、

ここをクリックすると、新しくフォルダーを作成できます。

5 ［フォルダーの選択］をクリックすると、

6 ここに保存先が表示されます。

7 ここをクリックしてオンにし、

8 ［展開］をクリックすると、

9 展開されたファイルが表示されます。

目的の操作が探しやすいように、ページの両側にインデックス(見出し)を表示しています。

番号付きの記述で、操作の順番が一目瞭然です。

特 長 3

読者が抱く
小さな疑問を予測して、
できるだけていねいに
解説しています！

操作の基本的な流れ以外は、このように番号がない記述になっています。

3

パソコンの基本操作

● 本書の解説は、基本的にマウスを使って操作することを前提としています。
● お使いのパソコンのタッチパッド、タッチ対応モニターを使って操作する場合は、各操作を次のように読み替えてください。

1 マウス操作

▼ クリック（左クリック）

クリック（左クリック）の操作は、画面上にある要素やメニューの項目を選択したり、ボタンを押したりする際に使います。

マウスの左ボタンを1回押します。

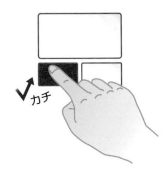

タッチパッドの左ボタン（機種によっては左下の領域）を1回押します。

▼ 右クリック

右クリックの操作は、操作対象に関する特別なメニューを表示する場合などに使います。

マウスの右ボタンを1回押します。

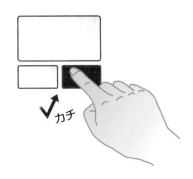

タッチパッドの右ボタン（機種によっては右下の領域）を1回押します。

▼ ダブルクリック

ダブルクリックの操作は、各種アプリを起動したり、ファイルやフォルダーなどを開く際に使います。

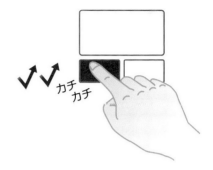

マウスの左ボタンを素早く2回押します。

タッチパッドの左ボタン（機種によっては左下の領域）を素早く2回押します。

▼ ドラッグ

ドラッグの操作は、画面上の操作対象を別の場所に移動したり、操作対象のサイズを変更する際などに使います。

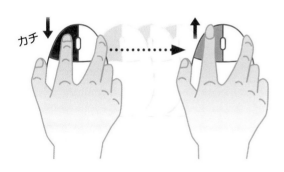

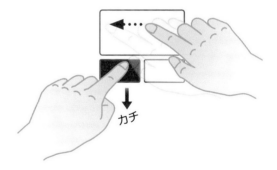

マウスの左ボタンを押したまま、マウスを動かします。目的の操作が完了したら、左ボタンから指を離します。

タッチパッドの左ボタン（機種によっては左下の領域）を押したまま、タッチパッドを指でなぞります。目的の操作が完了したら、左ボタンから指を離します。

メモ　ホイールの使い方

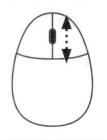

ほとんどのマウスには、左ボタンと右ボタンの間にホイールが付いています。ホイールを上下に回転させると、Webページなどの画面を上下にスクロールすることができます。そのほかにも、Ctrl を押しながらホイールを回転させると、画面を拡大／縮小したり、フォルダーのアイコンの大きさを変えることができます。

2 利用する主なキー

▼ 半角／全角キー

| 半角／全角／漢字 | 日本語入力と英語入力を切り替えます。 |

▼ ファンクションキー

F1 ～ F12 12個のキーには、ソフトごとによく使う機能が登録されています。

▼ デリートキー

Delete 文字を消すときに使います。「Del」と表示されている場合があります。

▼ 文字キー

文字を入力します。

▼ バックスペースキー

Back Space 入力位置を示すポインターの直前の文字を1文字削除します。

▼ エンターキー

Enter 変換した文字を決定するときや、改行するときに使います。

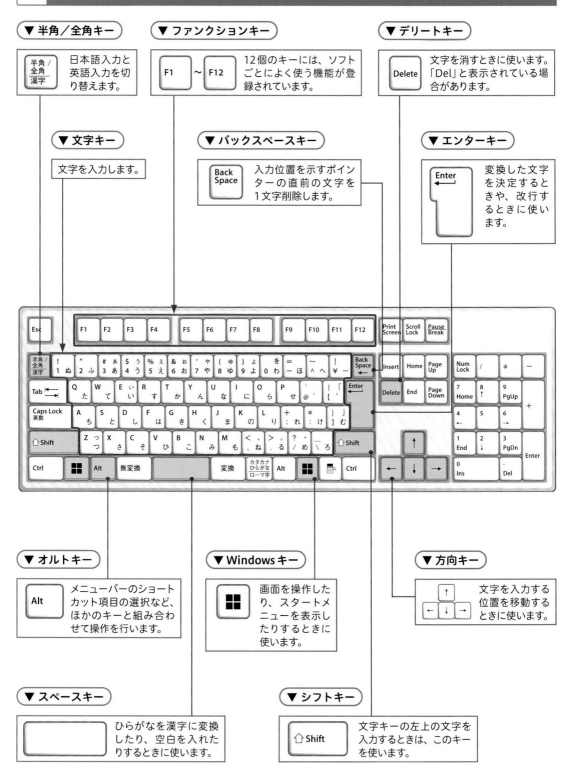

▼ オルトキー

Alt メニューバーのショートカット項目の選択など、ほかのキーと組み合わせて操作を行います。

▼ Windows キー

画面を操作したり、スタートメニューを表示したりするときに使います。

▼ 方向キー

↑ ← ↓ → 文字を入力する位置を移動するときに使います。

▼ スペースキー

ひらがなを漢字に変換したり、空白を入れたりするときに使います。

▼ シフトキー

⇧Shift 文字キーの左上の文字を入力するときは、このキーを使います。

3 | タッチ操作

▼ タップ

画面に触れてすぐ離す操作です。ファイルなど何かを選択するときや、決定を行う場合に使用します。マウスでのクリックに当たります。

▼ ダブルタップ

タップを2回繰り返す操作です。各種アプリを起動したり、ファイルやフォルダーなどを開く際に使用します。マウスでのダブルクリックに当たります。

▼ ホールド

画面に触れたまま長押しする操作です。詳細情報を表示するほか、状況に応じたメニューが開きます。マウスでの右クリックに当たります。

▼ ドラッグ

操作対象をホールドしたまま、画面の上を指でなぞり上下左右に移動します。目的の操作が完了したら、画面から指を離します。

▼ スワイプ／スライド

画面の上を指でなぞる操作です。ページのスクロールなどで使用します。

▼ フリック

画面を指で軽く払う操作です。スワイプと混同しやすいので注意しましょう。

▼ ピンチ／ストレッチ

2本の指で対象に触れたまま指を広げたり狭めたりする操作です。拡大（ストレッチ）／縮小（ピンチ）が行えます。

▼ 回転

2本の指先を対象の上に置き、そのまま両方の指で同時に右または左方向に回転させる操作です。

① Windows 11 の基本を知ろう！

★ Windows 11 の特徴

001　Windows 11 って何？ ………………………………………………… 30

002　11 以外の Windows もあるの？ …………………………………… 30

003　Windows 11 の「エディション」って何？ ……………………… 30

004　Windows 11 の「バージョン」って何？ ………………………… 31

005　自分のパソコンのエディションとバージョンを知りたい！ ……… 31

006　パソコンには Windows 以外もあるの？ ………………………… 31

★ マウス・タッチパッド・タッチディスプレイでの操作

007　マウス・タッチパッド・タッチディスプレイはどう違うの？ …… 32

008　マウスを使うにはどうすればいいの？ …………………………… 32

009　マウスやタッチパッドの操作の基本を知りたい！ ……………… 33

010　タッチディスプレイの操作の基本を知りたい！ ………………… 34

★ Windows 11 の起動と終了

011　パソコンを起動して使い始めるまでの手順を知りたい！ ……… 35

012　パソコンの電源を切るにはどうしたらいいの？ ………………… 36

013　「シャットダウン」と「スリープ」の違いは？ ………………… 36

014　「スリープ」と「ロック」の違いは？ …………………………… 36

015　「サインアウト」って何？ ………………………………………… 37

016　「サインインオプション」って何？ ……………………………… 37

★ 起動・終了や動作のトラブル

017　電源を入れてもパソコンが起動しない！ ………………………… 38

018　電源を入れても画面が真っ暗なまま！ …………………………… 38

019　起動時の PIN を忘れてしまった！ ……………………………… 39

020　パソコンの画面が真っ暗になった！ ……………………………… 40

021　パソコンの音が鳴らなくなった！ ………………………………… 40

022　「強制的にシャットダウン」と表示された！ …………………… 40

023　本人確認が必要と言われた！ ……………………………………… 41

★ スタートメニュー・アプリの基本操作

024　スタートメニューの見方を知りたい！ …………………………… 42

025　スタートメニューでの操作の基本を知りたい！ ………………… 43

026　[スタート]の機能を知りたい！ ………………………………… 43

027 よく使うアプリを移動しやすい位置に表示させたい！ ……………………… 44

028 「ピン留め」って何？ ……………………………………………………… 45

029 ピン留めしたアプリを整理したい！ ……………………………………… 45

030 ピン留めを解除したい！ …………………………………………………… 45

031 「すべてのアプリ」に探したいアプリが表示されない！ ……………… 46

032 スタートメニューからフォルダーにアクセスしたい！ ………………… 46

033 スタートメニューのアプリをまとめたい！ ……………………………… 47

034 スタートメニューのレイアウトを変えたい！ …………………………… 47

035 アプリを画面いっぱいに表示したい！ …………………………………… 48

036 アプリを終了するにはどうすればいいの？ ……………………………… 48

037 「コントロールパネル」を開きたい！ …………………………………… 49

038 「ファイル名を指定して実行」を開きたい！ …………………………… 49

⭐ Pro 版との違い

039 Pro との違いは？ ………………………………………………………… 50

040 Pro 独自の機能について知りたい！ ……………………………………… 50

Chapter

② Windows 11のデスクトップ便利技 ！

⭐ デスクトップの基本

041 デスクトップって何？ ……………………………………………………… 52

042 これまでのデスクトップと違うところはどこ？ ………………………… 52

043 デスクトップの見方を知りたい！ ………………………………………… 53

044 デスクトップアイコンの大きさを変えたい！ …………………………… 54

045 デスクトップアイコンを移動させたい！ ………………………………… 54

046 デスクトップアイコンを整理したい！ …………………………………… 54

047 画面を画像にして保存したい！ …………………………………………… 55

048 画面に書き込みをしてから画像にしたい！ ……………………………… 56

049 画面を画像としてコピーしたい！ ………………………………………… 56

050 選択しているウィンドウのみを画像として保存したい！ ……………… 56

051 画像のテキストを抜き出したい！ ………………………………………… 57

052 画面操作を録画したい！ …………………………………………………… 57

⭐ ウィンドウ操作・タスクバー

053 ウィンドウ操作の基本を知りたい！ ……………………………………… 58

054 ウィンドウの大きさを変更したい！ ……………………………………… 58

055 ウィンドウを移動させたい！ ……………………………………… 58
056 ウィンドウを簡単に切り替えたい！ …………………………… 59
057 ウィンドウをきれいに並べたい！ ………………………………… 60
058 素早くウィンドウを並べたい！ …………………………………… 61
059 レイアウト済みのウィンドウセットを復元したい！ ………… 61
060 ウィンドウのサイズが勝手に変わってしまった！ …………… 62
061 ウィンドウが画面外にはみ出してしまった！ ………………… 62
062 一時的にデスクトップを確認したい！ ………………………… 63
063 見ているウィンドウ以外を最小化したい！ …………………… 63
064 すべてのウィンドウを一気に最小化したい！ ………………… 63
065 ウィンドウの中身を簡単に見たい！ …………………………… 64
066 再起動するように表示された！ ………………………………… 64
067 タスクバーって何？ ……………………………………………… 64
068 タスクバーの使い方を知りたい！ ……………………………… 65
069 タスクバーの表示項目を減らしたい！ ………………………… 65
070 タスクバーの右の日時を非表示にしたい！ …………………… 66
071 タスクバーのアプリケーションウィンドウを個別に表示したい！ … 66
072 タスクバーを隠して画面を大きく表示したい！ ……………… 67
073 よく使うファイルをすぐに開きたい！ ………………………… 67
074 アプリをタスクバーから素早く起動したい！ ………………… 68
075 背面のアプリですぐにファイルを開きたい！ ………………… 68
076 タスクバーの右の日時を和暦にしたい！ ……………………… 69
077 画面右下に表示されるメッセージは何？ ……………………… 69
078 通知を詳しく確認したい！ ……………………………………… 69
079 タスクバーの右に表示されているベルは何？ ………………… 70
080 音量を簡単に調整したい！ ……………………………………… 70

★ 仮想デスクトップ

081 仮想デスクトップって何？ ……………………………………… 71
082 新しいデスクトップを作成したい！ …………………………… 71
083 デスクトップに名前を付けたい！ ……………………………… 72
084 操作する仮想デスクトップを切り替えるには？ ……………… 72
085 仮想デスクトップをタスクバーで切り替えたい！ …………… 72
086 仮想デスクトップを切り替えたらアプリが消えた！ ………… 73
087 アプリを別の仮想デスクトップに移動するには？ …………… 73
088 使わない仮想デスクトップを削除したい！ …………………… 73

089 Windows の「ファイル」って何？ ……………………………………… 74

090 ファイルとフォルダーの違いは？ ……………………………………… 74

091 エクスプローラーって何？ ……………………………………………… 75

092 エクスプローラーの操作方法が知りたい！ …………………………… 75

093 Windows 10 までのエクスプローラーとの違いは？ ………………… 76

094 ナビゲーションウィンドウの操作方法が知りたい！ ………………… 76

095 「ドキュメント」や「ピクチャ」を開きたい！ ……………………… 77

096 ［PC］って何？ どんなふうに使えばいいの？ …………………… 77

097 アイコンの大きさを変えたい！ ………………………………………… 78

098 ファイルやフォルダーをコピーしたい！ ……………………………… 78

099 ファイルやフォルダーを移動したい！ ………………………………… 79

100 複数のファイルやフォルダーを一度に選択したい！ ………………… 79

101 ［ファイルの置換またはスキップ］画面が表示された！ …………… 80

102 フォルダーを作ってファイルを整理したい！ ………………………… 80

103 ウィンドウを増やさずにエクスプローラーを利用したい！ ………… 81

104 エクスプローラーのタブ間でファイルを移動するには？ ………… 81

105 ファイルやフォルダーの名前を変えたい！ …………………………… 82

106 ファイル名として使えない文字があると言われた！ ………………… 82

107 「上書き保存」と「名前を付けて保存」の違いは？ ………………… 82

108 ファイルやフォルダーを並べ替えたい！ ……………………………… 83

109 ファイルやフォルダーを削除したい！ ………………………………… 83

110 削除したファイルはどうなるの？ ……………………………………… 84

111 ごみ箱に入っているファイルを元に戻したい！ ……………………… 84

112 ごみ箱の中のファイルをまとめて消したい！ ………………………… 85

113 ごみ箱の中のファイルを個別に削除したい！ ………………………… 85

114 ファイルの圧縮って何？ ………………………………………………… 86

115 ファイルやフォルダーを圧縮したい！ ………………………………… 86

116 圧縮されたファイルを展開したい！ …………………………………… 87

117 他人に見せたくないファイルを隠したい！ …………………………… 88

118 隠しファイルを表示させたい！ ………………………………………… 88

119 ファイルの拡張子って何？ ……………………………………………… 89

120 ファイルの拡張子を表示したい！ ……………………………………… 89

121 「アプリを選択して○○ファイルを開く」って何？ ………………… 90

122 タッチ操作でもエクスプローラーを使いやすくしたい！ ………… 90

123 ファイルやフォルダーを検索したい！ ………………………………… 91

124 条件を指定してファイルを検索したい！ ……………………………… 92

125　ファイルを開かずに内容を確認したい！ ……………………… 92

126　ファイルの詳細をすぐに確認したい！ ………………………… 93

127　「ホーム」って何？ ……………………………………………… 93

128　パソコン内の写真や動画を簡単に確認したい！ ……………… 93

129　クイックアクセスに新しいフォルダーを追加したい！ ……… 94

130　よく使うフォルダーをデスクトップに表示させたい！ ……… 94

③ キーボードと文字入力の快適技！

★ キーボード入力の基本

131　キーボード入力の基本を知りたい！ …………………………… 96

132　キーに書かれた文字の読み方がわからない！ ………………… 97

133　キーボードの表示と入力が一致しない！ ……………………… 97

134　スペースの横にあるキーは何？ ………………………………… 98

135　カーソルって何？ ………………………………………………… 98

136　日本語入力と半角英数字入力どちらになっているかわからない！ … 98

137　日本語入力と半角英数字入力を切り替えるには？ …………… 99

138　タッチディスプレイではどうやって文字を入力するの？ ……100

139　タッチディスプレイでのキーボードの種類を知りたい！ ……101

140　言語バーはなくなったの？ ……………………………………102

141　デスクトップ画面に言語バーを表示させたい！ ………………102

142　文字カーソルの移動や改行のしかたを知りたい！ ……………103

★ 日本語入力

143　日本語入力の基本を知りたい！ ………………………………103

144　日本語が入力できない！ ………………………………………104

145　文字を削除したい！ ……………………………………………104

146　漢字を入力したい！ ……………………………………………105

147　カタカナを入力したい！ ………………………………………106

148　文字が目的の位置に表示されない！ …………………………107

149　「文節」って何？ ………………………………………………107

150　文節の区切りを変えてから変換したい！ ……………………107

151　変換する文節を移動したい！ …………………………………108

152　文字を変換し直したい！ ………………………………………108

153　変換しにくい単語を入力したい！ ……………………………109

154　読み方がわからない漢字を入力したい！ ……………………109

155 ローマ字入力からかな入力に切り替えたい！ ……………………………110
156 ローマ字入力とかな入力、どちらを覚えればいいの？ …………………111
157 単語を辞書に登録したい！ ………………………………………………111
158 郵便番号を住所に変換したい！ …………………………………………112

★英数字入力

159 英字を小文字で入力したい！ ……………………………………………112
160 英字を大文字で入力したい！ ……………………………………………113
161 半角と全角は何が違うの？ ………………………………………………113
162 全角英数字を入力したい！ ………………………………………………114

★記号入力

163 空白の入力のしかたを知りたい！ ………………………………………114
164 キーボードにない記号を入力したい！ …………………………………115
165 記号の読みが知りたい！ …………………………………………………115
166 平方メートルなどの記号を入力したい！ ………………………………116
167 さまざまな「」（カッコ）を入力したい！ ……………………………116
168 「ー」（長音）や「―」（ダッシュ）を入力したい！ ………………116

★キーボードのトラブル

169 キーの数が少ないキーボードはどうやって使うの？ …………………117
170 文字を入力したら前にあった文字が消えた！ …………………………117
171 小文字を入力したいのに大文字になってしまう！ ……………………118
172 数字キーを押しても数字が入力できない！ ……………………………118
173 キーに書いてある文字がうまく出せない！ ……………………………118
174 Home End はどんなときに使うの？ ……………………………………119
175 Page Up Page Down はどんなときに使うの？ …………………………119
176 F7 や F8 はどんなときに使うの？ ……………………………………120
177 Alt や Ctrl はどんなときに使うの？ …………………………………120
178 Esc はどんなときに使うの？ …………………………………………120

Chapter

④ Windows 11のインターネット活用技！

★インターネットへの接続

179 インターネットを始めるにはどうすればいいの？ ……………………122
180 インターネット接続に必要な機器は？ …………………………………122

181 無線と有線って何？ ································ 122

182 無線と有線どちらを選べばいいの？ ···················· 123

183 インターネット接続の種類とその特徴は？ ················· 123

184 プロバイダーはどうやって選べばいいの？ ················· 124

185 外出先でインターネットを使いたい！ ·················· 124

186 複数台のパソコンをインターネットにつなげるには？ ··········· 125

187 Wi-Fiって何？ ································· 125

188 Wi-Fiルーターの選び方を知りたい！ ··················· 125

189 家庭内のパソコンをWi-Fiに接続したい！ ················· 126

190 外出先でWi-Fiを利用するには？ ···················· 126

191 フリーWi-Fiスポットって何？ ······················ 127

192 同じWi-Fiに接続できる機器の上限はあるの？ ·············· 127

193 Wi-Fiにつながらなくなってしまった！ ·················· 127

194 インターネットに接続できない！ ····················· 128

195 インターネット接続中に回線が切れてしまう！ ··············· 129

196 ネットワークへの接続状態を確認したい！ ················· 129

⭐ ブラウザーの基本

197 インターネットでWebページを見るにはどうすればいいの？ ········ 130

198 Windows 11ではどんなブラウザーを使うの？ ············· 130

199 Edgeの画面と基本操作を知りたい！ ··················· 131

200 Edgeの右側のサイドバーを消したい！ ·················· 132

201 Edge以外のブラウザーもあるの？ ···················· 132

202 URLによく使われる文字の入力方法を知りたい！ ············· 133

203 アドレスを入力してWebページを開きたい！ ··············· 133

⭐ ブラウザーの操作

204 直前に見ていたWebページに戻りたい！ ················· 134

205 いくつか前に見ていたWebページに戻りたい！ ·············· 134

206 ページを戻りすぎてしまった！ ······················ 135

207 ［進む］［戻る］が使えない！ ······················ 135

208 ページの情報を最新にしたい！ ······················ 135

209 不適切なページを表示させないようにしたい！ ··············· 136

210 最初に表示されるWebページを変更したい！ ··············· 137

211 タブってどんな機能なの？ ························· 137

212 タブを利用して複数のWebページを表示したい！ ············· 138

213 タブを切り替えたい！ ···························· 138

214 リンク先のWebページを新しいタブに表示したい！ ············ 139

215 タブを複製したい！ ……………………………………139

216 タブを並べ替えたい！ ……………………………………140

217 不要になったタブだけを閉じたい！ ……………………………………140

218 タブを新しいウィンドウで表示したい！ ……………………………………140

219 タブを間違えて閉じてしまった！ ……………………………………141

220 タブが消えないようにしたい！ ……………………………………141

221 新しいタブに表示するサイトをカスタマイズしたい！ ……………………………………142

222 ファイルをダウンロードしたい！ ……………………………………142

223 Web ページにある画像をダウンロードしたい！ ……………………………………143

224 ダウンロードしたファイルをすぐに開きたい！ ……………………………………143

225 ダウンロードしたファイルはどこに保存されるの？ ……………………………………143

★ ブラウザーの便利な機能

226 Web ページをスタートメニューに追加したい！ ……………………………………144

227 Web ページをタスクバーに追加したい！ ……………………………………144

228 Web ページをお気に入りに登録したい！ ……………………………………145

229 お気に入りに登録した Web ページを開きたい！ ……………………………………145

230 お気に入りを整理するには？ ……………………………………146

231 フォルダーを使ってお気に入りを整理したい！ ……………………………………146

232 お気に入りの項目名を変更したい！ ……………………………………147

233 お気に入りを削除したい！ ……………………………………147

234 ほかのブラウザーからお気に入りを取り込める？ ……………………………………148

235 お気に入りバーって何？ ……………………………………148

236 お気に入りバーを表示したい！ ……………………………………149

237 Web ページをお気に入りバーに直接登録したい！ ……………………………………149

238 お気に入りバーを整理したい！ ……………………………………150

239 コレクションって何？ ……………………………………151

240 Web ページをコレクションに追加したい！ ……………………………………151

241 Web ページの画像やテキストをコレクションに追加したい！ ……………………………………152

242 コレクションの名前を変更したい！ ……………………………………152

243 コレクションを削除したい！ ……………………………………152

244 過去に見た Web ページを表示したり探したりしたい！ ……………………………………153

245 Web ページの履歴を見られたくない！ ……………………………………153

246 履歴を自動で消去できないの？ ……………………………………154

247 「パスワードを保存しますか？」って何？ ……………………………………154

248 Web ページを大きく表示したい！ ……………………………………155

249 フルスクリーンに切り替えて Web ページを広く表示したい！ ……………………………………155

250 Web ページを一部分だけ拡大したい！ ……………………………………155

251	Web ページを印刷したい！	156
252	ワークスペースって何？	156
253	ワークスペースを使いたい！	157
254	Edge に便利な機能を追加したい！	158
255	Web ページの画像を簡単に編集したい！	159
256	PDF って何？	160
257	PDF の表示サイズを変えたい！	160
258	PDF の表示サイズを画面に合わせたい！	161
259	PDF に書き込みたい！	161

★ Web ページの検索と利用

260	Web ページを検索したい！	161
261	検索エンジンを Google に変更したい！	162
262	複数のキーワードで Web ページを検索したい！	162
263	キーワードのいずれかを含むページを検索したい！	163
264	特定のキーワードを除いて検索したい！	163
265	長いキーワードが自動的に分割されてしまう！	164
266	キーワードに関する画像を検索したい！	164
267	キーワードに関する地図を検索したい！	164
268	言葉の意味を検索したい！	165
269	電車の乗り換えを調べたい！	165
270	「○○からのポップアップをブロックしました」と表示された！	165
271	Web ページの動画が再生できない！	166
272	アドレスバーの錠前のアイコンや「証明書」って何？	166

Chapter

❺ Windows 11 のメールと連絡先活用技！

★ 電子メールの基本

273	電子メールのしくみを知りたい！	168
274	電子メールにはどんな種類があるの？	168
275	メールソフトは何を使えばいいの？	169
276	Web メールにはどのようなものがあるの？	169
277	会社のメールを自宅のパソコンでも利用できる？	170
278	携帯電話のメールをパソコンでも利用できる？	170
279	送ったメールが戻ってきた！	170
280	Gmail を利用したい！	171

281	Gmail のアカウントの設定方法を知りたい！	172
282	写真や動画はメールで送れるの？	172
283	メールに添付する以外のファイルの送り方を知りたい！	172

★「Outlook」アプリの基本

284	「Outlook」アプリの設定方法を知りたい！	173
285	「Outlook」アプリではなく「メール」アプリが起動した！	173
286	「Outlook」アプリの画面の見方を知りたい！	174
287	プロバイダーメールのアカウントを「Outlook」アプリで使いたい！	175
288	ローカルアカウントで「Outlook」アプリは使えないの？	176
289	複数のメールアカウントを利用したい！	176
290	使わないメールアカウントを削除したい！	177
291	受信したメールを読みたい！	177
292	メールに添付されたファイルを開きたい！	178
293	添付されたファイルを保存したい！	178
294	メールを送りたい！	179
295	受信したメールに返信したい！	179
296	「CC」「BCC」って何？	179
297	複数の人に同じメールを送りたい！	180
298	メールを別の人に転送したい！	180
299	CC で送られている人にもまとめて返信したい！	180
300	「メール」画面から簡単に今日の予定を知りたい！	181
301	メールに署名を入れたい！	181
302	メールにファイルを添付したい！	181

★ メールの管理と検索

303	「メール」画面をもっと見やすくしたい！	182
304	同期してもメールが届いていない！	182
305	たまったメールをすべて「開封済み」にしたい！	182
306	「アーカイブ」フォルダーに移動して受信フォルダを整理したい！	183
307	知らないアドレスからメールが来た！	183
308	新しいフォルダーを作成したい！	183
309	メールを別のフォルダーに移動したい！	184
310	「フラグ」って何？	184
311	読んだメールを未読に戻したい！	184
312	複数のメールを素早く選択したい！	185
313	メールを削除したい！	185
314	削除したメールを元に戻したい！	185

315　メールを完全に削除したい！ ………………………………………186

316　メールを検索したい！ ………………………………………………186

317　メールを印刷したい！ ………………………………………………186

★「連絡先」の利用

318　メールアドレスを管理したい！ ……………………………………187

319　「連絡先」に連絡先を登録したい！ ………………………………187

320　登録した連絡先情報を編集したい！ ………………………………188

321　「連絡先」からメールを作成したい！ ……………………………188

Chapter

❻ セキュリティの疑問解決＆便利技！

★インターネットと個人情報

322　パスワードを忘れてしまった！ ……………………………………190

323　Edge は安全なブラウザーなの？ …………………………………190

324　保存済みのパスワードの情報を消したい！ ………………………191

325　InPrivate ブラウズって何？ ………………………………………191

326　パソコンを共用している際に気を付けることは？ ………………192

327　閲覧履歴を消したい！ ………………………………………………192

328　プライバシーポリシーって何？ ……………………………………192

★ウイルス

329　ウイルスはどこから感染するの？ …………………………………193

330　ウイルスに感染したらどうなるの？ ………………………………193

331　ウイルスに感染しないために必要なことは？ ……………………193

332　どんな Web ページが危険か教えて！ ……………………………194

333　ウイルスファイルをダウンロードするとどうなるの？ …………194

334　ウイルスはパソコンが自動で見つけてくれるの？ ………………194

335　ウイルスに感染したらどうすればいいの？ ………………………195

★Windows 11 のセキュリティ設定

336　絶対に安全な使い方を教えて！ ……………………………………196

337　Windows 11 のセキュリティ機能はどうなっているの？ ………196

338　Microsoft Defender の性能はどうなの？ ………………………197

339　Windows のセキュリティ機能が最新か確認したい！ …………197

340　念入りにウイルスチェックしたい！ ………………………………197

341 素早くウイルスチェックしたい！ ……………………………………198
342 Windowsのセキュリティ機能と他社のウイルス対策ソフトは同時に使えるの？ ………198
343 「このアプリがデバイスに変更を加えることを許可しますか？」と出た！ ………………199
344 「ユーザーアカウント制御」がわずらわしい！ ……………………………199
345 パスキーって何？ ……………………………………………200
346 パスキーを使いたい！ ………………………………………200

Chapter

❼ AIアシスタントの活用技 ！

★ Copilotの基本

347 Copilotって何？ ………………………………………………202
348 Copilotでできることを知りたい！ ………………………………202
349 Copilotを使ってみたい！ …………………………………………203
350 Copilotを使う上で注意すべきことを知りたい！ ……………………204

★ Windowsでの活用

351 Copilotでパソコンを操作したい！ ………………………………204
352 Copilotで音量や通知を操作したい！ ……………………………205
353 Webページの内容を要約したい！ ………………………………205
354 画像を使って質問したい！ …………………………………………205
355 画像を生成したい！ …………………………………………………206
356 Excelの操作を教えてもらいたい！ ……………………………206
357 Excelで表やデータを作成してもらいたい！ …………………………206

Chapter

❽ 写真・動画・音楽の活用技 ！

★ カメラでの撮影と取り込み

358 デジタルカメラやスマホから写真を取り込みたい！ …………………208
359 デジタルカメラやスマホが認識されないときは？ ……………………209
360 インポートがうまくいかない場合は？ …………………………………209
361 取り込んだ画像はどこに保存されるの？ ………………………………210
362 デジカメやCDを接続したときの動作を変更したい！ ………………210

★「フォト」アプリの利用

363 「フォト」アプリの使い方を知りたい！ ⋯⋯⋯⋯⋯⋯⋯⋯⋯⋯⋯⋯⋯⋯⋯ 211
364 写真を削除したい！ ⋯⋯⋯⋯⋯⋯⋯⋯⋯⋯⋯⋯⋯⋯⋯⋯⋯⋯⋯⋯⋯⋯⋯ 212
365 動画を再生したい！ ⋯⋯⋯⋯⋯⋯⋯⋯⋯⋯⋯⋯⋯⋯⋯⋯⋯⋯⋯⋯⋯⋯⋯ 212
366 写真だけを表示したい！ ⋯⋯⋯⋯⋯⋯⋯⋯⋯⋯⋯⋯⋯⋯⋯⋯⋯⋯⋯⋯⋯ 213
367 写真が見つからない！ ⋯⋯⋯⋯⋯⋯⋯⋯⋯⋯⋯⋯⋯⋯⋯⋯⋯⋯⋯⋯⋯⋯ 213
368 写真をきれいに修整したい！ ⋯⋯⋯⋯⋯⋯⋯⋯⋯⋯⋯⋯⋯⋯⋯⋯⋯⋯⋯ 214
369 写真の向きを変えたい！ ⋯⋯⋯⋯⋯⋯⋯⋯⋯⋯⋯⋯⋯⋯⋯⋯⋯⋯⋯⋯⋯ 215
370 写真の一部分だけを切り取りたい！ ⋯⋯⋯⋯⋯⋯⋯⋯⋯⋯⋯⋯⋯⋯⋯ 215
371 写真に書き込みをしたい！ ⋯⋯⋯⋯⋯⋯⋯⋯⋯⋯⋯⋯⋯⋯⋯⋯⋯⋯⋯⋯ 216
372 写真の背景をボカしたい！ ⋯⋯⋯⋯⋯⋯⋯⋯⋯⋯⋯⋯⋯⋯⋯⋯⋯⋯⋯⋯ 216
373 「ピクチャ」以外のフォルダーの写真も読み込みたい！ ⋯⋯⋯⋯⋯ 217
374 保存した写真を印刷したい！ ⋯⋯⋯⋯⋯⋯⋯⋯⋯⋯⋯⋯⋯⋯⋯⋯⋯⋯⋯ 217
375 1枚の用紙に複数の写真を印刷したい！ ⋯⋯⋯⋯⋯⋯⋯⋯⋯⋯⋯⋯⋯ 218
376 写真の周辺が切れてしまう！ ⋯⋯⋯⋯⋯⋯⋯⋯⋯⋯⋯⋯⋯⋯⋯⋯⋯⋯⋯ 218

★ 動画の利用

377 デジタルカメラで撮ったビデオ映像を取り込みたい！ ⋯⋯⋯⋯⋯ 219
378 デジタルカメラで撮ったビデオ映像を再生したい！ ⋯⋯⋯⋯⋯⋯ 219
379 パソコンでテレビは観られるの？ ⋯⋯⋯⋯⋯⋯⋯⋯⋯⋯⋯⋯⋯⋯⋯⋯ 220
380 パソコンで映画のDVDを観る方法を知りたい！ ⋯⋯⋯⋯⋯⋯⋯⋯⋯ 220

★「Microsoft Clipchamp」アプリの利用

381 動画を編集したい！ ⋯⋯⋯⋯⋯⋯⋯⋯⋯⋯⋯⋯⋯⋯⋯⋯⋯⋯⋯⋯⋯⋯⋯ 221
382 複数の動画を編集したい！ ⋯⋯⋯⋯⋯⋯⋯⋯⋯⋯⋯⋯⋯⋯⋯⋯⋯⋯⋯⋯ 222
383 動画に切り替え効果を入れたい！ ⋯⋯⋯⋯⋯⋯⋯⋯⋯⋯⋯⋯⋯⋯⋯⋯ 222
384 簡単にビデオを作りたい！ ⋯⋯⋯⋯⋯⋯⋯⋯⋯⋯⋯⋯⋯⋯⋯⋯⋯⋯⋯⋯ 223
385 動画にタイトルやテロップを入れたい！ ⋯⋯⋯⋯⋯⋯⋯⋯⋯⋯⋯⋯⋯ 224
386 動画に音楽を入れたい！ ⋯⋯⋯⋯⋯⋯⋯⋯⋯⋯⋯⋯⋯⋯⋯⋯⋯⋯⋯⋯⋯ 224
387 編集した動画を保存したい！ ⋯⋯⋯⋯⋯⋯⋯⋯⋯⋯⋯⋯⋯⋯⋯⋯⋯⋯⋯ 225

★ メディアプレーヤーの利用

388 メディアプレーヤーで何ができるの？ ⋯⋯⋯⋯⋯⋯⋯⋯⋯⋯⋯⋯⋯⋯ 226
389 メディアプレイヤーの起動方法を知りたい！ ⋯⋯⋯⋯⋯⋯⋯⋯⋯⋯ 227
390 Windows Media Playerは使えないの？ ⋯⋯⋯⋯⋯⋯⋯⋯⋯⋯⋯⋯⋯⋯ 227
391 音楽CDを再生したい！ ⋯⋯⋯⋯⋯⋯⋯⋯⋯⋯⋯⋯⋯⋯⋯⋯⋯⋯⋯⋯⋯ 228
392 音楽CDの曲をパソコンに取り込みたい！ ⋯⋯⋯⋯⋯⋯⋯⋯⋯⋯⋯⋯ 229
393 取り込んだ曲をメディアプレイヤーで聴きたい！ ⋯⋯⋯⋯⋯⋯⋯⋯ 230

394	プレイリストを作成したい！	231
395	プレイリストを編集したい！	232
396	プレイリストを削除したい！	232

9 OneDriveとスマートフォンの便利技 ！

⭐ OneDrive の基本

397	OneDrive は何ができるの？	234
398	OneDrive にファイルを追加したい！	235
399	OneDrive に表示されるアイコンは何？	235
400	ブラウザーで OneDrive を使うには？	236
401	同期が中断されてしまった！	236
402	OneDrive からサインアウトするには？	237
403	大きなファイルを OneDrive で送りたい！	237

⭐ データの共有

404	OneDrive でほかの人とデータを共有したい！	238
405	共有する人を追加したい！	238
406	共有を知らせるメールが届いたらどうすればよい？	239
407	ほかの人との共有を解除したい！	239
408	近くのパソコンに簡単にデータを送りたい！	240

⭐ OneDrive の活用

409	ほかのパソコンから OneDrive にアクセスしたい！	241
410	OneDrive 上のファイルを編集したい！	241
411	OneDrive からファイルをダウンロードしたい！	241
412	OneDrive 上のファイルを Office で編集したい！	242
413	重要度の低いファイルはオンラインにだけ残しておきたい！	242
414	削除した OneDrive 上のファイルを復活させたい！	243
415	OneDrive の容量を増やしたい！	243
416	OneDrive をスマートフォンで利用したい！	244

⭐ スマートフォンとのファイルのやり取り

417	スマートフォンと接続したい！	244
418	ほかの機器のケーブルでも接続できるの？	245
419	iPhone が認識されない！	245

420 Android スマートフォンが認識されない！ ·· 246

421 音楽を iPhone で再生したい！ ··· 246

422 音楽を Android スマートフォンで再生したい！ ·························· 247

423 ワイヤレスで写真をスマートフォンと共有したい！ ··················· 247

424 iPhone から写真を取り込みたい！ ··· 248

425 Android スマートフォンから写真を取り込みたい！ ··················· 249

426 スマートフォンの写真を OneDrive で保存したい！ ··················· 250

427 OneDrive への自動アップロードの設定は？ ···························· 250

★ インターネットの連携

428 Egde はスマートフォンでも使えるの？ ···································· 251

429 Edge を iPhone で使うために必要な設定は？ ·························· 251

430 Edge を Android スマートフォンで使うために必要な設定は？ ······ 252

431 パソコン版の Edge の設定をスマートフォン版にも反映させたい！ ··· 252

432 お気に入りや閲覧履歴をスマートフォンで見たい！ ·················· 253

433 スマートフォンで見ていた Web ページをパソコンで見たい！ ······ 253

434 スマートフォンをどうやってパソコンに連携するの？ ··············· 254

435 パソコンからスマホを解除したい！ ··· 254

Chapter

⑩ 印刷と周辺機器の活用技 ！

★ 印刷

436 プリンターにはどんな種類があるの？ ······································ 256

437 用紙にはどんな種類があるの？ ··· 256

438 プリンターを使えるようにしたい！ ··· 256

439 写真を印刷するときはどんな用紙を使えばいいの？ ·················· 257

440 印刷結果を事前に確認したい！ ··· 257

441 印刷の向きや用紙サイズ、部数などを変更したい！ ·················· 257

442 印刷を中止したい！ ··· 258

443 急いでいるのでとにかく早く印刷したい！ ······························ 258

444 特定のページだけを印刷したい！ ·· 259

445 ページを縮小して印刷したい！ ··· 259

446 印刷がかすれてしまう！ ·· 259

447 インクの残量を確認したい！ ·· 260

448 1 枚に複数のページを印刷したい！ ·· 260

★ 周辺機器の接続

449 パソコン外にファイルを保存するにはどうすればいいの？ ……………………… 260
450 どこにどのケーブルを差し込むのかわからない！ ………………………………… 261
451 USB メモリーは何を見て選べばいい？ …………………………………………… 262
452 USB 端子はそのまま抜いてもいいの？ …………………………………………… 262
453 USB メモリーの中身を表示したい！ ……………………………………………… 262
454 USB メモリーにファイルを保存する手順を教えて！ …………………………… 263
455 USB メモリーを初期化したい！ …………………………………………………… 264
456 USB ポートの数を増やしたい！ …………………………………………………… 264
457 SD カードを読み込むにはどうしたらいいの？ ………………………………… 264
458 Bluetooth 機器を接続したい！ …………………………………………………… 265
459 パソコンが Bluetooth に対応しているか確かめたい！ ………………………… 266
460 ワイヤレスのキーボードやマウスを接続したい！ ……………………………… 266
461 あとから Bluetooth に対応させることはできないの？ ……………………… 267
462 Bluetooth の接続が切れてしまう！ ……………………………………………… 267
463 周辺機器を接続したときの動作を変更したい！ ………………………………… 267
464 ハードディスクの容量がいっぱいになってしまった！ ………………………… 268
465 バックアップってどうすればいいの？ …………………………………………… 269

★ CD ／ DVD の基本

466 ディスクの分類と用途を知りたい！ ……………………………………………… 270
467 ディスクを入れても何の反応もない！ …………………………………………… 270
468 自分のパソコンで使えるメディアがわからない！ ……………………………… 271
469 ディスクを入れると表示される通知は何？ ……………………………………… 271
470 どのメディアを使えばいいかわからない！ ……………………………………… 271
471 ドライブからディスクが取り出せない！ ………………………………………… 272
472 パソコンにディスクドライブがない！ …………………………………………… 272
473 Blu-ray ディスクを読み込めるようにしたい！ ………………………………… 272

★ CD ／ DVD への書き込み

474 CD ／ DVD に書き込みたい！ …………………………………………………… 273
475 ライブファイルシステムで書き込む手順を知りたい！ ………………………… 273
476 書き込んだファイルを削除したい！ ……………………………………………… 275
477 書き込み済みの CD ／ DVD にファイルを追加できる？ ……………………… 275
478 マスターで書き込む手順を知りたい！ …………………………………………… 276

⑪ おすすめアプリの便利技！

★ 便利なプリインストールアプリ

479 Windows 11 に入っているアプリにはどんなものがあるの？ ……………………278
480 Skype やペイント 3D はなくなってしまったの？ ……………………………278
481 カレンダーに予定を入力したい！ ………………………………………………279
482 予定を確認、修正したい！ ………………………………………………………279
483 予定の通知パターンやアラームを設定したい！ ………………………………280
484 カレンダーに祝日を表示したい！ ………………………………………………280
485 現在地の天気を知りたい！ ………………………………………………………281
486 「天気」アプリの地域を変更したい！ …………………………………………281
487 「マップ」アプリの使い方を知りたい！ ………………………………………282
488 「マップ」アプリでルート検索をしたい！ ……………………………………282
489 忘れてはいけないことを画面に表示しておきたい！ …………………………283
490 ウィジェットって何？ ……………………………………………………………283
491 ウィジェットをピン留めして目立たせたい！ …………………………………284
492 ウィジェットを追加したい！ ……………………………………………………284
493 ウィジェットのピン留めを外したい！ …………………………………………285
494 Windows 11 でゲームを楽しみたい！ …………………………………………285

★ アプリのインストールと削除

495 Windows 11 にアプリを追加したい！ …………………………………………286
496 アプリの探し方がわからない！ …………………………………………………286
497 有料アプリの「無料体験版」って何？ …………………………………………287
498 有料のアプリを購入するには？ …………………………………………………287
499 アプリをアップデートしたい！ …………………………………………………288
500 アプリをアンインストールしたい！ ……………………………………………288

★ スマートフォン連携

501 Windows でスマホを操作したい！ ……………………………………………289

★ チャットツール

502 Skype のような通話やメッセージのやり取りはどうすればいいの？ ………291
503 メールとチャットは何が違うの？ ………………………………………………291
504 通話やチャットはお金がかかるの？ ……………………………………………292
505 Windows 11 でもチャットはできるの？ ………………………………………292

506 Teams でできることは？ ……………………………………………292
507 Teams を使うにはどうすればいい？ ………………………………293
508 Teams の画面の見方が知りたい！ …………………………………294
509 友達を誘ってチャットをしてみたい！ ……………………………295
510 チャットに誘われたらどうすればいいの？ ………………………295
511 複数の友達とチャットをしたい！ …………………………………296
512 Teams でファイルをやり取りしたい！ ……………………………296
513 Teams で受け取ったファイルの場所がわからなくなった！ ……297

★ ビデオ会議

514 映像付きで通話をしたい！ …………………………………………297
515 ビデオ会議をするうえで気を付けることは？ ……………………297
516 ビデオ会議を行うには何が必要なの？ ……………………………298
517 パソコンにカメラが付いていない！ ………………………………298
518 Web カメラやマイクの使い方がわからない！ ……………………298
519 ビデオ会議の始め方を知りたい！ …………………………………299
520 ビデオ会議に誘われたらどうすればいい？ ………………………300
521 ビデオ会議の画面の見方を知りたい！ ……………………………301
522 ビデオ会議を終了するには？ ………………………………………302
523 事前にマイクやカメラの設定を確認したい！ ……………………302
524 ビデオ会議中にマイクやカメラの設定を確認したい！ …………303
525 カメラやマイクを一時的にオフにしたい！ ………………………303
526 ビデオ会議中に耳障りな音が入ってしまう！ ……………………304
527 画面に映っている自分の顔が暗い！ ………………………………304
528 背景を映したくない！ ………………………………………………305
529 会議中に参加者とチャットしたい！ ………………………………305
530 チャットで特定の相手に話しかけたい！ …………………………306
531 画面を共有したい！ …………………………………………………306

⑫ インストールと設定の便利技 ！

★ Windows 11 のインストールと復元

532 Windows 11 が使えるパソコンの条件は？ ………………………308
533 使っているパソコンのシステム要件を確認したい！ ……………308
534 Windows 11 にアップグレードするには？ …………………………309
535 Windows 10 に戻すには？ …………………………………………309

536 ファイルを消さずにパソコンをリフレッシュしたい！ ……………………………… 310
537 再インストールして購入時の状態に戻したい！ …………………………………… 311
538 リカバリディスクって何？ …………………………………………………………… 311
539 回復ドライブを作成したい！ ………………………………………………………… 312
540 正常に動いていた時点に設定を戻したい！ ………………………………………… 313
541 ほかのパソコンからデータを移したい！ …………………………………………… 314

★ Microsoft アカウント

542 Microsoft アカウントで何ができるの？ …………………………………………… 314
543 ローカルアカウントと Microsoft アカウントの違いは？ ………………………… 314
544 ローカルアカウントを作るにはどうすればいい？ ………………………………… 315
545 Microsoft アカウントを作るにはどうすればいい？ ……………………………… 316
546 Microsoft アカウントで同期する項目を設定したい！ …………………………… 317
547 Microsoft アカウント情報を確認するには？ ……………………………………… 317
548 自分のアカウントの画像を変えたい！ ……………………………………………… 318
549 アカウントのパスワードを変更したい！ …………………………………………… 318
550 家族用のアカウントを追加したい！ ………………………………………………… 319
551 アカウントを削除したい！ …………………………………………………………… 319
552 子どもが使うパソコンの利用を制限したい！ ……………………………………… 320
553 「管理者」って何？ …………………………………………………………………… 321
554 管理者か標準ユーザーかを確認したい！ …………………………………………… 321
555 管理者と標準ユーザーを切り替えたい！ …………………………………………… 322
556 「管理者として〇〇してください」と表示された！ ……………………………… 323

★ Windows 11 の設定

557 Windows 11 の設定をカスタマイズするには？ …………………………………… 323
558 ピクチャパスワードを利用したい！ ………………………………………………… 324
559 PIN を変更したい！ …………………………………………………………………… 325
560 スリープを解除するときに PIN を入力するのが面倒！ ………………………… 325
561 パソコンが自動的にスリープするまでの時間を変更したい！ …………………… 326
562 通知をアプリごとにオン／オフしたい！ …………………………………………… 326
563 通知を表示する長さを変えたい！ …………………………………………………… 327
564 通知を素早く消したい！ ……………………………………………………………… 327
565 作業中は通知を表示させたくない！ ………………………………………………… 327
566 特定の時間だけ通知をオフにしたい！ ……………………………………………… 328
567 位置情報を管理したい！ ……………………………………………………………… 328
568 ロック画面の画像を変えたい！ ……………………………………………………… 329
569 ロック画面で通知するアプリを変更したい！ ……………………………………… 329

570 「Windows スポットライト」って何？ ………………………………………… 329

571 目に悪いと噂のブルーライトを抑えられない？ ………………………… 330

572 スタートメニューの「おすすめ」に表示する内容を変更したい！ ……… 330

573 スタートメニューによく使うフォルダーを表示したい！ ………………… 331

574 離席したときにパソコンが自動でロックされるようにしたい！ ………… 331

575 パソコンのフォルダー、アプリ、設定情報をバックアップしたい！ …… 332

576 Windows Update って何？ …………………………………………………… 333

577 Windows Update で Windows を最新の状態にしたい！ ………………… 333

578 ファイルを開くアプリをまとめて変更したい！ ………………………… 333

579 不要なファイルが自動で削除されるようにしたい！ …………………… 334

⭐ その他の設定

580 国内と海外の時間を同時に知りたい！ …………………………………… 335

581 電源ボタンを押したときの動作を変更したい！ ………………………… 336

582 ノートパソコンのバッテリーの消費を抑えるには？ …………………… 336

583 アプリの背景色を暗くしたい！ …………………………………………… 337

584 マウスポインターを見やすくしたい！ …………………………………… 337

585 マウスポインターの色を変えたい！ ……………………………………… 337

586 マウスポインターの移動スピードを変えたい！ ………………………… 338

587 マウスの設定を左利き用に変えたい！ …………………………………… 338

588 ダブルクリックがうまくできない！ ……………………………………… 338

589 ドライブの空き容量を確認したい！ ……………………………………… 339

590 特にファイルを保存していないのに空き容量がなくなってしまった！ … 339

591 ハードディスクの空き容量を増やしたい！ ……………………………… 340

592 ハードディスクの最適化って何？ ………………………………………… 341

593 スクリーンセーバーを設定したい！ ……………………………………… 341

594 スクリーンセーバーの起動時間を変えたい！ …………………………… 342

595 デスクトップの色を変えたい！ …………………………………………… 342

596 デスクトップの背景を変更したい！ ……………………………………… 343

597 デスクトップの色や背景をガラリと変えたい！ ………………………… 344

598 新しいテーマを入手するには？ …………………………………………… 344

用語集 ……………………………………………………………………………… 345

キーボードショートカット一覧 ……………………………………………… 357

索引

　目的別索引 ……………………………………………………………………… 361

　用語索引 ………………………………………………………………………… 364

28

1

Windows 11の
基本を知ろう！

001 ▶▶▶ 006 **Windows 11 の特徴**

007 ▶▶▶ 010 **マウス・タッチパッド・タッチディスプレイでの操作**

011 ▶▶▶ 016 **Windows 11 の起動と終了**

017 ▶▶▶ 023 **起動・終了や動作のトラブル**

024 ▶▶▶ 038 **スタートメニュー・アプリの基本操作**

039 ▶▶▶ 040 **Pro 版との違い**

基本
デスクトップ
キーボード・文字入力
インターネット
メール・連絡先
セキュリティ
A-アシスタント
写真・動画・音楽
OneDrive・スマホ
印刷・周辺機器
アプリ
インストール・設定

📖 Windows 11の特徴　　　重要度 ★★★

Q001　Windows 11って何？

A マイクロソフトが開発した
パソコン用OSの最新版です

「Windows」(ウィンドウズ)は、マイクロソフト(Microsoft)社が開発したパソコン用のOSです。「OS」(オーエス)はOperating System (オペレーティングシステム)の略で、ユーザーの命令をコンピューターに伝えたり、周辺機器を管理したりと、システム全体を管理する役割を担うものです。パソコンを利用するうえで最も基本的な機能を提供するソフトウェアなので、「基本ソフト」とも呼ばれています。

一般的なパソコンは、最初からOSがインストールされた状態で販売されています(インストールとは、OSやアプリといったソフトを利用可能な状態にすることです)。Windows 11を使いたい場合は、Windows 11がインストールされたパソコンを買えばよいのです。

参照 ▶ Q 002, Q 003, Q 004

📖 Windows 11の特徴　　　重要度 ★★★

Q002　11以外のWindowsもあるの？

A 多数のバージョンがあります

Windows 11は、2021年10月に公開された最も新しいバージョンのWindowsです。1つ前のバージョンであるWindows 10の後継となります。
初期のWindowsは家庭向けと企業向けでバージョンが分かれていましたが、現在では同じバージョンが使用されています。

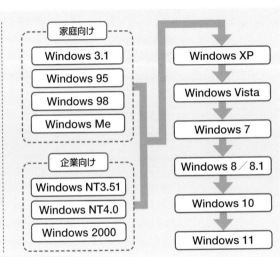

家庭向け
- Windows 3.1
- Windows 95
- Windows 98
- Windows Me

企業向け
- Windows NT3.51
- Windows NT4.0
- Windows 2000

- Windows XP
- Windows Vista
- Windows 7
- Windows 8／8.1
- Windows 10
- Windows 11

📖 Windows 11の特徴　　　重要度 ★★★

Q003　Windows 11の「エディション」って何？

A 利用できる機能が異なる製品です

Windows 11には、利用できる機能が異なる「エディション」が用意されています。企業向けのエディションではビジネス向け機能を利用できますが、家庭向けのエディションにはその機能は含まれません。
Windows 11のエディションは、大きく分けると7つあります。主なエディションは個人や一般家庭、SOHO(小さなオフィス)向けの「Home」と「Pro」、大企業や研究機関など法人向けの「Enterprise」です。

エディション	特徴
Home	個人向けのパソコンやタブレットでの使用を想定したエディション。
Pro	SOHO向け。Homeの機能に加え、データ保護機能やリモート接続機能を搭載。
Enterprise	Proの強化版。企業向けに高度なセキュリティ機能などを搭載している。
Pro Education	Enterpriseをベースに、教育機関に提供される。
Education	Proをベースに、教育機関に提供される。
Pro for Workstations	ワークステーション向けのエディション。
IoT Enterprise	IoTデバイス向けのエディション。

Q 004 Windows 11の「バージョン」って何？

A Windows 11のアップデートに対応したものです

マイクロソフトは、従来のように数年ごとに新しいOSをリリースするのではなく、Windows 11をベースに、新しい機能を追加する方針に変更しています。つまり、Windows 11搭載機器を使っていれば、アップデートを通して、常に最新版のWindowsが使えるというこ

とです。ただし、バージョンによっては、パソコンに求められる性能に関する要件が変更されるため、同じパソコンでずっと最新バージョンを利用し続けられるわけではありません。Windows 11のアップデートは、Windows Updateを通して行われ、大型アップデートが毎年秋頃に配信される予定です。参照 ▶ Q 005

バージョン	リリース日
21H2	2021年10月5日
22H2	2022年9月20日
23H2	2023年11月1日

Q 005 自分のパソコンのエディションとバージョンを知りたい！

A [システム]の[バージョン情報]から確認できます

自分のパソコンで動作しているWindowsのエディションとバージョンは、スタートメニュー（42ページ参照）の[設定]⚙→[システム]→[バージョン情報]をクリックすると確認できます。「設定」アプリでメニューが表示されていない場合は、ウィンドウの左上にある[ナビゲーションを開く]≡をクリックします。参照 ▶ Q 004

1 [システム]をクリックし、

2 [バージョン情報]をクリックして、

3 ウィンドウを下にスクロールすると、エディションとバージョンが確認できます。

Q 006 パソコンにはWindows以外もあるの？

A MacやChromebookなどがあります

ほとんどのパソコンにはWindows 11が搭載されていますが、それ以外のOSを搭載したパソコンもあります。Window以外では、Appleの「macOS」を搭載した「Mac」が、クリエィティブな作業を行うためのパソコンとしてよく利用されています。

また、Googleが独自に開発した「Chrome OS」を搭載した「Chromebook」というパソコンも発売されています。

● Mac

Q 007 マウス・タッチパッド・タッチディスプレイはどう違うの？

A それぞれ操作感は違いますが、基本的な役割は同じです

マウスは、左右のボタンや中央のホイールを使ってアプリを起動したり、ウィンドウやメニュー、アイコンなどを操作したりする機器です。

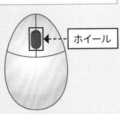

ホイール

タッチパッドは、ノートパソコンなどに搭載されている、マウスと同様の操作を行うための機器です。
タッチパッドの上を押したり、なぞったり、ボタンを押したりして操作を行います。製品によっては、「トラックパッド」などと呼ぶこともあります。

タッチパッド

タッチディスプレイ (タッチパネル)はディスプレイの上を直接指で触ったり (タップしたり)、なぞったりすることで、マウスと同様の操作を行えます。

Q 008 マウスを使うにはどうすればいいの？

A パソコンの接続端子とマウスをケーブルで接続します

マウスのUSBケーブルをパソコンのUSBポートに差し込むと、マウスが外部デバイスとして自動的に認識されて利用できるようになります。ケーブルは、パソコンの電源が入っている状態での抜き差しが可能です。最近では、ケーブルの代わりに赤外線や電波を利用したワイヤレス (無線)マウスも利用されています。マウスを操作する際にケーブルが邪魔になったりすることがなく、またコンピューターから離れた場所でも使用することができます。ワイヤレスマウスは、裏面の電源をオンにすると外部デバイスとして認識され、利用できるようになります。ただし、ワイヤレスマウスは電池やバッテリーが切れると操作不能になってしまいます。

参照 ▶ Q 450

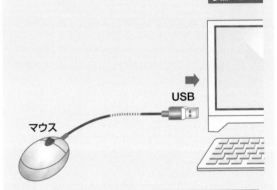

USB

マウス

マウスのケーブルをUSBポートに差し込むと、自動的にマウスが認識され、利用できるようになります。

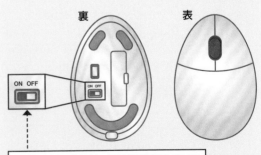

裏　　　　　　表

ON OFF

ワイヤレスマウスは、裏面の電源をオンにすると認識され、利用できるようになります。

Q 009 マウスやタッチパッドの操作の基本を知りたい！

A クリック、ダブルクリック、ドラッグなどの操作があります

マウスとタッチパッドの基本操作には、次のようなものがあります。これらはパソコンを操作するうえでの基本になる動作です。しっかり覚えておきましょう。

参照 ▶ Q 007

●ポイント

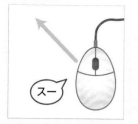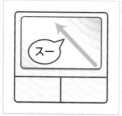

ボタンを押さずに、操作対象にマウスポインターを合わせます。

●クリック（左クリック）

操作対象にマウスポインターを合わせて、左ボタンを1回押します。

●ダブルクリック

操作対象にマウスポインターを合わせて、左ボタンを素早く2回押します。

●右クリック

操作対象にマウスポインターを合わせて、右ボタンを1回押します。

●ドラッグ＆ドロップ

1 マウスの左ボタンを押して、

1 タッチパッドの左ボタンを押して、

2 ボタンを押したまま、マウスを動かします。

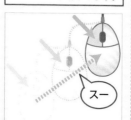

2 ボタンを押したまま、指を動かします。

3 目的の位置で、ボタンから指を離します。

3 目的の位置で、ボタンから指を離します。

基本
デスクトップ
キーボード・文字入力
インターネット
メール・連絡先
セキュリティ
AI・アシスタント
写真・動画・音楽
OneDrive・スマホ
印刷・周辺機器
アプリ
インストール・設定

Q 010 タッチディスプレイの操作の基本を知りたい！

A タップやダブルタップ、長押しなどがあります

タッチディスプレイの基本操作には、次のようなものがあります。これらは、タッチ操作に対応したパソコンを操作するうえでの基本になる動作です。しっかり覚えておきましょう。なお、タッチディスプレイは、タッチパネル、タッチスクリーンなどとも呼ばれます。

● タップ

画面を1回軽く叩きます
（マウスの左クリックに相当します）。

● ダブルタップ

画面を素早く2回叩きます
（マウスのダブルクリックに相当します）。

● 2本指でタップ

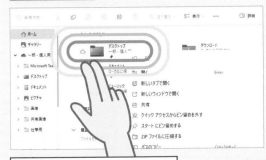

2本指でタップします
（マウスの右クリックに相当します）。

● スライド

操作対象をタッチしたまま、指を上下左右に動かします（マウスのドラッグに相当します）。

● スクロール

画面のどこかを2本指でタッチしたまま、指を動かします。

● ストレッチ

2本の指で画面をタッチし、指の間隔を遠ざけるように動かします。

● ピンチ

2本の指で画面をタッチし、つまむように指を近づけます。

サイドバー: 基本　デスクトップ　キーボード・文字入力　インターネット　メール・連絡先　セキュリティ　AIアシスタント　写真・動画・音楽　OneDrive・スマホ　印刷・周辺機器　アプリ　インストール・設定

Q 011 パソコンを起動して使い始めるまでの手順を知りたい！

A パソコンの電源を入れてサインインします

パソコンの電源を入れると自動的にWindowsが起動し、ロック画面が表示されます。ロック画面をクリックするとパスワードを入力する画面が表示されるので、PIN（Q559参照）あるいはパスワードを入力し、パソコンにサインインしましょう。サインインが完了すると、デスクトップ画面が表示され、パソコンを使えるようになります。

なお、ローカルアカウント（Q543参照）を利用していて、パスワードの設定を行っていない場合、手順 2 と 3 の画面は表示されません。

また、複数のユーザーのアカウントを設定している場合、手順 3 の画面の左下にユーザー名が表示されるので、パソコンを使用するユーザー名をクリックして選択し、PINかパスワードを入力します。 参照 ▶ Q 550

1 電源ボタンを押してパソコンの電源を入れると、

デスクトップパソコンの場合は、先にディスプレイの電源を入れます。

2 Windowsが起動してロック画面が表示されるので、画面をクリックするか、何かキーを押します。

22:31

タッチ操作の場合は、画面の下端から中央へスライドします。

3 PINまたはパスワードを入力します。

鈴木一郎

PIN

PIN を忘れた場合
サインイン オプション

パスワードを入力した場合は、右端に表示される ➡ をクリックするか、 Enter を押します。

4 デスクトップ画面が表示されます。

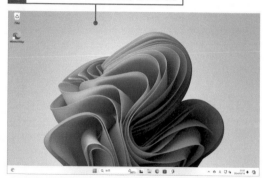

● 複数のアカウントを設定している場合

鈴木一郎

PIN

PIN を忘れた場合
サインイン オプション

鈴木一郎
田中花子
鈴木三郎
鈴木花子

複数のアカウントを設定している場合は、ここをクリックして、ユーザーを選択します。

基本

デスクトップ

キーボード・文字入力

インターネット

メール・連絡先

セキュリティ

AI・アシスタント

写真・動画・音楽

OneDrive・スマホ

印刷・周辺機器

アプリ

インストール・設定

基本

デスクトップ

キーボード・文字入力

インターネット

メール・連絡先

セキュリティ

AI アシスタント

写真・動画・音楽

OneDrive・スマホ

印刷・周辺機器

アプリ

インストール・設定

📝 Windows 11の起動と終了　　　重要度 ★ ★ ★

Q 012　パソコンの電源を切るにはどうしたらいいの？

A　シャットダウンします

Windows 11が動作するパソコンでの作業が終わった場合や、しばらくパソコンを使わない場合は、パソコンをシャットダウンします。シャットダウンとは、パソコンのすべての機能を停止して電源を切るためのコマンドです。

また、物理的な電源ボタンが備わるパソコンの場合は、電源ボタンを押してシャットダウンを実行するように設定することもできます。

参照 ▶ Q 581

● スタートメニューからシャットダウンする

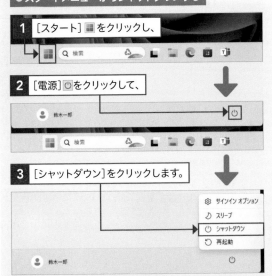

1 [スタート] ⊞ をクリックし、

2 [電源] ⏻ をクリックして、

鈴木一郎

3 [シャットダウン]をクリックします。

⚙ サインイン オプション
♪ スリープ
⏻ シャットダウン
↺ 再起動

鈴木一郎

● 電源ボタンからシャットダウンする設定に変える

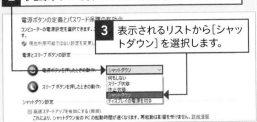

1 コントロールパネルで[ハードウェアとサウンド]→[電源ボタンの動作の変更]をクリックします。

2 [電源ボタンを押したときの動作]をクリックして、

3 表示されるリストから[シャットダウン]を選択します。

📝 Windows 11の起動と終了　　　重要度 ★ ★ ★

Q 013　「シャットダウン」と「スリープ」の違いは？

A　パソコンの電源を切るか、作業を一時停止にするかで決めます

「シャットダウン」は、起動していたアプリをすべて終了させ、パソコンの電源を完全に切るときに使います。「スリープ」は、電源を切らずにパソコンの利用を一時的に中断したいときに使います。

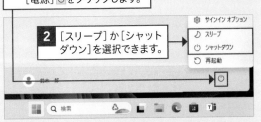

1 スタートメニューを表示して、[電源] ⏻ をクリックします。

2 [スリープ]か[シャットダウン]を選択できます。

⚙ サインイン オプション
♪ スリープ
⏻ シャットダウン
↺ 再起動

鈴木一郎

📝 Windows 11の起動と終了　　　重要度 ★ ★ ★

Q 014　「スリープ」と「ロック」の違いは？

A　スリープでは画面が消えますが、ロックはロック画面を表示します

「スリープ」を実行すると画面が消えてパソコンの消費電力が大きく下がりますが、再び画面を表示するまでに少し時間がかかります。「ロック」を実行するとロック画面が表示されるだけなのであまり省電力にはなりませんが、すぐにパスワードやPINを入力して作業を再開できます。

● ロックを実行する

1 スタートメニューのアカウントアイコン 🖵 をクリックすると、

⚖ アカウント設定の変更
🔒 ロック
↪ サインアウト

2 [ロック]を選択できます。

鈴木一郎

Q 015 「サインアウト」って何？

A アカウントの終了のみを行う操作です

「サインアウト」は、起動しているアプリやウィンドウを閉じて、現在のアカウントでのWindowsの作業を終了する操作のことをいいます。Windows自体を終了せずに、別のユーザーがパソコンを利用したいときに使います。

サインアウトを実行してアカウントの終了が完了すると、ロック画面が表示されます。

1 スタートメニューのアカウントアイコン 👤 をクリックして、

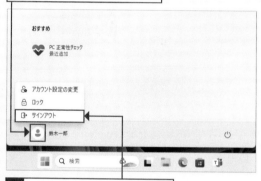

2 [サインアウト]をクリックすると、

3 アカウントが終了し、ロック画面が表示されます。

Q 016 「サインインオプション」って何？

A サイン イン 方法を変更できる機能です

「サインインオプション」では、Windowsにサインインする方法を選択したり、追加の設定を行ったりできます。[電源] ⏻ のほか、「設定」アプリからも開けます。

サインインする方法は、「顔認識（Windows Hello）」「指紋認識（Windows Hello）」「PIN（Windows Hello）」「セキュリティキー」「パスワード」「ピクチャパスワード」の6種類があります。Windows 11の初期設定ではPINも合わせて設定するため、通常は主にPINを使用します。顔認識と指紋認識は、Windows Helloの生態認証を利用したサインイン方法です。顔認識では顔認識に対応したWebカメラ、指紋認識では指紋センサーが搭載されているパソコンであれば設定できます。セキュリティキーは、サインイン情報を保存できる物理的なデバイスで、家電量販店などで購入できます。パスワードとピクチャパスワードは、特別な器具を使用しなくても設定できます。

一度サインイン方法を変更したあとも再び変えることができるため、使いやすいサインイン方法に変更するのもよいでしょう。

1 スタートメニューを表示し、[電源] ⏻ をクリックして、

2 [サインインオプション]をクリックすると、

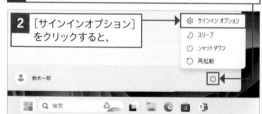

3 サインインする方法や追加の設定を選択できます。

基本
デスクトップ
キーボード・文字入力
インターネット
メール・連絡先
セキュリティ
AIアシスタント
写真・動画・音楽
OneDrive・スマホ
印刷・周辺機器
アプリ
インストール・設定

Q 017 電源を入れても パソコンが起動しない!

A 電源やディスプレイの接続を 確認しましょう

パソコン本体の電源ボタンを押しても起動しない場合は、まず、ディスプレイの電源が入っているかどうかを確認します。また、パソコン本体に電源コードが正しく接続されているかどうかも確認します。最後に、ディスプレイとパソコンが正しく接続されているかどうかを確認しましょう。

ノートパソコンの場合は、バッテリー切れの可能性があります。パソコンに電源コードを接続した状態で起動するか、バッテリーの充電が終了したあとに起動してみましょう。

それでも問題が解決しない場合は、パソコンが故障している可能性があります。パソコンのメーカーのサポートセンターに問い合わせてみましょう。

参照 ▶ Q 018

> ディスプレイの電源が入っているかなども確認しましょう。

Q 018 電源を入れても画面が 真っ暗なまま!

A 原因に応じて対処しましょう

パソコンの電源を入れても画面が真っ黒のままで何も表示されない場合、以下のようにいくつかの原因が考えられます。パソコンの状態を確認し、状況に応じて対処してください。

・ パソコン本体に電源コードやACアダプターが正しく接続されていないことが考えられます。正しく接続されているかを確認します。
・ ディスプレイの電源がオフになっていないかどうかを確認します。ディスプレイの電源をオンにして、表示を確認します。
・ ノートパソコンの場合は、バッテリーの残量が少ないことが考えられます。ACアダプターを接続してから電源を入れるか、あらかじめバッテリーを充電しておきます。また、バッテリーパックが正しく取り付けられているかどうかも確認します。なお、ノートパソコンの中には、バッテリーを取り外せないものもあります。

・ 周辺機器やUSBメモリーが接続されている場合は、パソコンの電源を切って、周辺機器やUSBメモリーなどを取り外してから、電源を入れ直します。
・ CDやDVDなどの光学ディスクが光学ドライブにセットされている場合は、ディスクを取り出してから、電源を入れ直します。

これらの対処を試しても画面が真っ暗なままの場合は、取扱説明書が同封されていた場合は取扱説明書を、ない場合は別のパソコンやスマートフォンなどで、パソコンまたはディスプレイのメーカーのWebサイトを確認しましょう。それでも解決しない場合は、パソコンに何らかの問題が起きている可能性があります。メーカーではメールや電話でのサポートのほか、Webサイトで問い合わせフォームやチャットでのサポートも受け付けているので、利用しやすい方法で問い合わせましょう。

なお、サポートセンターに問い合わせる前に、使用しているパソコンの機種名や購入時期、パソコンで起きている問題をできるだけくわしくメモしておくとよいでしょう。問い合わせるときにそれらの内容を伝えると、担当者が状況を把握しやすくなります。メーカーのWebサイトでユーザー登録を行っている場合は、そのIDも控えておくと、手続きがスムーズです。

Q 019 起動時のPINを忘れてしまった!

A MicrosoftアカウントのPINはリセットできます

1 ロック画面で[PINを忘れた場合]をクリックして、

鈴木花子

PIN

PIN を忘れた場合

サインイン オプション

2 Microsoftアカウントのパスワードを入力して、

パスワードの入力

••••••••

パスワードを忘れた場合

ta*****@outlook.jp についての電子メール コード

サインイン

3 [サインイン]をクリックします。

4 セキュリティコードの受け取り方法を選択します。

ご本人確認のお願い

✉ ta*****@outlook.jp にメールを送信

コードを持っている場合

すべての情報が不明

キャンセル

5 メールでのコード受け取りを選択した場合は、メールアドレスを入力して、

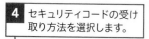

メールをご確認ください

確認コードを ta*****@outlook.jp に送信します。ご自身のものであることを確認するため、以下にメール アドレスを入力してください。

taroswin23h2@outlook.jp

コードを持っている場合

コードの送信

6 [コードの送信]をクリックします。

パソコンに設定したPINを忘れてしまった場合は、PINをリセットできます。PINをリセットするには、ロック画面の[PINを忘れた場合]をクリックして、下の手順に従います。

7 別のパソコンやスマートフォンなどでメールボックスを表示し、

Microsoft アカウント

セキュリティ コード

Microsoft アカウント ha**2@outlook.jp 用に以下のセキュリティ コードを使用してください。

セキュリティ コード: 323726

8 届いたメールに記載されたコードを確認します。

9 手順**6**の画面に戻り、メールで受け取ったセキュリティコードを入力します。

コードの入力

✉ taroswin23h2@outlook.jp がお使いのアカウントのメール アドレスと一致する場合は、コードをお送りします。

323726 ✕

キャンセル　確認

10 [確認]をクリックします。

続けますか?

PIN をリセットするのは、PIN を忘れたか、PIN か

PIN をリセットすると、アプリでもう一度サイン
す。また、組織で管理されているデータが失われる可能性があります。

キャンセル　続行

11 [続行]をクリックします。

12 新しいPINを2回入力して、

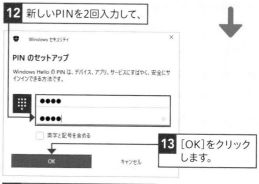

Windows セキュリティ　✕

PIN のセットアップ

Windows Hello の PIN は、デバイス、アプリ、サービスにすばやく、安全にサインインできる方法です。

▦ ••••

••••

☐ 英字と記号を含める

OK　キャンセル

13 [OK]をクリックします。

14 PINの変更が完了し、デスクトップ画面が表示されます。

基本

デスクトップ

キーボード・文字入力

インターネット

メール・連絡先

セキュリティ

AI・アシスタント

写真・動画・音楽

OneDrive・スマホ

印刷・周辺機器

アプリ

インストール・設定

📖 起動・終了や動作のトラブル　　重要度 ★ ★ ★

Q 020 パソコンの画面が真っ暗になった！

A 原因に応じて対処しましょう

パソコンを操作中に突然パソコンの画面が真っ黒になった場合は、パソコンかディスプレイがスリープ（省電力）状態になったことが考えられます。キーボードのいずれかのキーを押すか、マウスを動かすか、パソコン本体の電源ボタンを押してください。

なお、ディスプレイやパソコンが省電力状態になるまでの時間は、「設定」アプリの［システム］→［電源］→［画面とスリープ］から設定できます。

また、パソコン本体やディスプレイのケーブルが抜けてしまったことも考えられます。ケーブルが正しく接続されているか確認します。それでも問題が解決しない場合は、ディスプレイやパソコンが故障している可能性があります。パソコンのサポートセンターに問い合わせてみましょう。

参照 ▶ Q 450, Q 561

📝 起動・終了や動作のトラブル　　重要度 ★ ★ ★

Q 021 パソコンの音が鳴らなくなった！

A 音量の設定を確認します

警告音が鳴らなかったり、音楽を再生しても音が聞こえなかったりする場合は、スピーカーアイコンをクリックして、音量の設定を確認します。消音（ミュート）になっていたり、音量がゼロや小さい数字になっている場合は、消音を解除したり、音量を上げたりします。

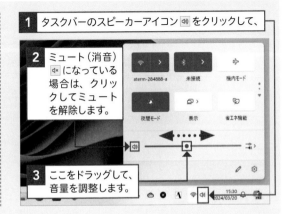

1 タスクバーのスピーカーアイコン 🔊 をクリックして、

2 ミュート（消音）🔇 になっている場合は、クリックしてミュートを解除します。

3 ここをドラッグして、音量を調整します。

📝 起動・終了や動作のトラブル　　重要度 ★ ★ ★

Q 022 「強制的にシャットダウン」と表示された！

A ほかのユーザーがパソコンを使っています

シャットダウンしようとして「まだ他のユーザーがこのPCを使っています。〜」という確認のメッセージが表示された場合は、ほかのユーザーがまだサインインしています。画面上をクリックしてメッセージを閉じ、スタートメニューのアカウントアイコンをクリックして、サインインしているユーザーを確認します。サインインしているユーザーの作業中のアプリなどがあれば、保存あるいは終了してからサインアウトし、Windowsをシャットダウンします。

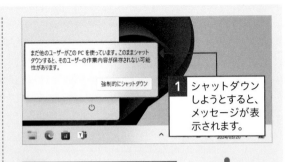

1 シャットダウンしようとすると、メッセージが表示されます。

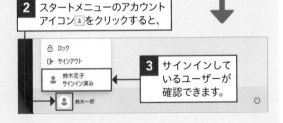

2 スタートメニューのアカウントアイコン 👤 をクリックすると、

3 サインインしているユーザーが確認できます。

Q 023 本人確認が必要と言われた!

A 本人確認を行います

Microsoft アカウントを作成してサインインしたあとは、デスクトップの通知などで本人確認が求められます。これは、Microsoft アカウントを作成した人物が本当に登録した人物か確かめるために必要な手順になります。通知が表示されたら、なるべく早めに本人確認を行いましょう。

本人確認を行うには、「設定」アプリで [アカウント]→[ユーザーの情報]をクリックし、[このPCで本人確認を行う必要があります。]か [お使いのデバイス間でパスワードを同期するために本人確認をしてください。]の [確認する]をクリックします。なお、この表示がない場合は本人確認は不要です。

1 [スタート]■→[設定]●をクリックし、

「設定」アプリのウィンドウのサイズが小さい場合は、ウィンドウの左上にある [ナビゲーションを開く]≡をクリックして表示します。

2 [アカウント]→[ユーザーの情報] をクリックして、

3 [確認する]をクリックします。

4 セキュリティコードの受け取り方法を選択します。

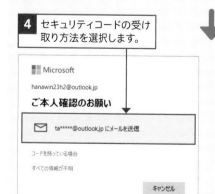

5 メールでのコード受け取りを選択した場合は、メールアドレスを入力して、

6 [コードの送信]をクリックします。

7 「メール」アプリなどのメールアプリを表示し、

8 届いたメールに記載されたコードを確認します。

9 手順 **6** の画面に戻り、メールで受け取ったセキュリティコードを入力します。

10 [確認]をクリックします。

11 手順 **2** の画面で、手順 **3** の表示が消えていれば、本人確認は完了しています。

Q 024 スタートメニューの 見方を知りたい！

A 下図を見て、名称や機能を 確認しましょう

「スタートメニュー」は、デスクトップの画面左下にある[スタート]■をクリックするか、キーボードの■を押すと表示されるメニューです。Windows 11のさまざまな機能やアプリを実行するために欠かせないものです。

Windows 11では、Windows 10までのスタートメニューと異なり、画面の中央に表示されます。[ピン留め済み]には「設定」アプリなどのよく使用されるアプリが最初からピン留めされているため、アプリがすぐに見つけられるようになっています。ピン留めされていないアプリを起動したい場合は、[すべてのアプリ]をクリックしてアプリを探します。

[おすすめ]には、最近追加したアプリやよく使うファイルが表示され、クリックすることで新しいアプリや直近に使用したファイルをすぐに開けます。

参照 ▶ Q 028, Q 572

ピン留め	検索ボックス	[すべてのアプリ]
アプリを起動できるアイコンです。	クリックしてキーワードを入力すると、アプリやファイルなどを検索できます。	クリックすると、パソコンにインストールされているすべてのアプリが一覧で表示されます。

[アカウント]	[スタート]	[電源]
クリックしてサインアウトしたり、パソコンをロックしたりすることができます。	クリックすると、スタートメニューが表示されます。	クリックすると、パソコンのスリープとシャットダウン、再起動が選択できます。

スタートメニュー・アプリの基本操作 　重要度 ★ ★ ★

Q 025 スタートメニューでの 操作の基本を知りたい！

A 目的の項目をクリックしましょう

［スタート］■をクリックすると、スタートメニューが
表示されます。スタートメニューからは、アプリの起動
やパソコンのシャットダウンなどが行えます。

アプリを起動するには、それぞれのピン留めをクリッ
クします。ピン留めを右クリックすると、アプリをアン
インストールしたり、スタートメニューからピン留め
を外したりできます。

● ピン留めのページを切り替える

1 ここにマウスポインターを合わせて ▼ または ▲
をクリックするか、マウスのホイールを回すと、

2 ピン留めのページを切り替えることができます。

● アプリを起動する

1 ［スタート］■をクリックして、

2 起動したいアプリのタイルをクリックすると、

3 アプリが起動します。

 スタートメニュー・アプリの基本操作 　重要度 ★ ★ ★

Q 026 ［スタート］の 機能を知りたい！

A アプリの起動やパソコンの シャットダウンなどに利用します

［スタート］■を右クリックすると、クイックリンクメ
ニューが表示されます。クイックリンクメニューには、
電源オプションやシステムの設定、デバイスマネー
ジャー、ネットワーク接続の設定など、Windowsの設
定や高度な機能を呼び出すための項目が用意されてい
ます。このメニューは、キーボードの■と区を同時に押
しても表示されます。

1 ［スタート］■を右クリックすると、

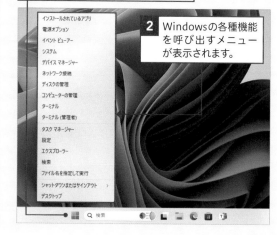

2 Windowsの各種機能
を呼び出すメニュー
が表示されます。

基本
デスクトップ
キーボード・文字入力
インターネット
メール・連絡先
セキュリティ
AI・ガジェット
写真・動画・音楽
OneDrive・スマホ
印刷・周辺機器
アプリ
インストール・設定

Q 027 よく使うアプリを起動しやすい位置に表示させたい！

A スタートメニューやタスクバーにピン留めします

パソコンにインストールされたアプリは、スタートメニューの「すべてのアプリ」内に自動で追加されますが、アプリはアルファベット順→五十音順に並ぶため、ア

プリによってはスタートメニューに表示させるのに大きくスクロールする必要があり手間がかかります。よく使うアプリをピン留めしておけば、スタートメニューやタスクバーのピン留めからアプリを起動でき、クリックやスクロールは最小限で済むので便利です。アプリをピン留めするには、以下のように操作します。
なお、ピン留めを移動したい場合や解除したい場合は、45ページを参照してください。

参照 ▶ Q 028, Q 029, Q 030

●スタートメニューにピン留めする

1 スタートメニューで［すべてのアプリ］をクリックします。

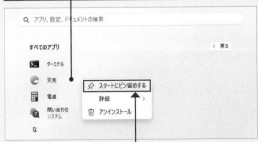

2 ピン留めしたいアプリを右クリックし、

3 ［スタートにピン留めする］をクリックします。

4 ［戻る］をクリックします。

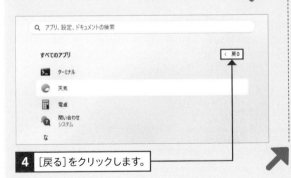

5 スタートメニューにピン留めが追加されていることが確認できます。

1つのページにピン留めが表示しきれない場合は、次のページに追加されます。

●タスクバーにピン留めする

1 手順 **3** の画面で［詳細］にマウスポインターを合わせ、

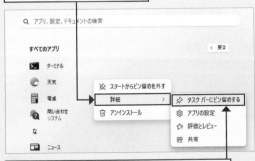

2 ［タスクバーにピン留めする］をクリックします。

3 タスクバーにピン留めが追加されます。

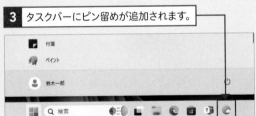

Q 028 「ピン留め」って何？

A アプリを簡単に起動できる機能です

「ピン留め」とは、アプリへのショートカットをスタートメニューやタスクバーに配置して起動しやすくする機能です。スタートメニューにピン留めすると、[ピン留め済み]の下にアプリの名前とアイコンが表示されます。スタートメニューには初期状態でもアプリがピン留めされているほか、よく使うアプリを自分でピン留めすることもできます。

なお、Windows 10のスタートメニューで使用されていた「タイル」と異なり、アイコンの大きさを変更することはできません。　　参照 ▶ Q 027

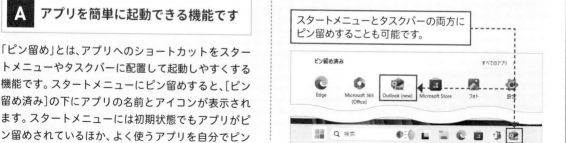

スタートメニューとタスクバーの両方にピン留めすることも可能です。

Q 029 ピン留めしたアプリを整理したい！

A ドラッグや[先頭に移動]で並べ替えます

スタートメニューにピン留めしたアプリは、アプリのアイコンをドラッグして位置を移動することができます。また、アプリのアイコンを右クリックして[先頭に移動]をクリックすると、スタートメニューの先頭へ自動的に移動します。

● ドラッグで移動

1 スタートメニューを表示して、

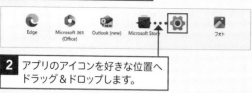

2 アプリのアイコンを好きな位置へドラッグ＆ドロップします。

● アプリを先頭に移動

1 アプリのアイコンを右クリックし、

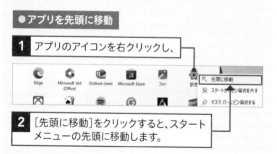

2 [先頭に移動]をクリックすると、スタートメニューの先頭に移動します。

Q 030 ピン留めを解除したい！

A 右クリックしてピン留めを解除します

スタートメニューには、アプリのピン留めをいくつでも追加できますが、ピン留めが多すぎると、目的のアプリが見つけにくくなります。この場合は、スタートメニューから不要なピン留めを解除してピン留めを減らすとよいでしょう。

スタートメニューからピン留めを解除するには、解除したいピン留めを右クリックして、[スタートからピン留めを外す]をクリックします。なお、ピン留めを解除しても、アプリ自体は削除されません。

1 削除したいピン留めを右クリックして、

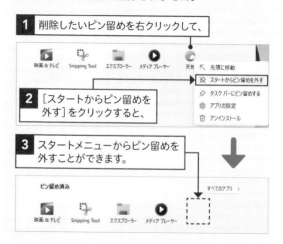

2 [スタートからピン留めを外す]をクリックすると、

3 スタートメニューからピン留めを外すことができます。

Q 031 「すべてのアプリ」に探したいアプリが表示されない！

A 検索してアプリを探します

「すべてのアプリ」を確認してもアプリが見つからない場合は、タスクバーにある［検索］を利用しましょう。検索ボックスにアプリ名を入力すると、該当するアプリが一覧に表示されます。一覧から候補をクリックすると、アプリが起動します。

1 検索ボックスをクリックして、

2 アプリ名を入力すると、

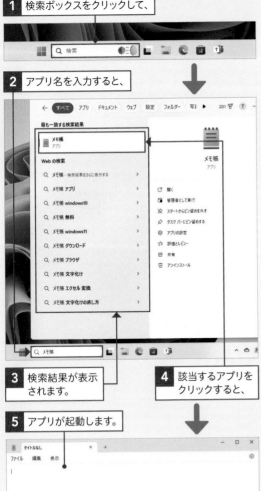

3 検索結果が表示されます。

4 該当するアプリをクリックすると、

5 アプリが起動します。

Q 032 スタートメニューからフォルダーにアクセスしたい！

A フォルダーをピン留めしておきます

よく使うフォルダーは、アプリと同じようにスタートメニューにピン留めしておくと、すぐにフォルダーを開くことができて便利です。ピン留めしたいフォルダーを右クリックして［スタートにピン留めする］をクリックすると、スタートメニューに追加できます。ピン留めを外す場合は、スタートメニューのピン留めを右クリックして、［スタートからピン留めを外す］をクリックしましょう。

参照 ▶ Q 027, Q 030

1 スタートメニューにピン留めしたいフォルダーを右クリックして、

2 ［スタートにピン留めする］をクリックすると、

3 スタートメニューにフォルダーのピン留めが追加されます。

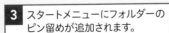

4 フォルダーをクリックすると、

5 エクスプローラーが開き、フォルダーの中身が表示されます。

Q 033 スタートメニューの アプリをまとめたい!

A アプリ同士を重ねてフォルダーを 作成します

スタートメニューにピン留めしたアプリが増えてきた
ら、フォルダーを作成してまとめることができます。ピ
ン留めしたアプリをフォルダーにまとめたいアプリに
ドラッグすると、自動的にフォルダーが作成されます。
作成したフォルダーは、わかりやすいように名前を変
更しておきましょう。

1 ピン留めしたアプリを、同じフォルダーに保存したい
アプリの上にドラッグすると、

2 フォルダーが作成されるので、クリックします。

3 入力欄をクリックし、フォルダー名を入力します。

4 Enter キーを押して、入力を確定します。

Q 034 スタートメニューの レイアウトを変えたい!

A [スタート]設定からレイアウトを 変更します

スタートメニューは、初期状態では「ピン留めしたアプ
リ」(Q028参照)と直近で使用したアプリなどを表示
する「おすすめ」が半分ずつ表示されます。ピン留めし
たアプリをたくさん表示したい、あるいはおすすめを
もっと表示したい場合は、「設定」アプリの[スタート]
からレイアウトを変更しましょう。

1 [スタート] ■ →[設定] ⚙ をクリックし、

2 [個人用設定]をクリックして、

3 [スタート]をクリックします。

4 ここでは例としてピン留めしたアプリ
を多く表示したいので、[さらにピン
留めを表示する]をクリックします。

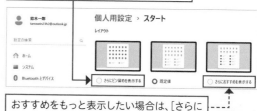

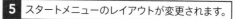

おすすめをもっと表示したい場合は、[さらに
おすすめを表示する]を選択します。

5 スタートメニューのレイアウトが変更されます。

基本

デスクトップ

キーボード・文字入力

インターネット

メール・連絡先

セキュリティ

AIアシスタント

写真・動画・音楽

OneDrive・スマホ

印刷・周辺機器

アプリ

インストール・設定

左側のタブ:
基本
デスクトップ
キーボード・文字入力
インターネット
メール・連絡先
セキュリティ
AI・アシスタント
写真・動画・音楽
OneDrive・スマホ
印刷・周辺機器
アプリ
インストール・設定

Q 035 アプリを画面いっぱいに表示したい！

A タイトルバーの [最大化]をクリックします

画面全体を使ってアプリを表示するには、アプリの
ウィンドウのタイトルバーの右側にある［最大化］🔲
をクリックします。ウィンドウが最大化し、画面いっぱ
いに表示されます。
ウィンドウを最大化すると、［最大化］🔲 が［元に戻す
（縮小）］🗗 に変わります。［元に戻す（縮小）］🗗 をク
リックすると元のサイズに戻ります。
アプリによっては、ウィンドウの大きさが変わると、見
た目や表示される内容が変化することがあります。

1 ［最大化］🔲 をクリックすると、

2 アプリが画面いっぱいに表示されます。

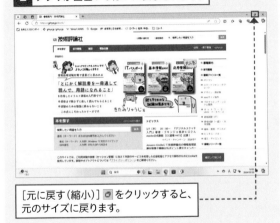

［元に戻す（縮小）］🗗 をクリックすると、
元のサイズに戻ります。

Q 036 アプリを終了するにはどうすればいいの？

A タイトルバーの [閉じる]をクリックします

起動中のアプリを終了するには、タイトルバーの［閉
じる］❎ をクリックします。アプリによっては、ファイ
ルを保存せずに終了しようとすると、内容を保存する
か確認の画面が表示されます。ファイルを保存する場
合は［保存］をクリックして保存しましょう。保存しな
い場合は［保存しない］をクリックすると、アプリがそ
のまま終了します。

［閉じる］❎ をクリックすると、アプリが終了します。

● ファイルを保存していない場合

［閉じる］❎ をクリックすると、確認画面が表示されます。

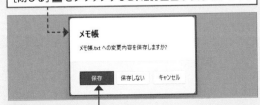

1 ［保存］をクリックすると、

2 ファイルの保存画面が表示され、
ファイルを保存できます。

Q 037 「コントロールパネル」を開きたい!

A [スタート]から開きます

Windows 11では、スタートメニューの[すべてのアプリ]→[Windowsツール]をクリックして、[コントロールパネル]をダブルクリックすると、コントロールパネルを起動できます。コントロールパネルをよく使用する場合は、スタートメニューやタスクバーにピン留めしておくとよいでしょう。

参照 ▶ Q 027

1 [スタート] ■ をクリックし、

2 [すべてのアプリ]をクリックします。

3 [Windows ツール]をクリックして、

4 [コントロールパネル]を
ダブルクリックすると、

5 コントロールパネルが表示されます。

Q 038 「ファイル名を指定して実行」を開きたい!

A ショートカットキーを利用します

「ファイル名を指定して実行」は、指定したコマンドを入力して素早くアプリを起動したり、パスを入力してフォルダーを開いたりする機能です。
Windows 11では、キーボードの ■ と R を同時に押すと表示できます。もしくは[スタート] ■ を右クリックし、[ファイル名を指定して実行]をクリックします。

1 キーボードの ■ +Rを押すと、

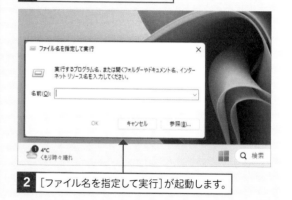

2 [ファイル名を指定して実行]が起動します。

基本
デスクトップ
キーボード・文字入力
インターネット
メール・連絡先
セキュリティ
AI・アシスタント
写真・動画・音楽
OneDrive・スマホ
印刷・周辺機器
アプリ
インストール・設定

基本

デスクトップ

キーボード・文字入力

インターネット

メール・連絡先

セキュリティ

AIアシスタント

写真・動画・音楽

OneDrive・スマホ

印刷・周辺機器

アプリ

インストール・設定

📖 Pro版との違い　　　重要度 ★★★

Q 039 Proとの違いは？

A Homeよりも使える機能が増えます

Windows 11の個人用のエディションのうち、Home もProも主要な機能は同じです。ただしProでは、セキュリティや接続の管理などビジネス向けの機能が追加されており、より仕事で活用しやすくなっています。

また、HomeとProでは初期設定も少し異なります。Homeは初期設定時にインターネットに接続しており、Microsoftアカウントでサインインする必要がありますが、Proはインターネットへの接続が必須ではなく、ローカルアカウントを使用して初期設定を行うことができます。

Proは上級者向けの設定も含まれるため、パソコンに慣れていない場合や会社で使用しない場合などはHome、会社で使う場合やリモートデスクトップでほかのパソコンから操作したい場合などはProを選ぶとよいでしょう。

📖 Pro版との違い　　　重要度 ★★★

Q 040 Pro独自の機能について 知りたい！

A リモートデスクトップなど、ビジネス向けの機能が使えるようになります

Q039にあるように、Proのエディションではセキュリティや接続の管理などビジネス向けの機能が追加されています。

たとえば、離れた位置にあるパソコンを遠隔操作できるリモートデスクトップ機能があります。この機能はHomeでも使用できますが、操作される（サーバー）側のパソコンとして設定できるのは、Proのパソコンのみです。また、Hyper-Vという機能を使えば、1台のパソコンに複数の仮想環境（仮想マシン）を作成して、それぞれ別のパソコンとして使うことができます。ソフトウェアの開発といった、異なる環境を使用したい場合などに用いられます。

● リモートデスクトップ

2

Windows 11の
デスクトップ便利技！

041 ▶▶▶ 052　デスクトップの基本

053 ▶▶▶ 080　ウィンドウ操作・タスクバー

081 ▶▶▶ 088　仮想デスクトップ

089 ▶▶▶ 130　デスクトップでのファイル管理

Q041 デスクトップって何？

A パソコン起動後、最初に
表示される画面のことです

「デスクトップ」とは、パソコンを起動するとディスプレイ全体に表示される画面のことです。もともとは「机の上（desktop）」を意味する英単語ですが、Windowsでは、机の上に道具や書類を置いて作業するように、画面上にアイコンやウィンドウを置いて作業できます。Windows 11のデスクトップは、スタートメニューのデザインはこれまでと大きく変わっていますが、それ以外の画面構成や操作方法に大きな違いはありません。これまでのWindowsと同じように、画面上に複数のアプリを配置して、切り替えながら作業できます。なお、[スタート]▦やタスクバーのアイコンは中央に表示されていますが、[個人用設定]でWindows 10と同じように左下に表示することもできます。

参照 ▶ Q 043

パソコンを起動するとデスクトップ画面が表示されます。

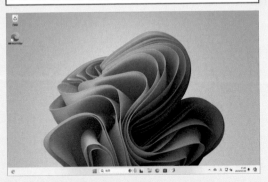

複数のウィンドウを配置して作業できます。

Q042 これまでのデスクトップと違うところはどこ？

A スタートメニューが
大きく変更されました

Windows 11のデスクトップは、Windows 10までのデスクトップからデザインや機能が変更されています。主な変更点は、下表のとおりです。

変更点	解説
スタートメニューの変更	スタートメニューのデザインが大きく変わり、デスクトップの中央に表示されるようになりました。
[スタート]とタスクバーアイコンの位置の変更	[スタート]とタスクバーアイコンの位置が、左寄りから中央寄りになりました。
[コルタナ]の削除と[Copilot in Windows]の追加	[スタート]の右隣にあった[コルタナ]がなくなりました。また、タスクバーの右端にある[Copilot in Windows] をクリックすると、[Copilot in Windows]を開くことができるようになりました。
[Microsoft Teams]の追加	タスクバーに、ほかのユーザーとチャットやビデオ通話を行える[Microsoft Teams] が追加されました。
ウィジェット機能の追加	タスクバーの左端に、[ウィジェット]または天気予報として表示されています。クリックすると、天気やニュース、スポーツなどの情報を一覧で見ることができます。

スタートメニュー

ウィジェット　検索ボックス　Microsoft Teams

基本

デスクトップ

キーボード・文字入力

インターネット

メール・連絡先

セキュリティ

AIアシスタント

写真・動画・音楽

OneDrive・スマホ

印刷・周辺機器

アプリ

インストール・設定

Q 043 デスクトップの見方を知りたい!

A 下図を見て、各部の名称を覚えておきましょう

デスクトップの各部には、それぞれ名称があります。下図を参照して、各部の名称を覚えておきましょう。なお、デスクトップの背景に表示される画像は、好きなものに変更できます。

参照 ▶ Q 595, Q 596, Q 597

ごみ箱
不要なファイルやフォルダーはここに移動して削除します。

デスクトップ
ウィンドウなどを表示して、さまざまな操作を行う場所です。

マウスポインター
アイコンやコマンドなどを操作するための目印です。操作の内容によって形状が変わります。

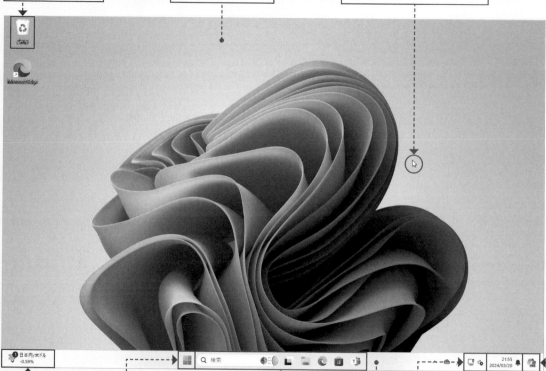

[ウィジェット]
天気やニュースなどを見ることができます。

タスクバーアイコン
標準では検索ボックスのほかに、[タスクビュー][エクスプローラー][Microsoft Edge][Microsoft Store][Microsoft Teams]が表示されています。ここに表示されるアイコンは、あとから自由に編集できます。

[通知]
現在の日時やアプリからの通知を確認できます。

[クイック設定]
ネットワークへの接続設定や音量の調整などを行えます。

[スタート]
クリックすると、スタートメニューを表示します。Windowsの各種機能を呼び出したり、パソコンをシャットダウンしたりすることができます。

タスクバー
タスクバーアイコンのほか、起動しているアプリがアイコンとして表示されます。クリックするだけで、操作するウィンドウを切り替えることができます。

[Copilot in Windows]
MicrosoftのAIチャットサービス「Copilot in Windows」を使うことができます。

📄 デスクトップの基本　　　　重要度 ★★★

Q 044 デスクトップアイコンの大きさを変えたい！

A 右クリックメニューから変更できます

デスクトップアイコンの大きさは、3種類から選択することができます。デスクトップの広さやディスプレイのサイズに合わせて、見やすい大きさに変更しておくとよいでしょう。

1 デスクトップ上で右クリックして、

2 ［表示］にマウスポインターを合わせ、

3 アイコンのサイズを選択します。

📄 デスクトップの基本　　　　重要度 ★★★

Q 045 デスクトップアイコンを移動させたい！

A アイコンをドラッグします

デスクトップに表示されているアイコンは、ドラッグして好きな場所に移動させることができます。ただし、デスクトップアイコンの自動整列機能が有効になっていると元の場所に戻ってしまうので、あらかじめ無効にしておきましょう。　　参照 ▶ Q 046

デスクトップアイコンを移動させたい位置へドラッグします。

📄 デスクトップの基本　　　　重要度 ★★★

Q 046 デスクトップアイコンを整理したい！

A ［アイコンの自動整列］を上手に利用しましょう

アイコンの並びを整理するには、右の手順に従って、「アイコンの自動整列」機能を利用します。自動整列機能を有効にしたあとは、既存のアイコンが等間隔に並び、新たに追加したアイコンも自動的に整列するようになるので、いちいち手動でアイコンを並べなくても、デスクトップが常に整理された状態に保たれます。
なお、［アイコンの自動整列］が有効になっている間は、アイコンの並べ替えのみが可能になる点に注意しましょう。

1 デスクトップ上で右クリックして、

2 ［表示］にマウスポインターを合わせ、

3 ［アイコンの自動整列］をクリックすると、

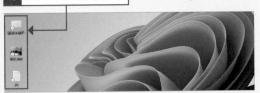

4 アイコンが整列します。

Q 047 画面を画像にして保存したい！

A ▦ + Print Screen や「Snipping Tool」を使います

● ▦ + Print Screen で保存する

パソコンの画面を画像として保存するには、キーボードの▦を押しながらPrint Screen (PrtSc)を押せば、自動的に画面全体が保存されます。このとき、保存先は［ピクチャ］フォルダー内の［スクリーンショット］フォルダー、ファイル形式はPNG、ファイル名は「スクリーンショット（＊）」になります。このとき、（＊）には日付と連番の数が入ります。

参照 ▶ Q 095

1 保存したい画面を表示して、

2 ▦を押しながらPrint Screen (PrtSc)を押します。

3 ［ピクチャ］フォルダー内の［スクリーンショット］フォルダーに、画面が画像として保存されます。

●「Snipping Tool」で保存する

Windows 11に標準で付属する「Snipping Tool」アプリを利用すると、自由形式、四角形、ウィンドウの領域など、切り取る範囲を指定して保存することができます。

1 保存したい画面を表示して、スタートメニューで［すべてのアプリ］→［Snipping Tool］をクリックしてアプリを起動します。

［遅延切り取り］ ⏲ ∨ をクリックすると、手順**4**の画面が表示されるまでの待ち時間を指定できます。

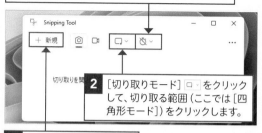

2 ［切り取りモード］ ▭ ∨ をクリックして、切り取る範囲（ここでは［四角形モード］）をクリックします。

3 ［新規］をクリックします。

4 保存したい領域をドラッグすると、

5 「Snipping Tool」アプリ内に指定した画像が表示されます。

6 ［名前を付けて保存］ 🖫 をクリックして保存します。

基本

デスクトップ

キーボード・文字入力

インターネット

メール・連絡先

セキュリティ

AIアシスタント

写真・動画・音楽

OneDrive・スマホ

印刷・周辺機器

アプリ

インストール・設定

📝 デスクトップの基本
重要度 ★ ★ ★

Q 048 画面に書き込みをしてから画像にしたい！

A 「Snipping Tool」アプリの機能で書き込みます

55ページで「Snipping Tool」アプリを使って画像を保存する前に、[ボールペン] ▽ や [蛍光ペン] 🖊 を使って画像に文字などを書き込めます。間違えてしまった場合は、[消しゴム] で消したい部分をクリックして削除できます。書き込み後は、[名前を付けて保存] 🖫 をクリックします。

参照 ▶ Q 047

1 ペンの種類（ここでは [ボールペン] ▽ ）をクリックして色とサイズを選ぶと、

2 画像に書き込みができます。

3 [名前を付けて保存] をクリックすると、書き込んだ状態の画像を保存できます。

📝 デスクトップの基本 　重要度 ★ ★ ★

Q 049 画面を画像としてコピーしたい！

A Print Screen を使います

画面を画像としてコピーするには、キーボードの Print Screen （ PrtSc ）を押して、画面上部の [切り取りツール] から範囲を選択します。これで、その時点の画面全体が画像としてクリップボードにコピーされます。

1 コピーしたい画面を表示して、

2 Print Screen（ PrtSc ）を押します。

3 画面上部の [切り取りツール] から範囲をクリックします。

📝 デスクトップの基本 　重要度 ★ ★ ★

Q 050 選択しているウィンドウのみを画像として保存したい！

A Alt + ⊞ + Print Screen を使います

選択しているウィンドウのみを画像として保存するには、キーボードの Alt と ⊞ を押しながら Print Screen （ PrtSc ）を押します。保存先は [ビデオ] フォルダー内の [キャプチャ] フォルダーです。画像の保存は「Xbox Game Bar」アプリが行っているので、上記のフォルダーに保存されない場合は [スタート] ⊞ →[設定] ⚙ をクリックし、[ゲーム]→[キャプチャ]をクリックして [キャプ

チャの場所] で指定されているフォルダーを確認しましょう。

1 コピーしたい画面を表示して、

2 Alt + ⊞ + Print Screen（ PrtSc ）を押します。

Q051 画像のテキストを抜き出したい!

A 「Snipping Tool」アプリのOCR機能でテキストを抽出できます

55ページで解説した「Snipping Tool」アプリは、撮影したパソコン画面に映っているテキストを抽出することも可能です。「Snipping Tool」アプリで画面を撮影したら、[テキストアクション] をクリックします。すると、画像からテキストが抽出されます。必要なテキストをマウスでドラッグして選択し、コピーしましょう。

また、[すべてのテキストをコピーする]をクリックすると、抽出したテキストがすべてクリップボードへとコピーされます。

1 55ページを参考にして、「Snipping Tool」アプリで画面を撮影します。

2 [テキストアクション] をクリックすると、

3 画像のテキストが抽出されます。

必要なテキストをドラッグし、Ctrl キーを押してコピーします。

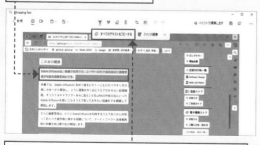

[すべてのテキストをコピーする]をクリックすると、画像のテキスト全てがクリップボードへコピーされます。

Q052 画面操作を録画したい!

A 「Snipping Tool」アプリの [録画] 機能で画面操作を録画できます

「Snipping Tool」アプリには、画面操作を動画で録画できる機能も用意されています。画面上部の [切り取り領域] タブを [録画] タブに切り替え、[新規]をクリックしましょう。撮影したい領域をドラッグして選択し、[スタート]をクリックすると、録画が開始されます。操作が完了したら、画面上の [停止]をクリックして動画撮影を終了しましょう。

1 「Snipping Tool」アプリを起動し、[録画] タブ をクリックして録画モードに切り替えます。

2 撮影したい箇所をドラッグし、

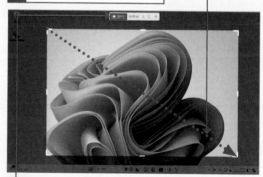

3 [スタート]をクリックすると、録画が開始されます。

4 [停止] をクリックすると、録画が終了します。

5 「Snipping Tool」アプリ内に録画した動画が表示されるので、プレビューを確認したり、[名前を付けて保存] をクリックして保存したりしましょう。

基本

デスクトップ

キーボード・文字入力

インターネット

メール・連絡先

セキュリティ

AI アシスタント

写真・動画・音楽

OneDrive・スマホ

印刷・周辺機器

アプリ

インストール・設定

Q 053 ウィンドウ操作の基本を知りたい!

A 最大化や最小化などの操作を行うことができます

デスクトップに表示される、枠によって区切られた表示領域のことを「ウィンドウ」といいます。アプリは通常、ウィンドウの中に表示されます。文書の作成やWebページの閲覧など、アプリによってウィンドウに表示される内容は異なりますが、基本操作は同じです。ウィンドウの最上部にはアプリの名前や文書のタイトルなどを表示するタイトルバーがあります。右上端にある[最小化]─をクリックするとウィンドウがタスクバーに格納され、[最大化]□をクリックするとウィンドウが全画面で表示されます。[閉じる]✕をクリックすると、ウィンドウが閉じます。アプリによってはウィンドウの大きさを変えると、メニューが隠れたり、ボタンの位置が移動したりなど、表示が変わることがあります。

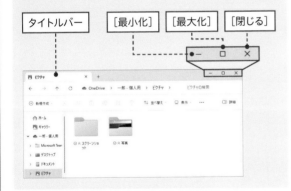

Q 055 ウィンドウを移動させたい!

A タイトルバーをドラッグして移動させます

ウィンドウを移動するには、タイトルバーの何もないところをドラッグします。タッチ操作では、タイトルバーを指で押さえ、そのまま指を目的の場所まで動かします。

Q 054 ウィンドウの大きさを変更したい!

A ウィンドウの枠をドラッグします

ウィンドウは、左右の辺をドラッグすると幅を、上下の辺をドラッグすると高さを、四隅をドラッグすると幅と高さを同時に変更することができます。タッチ操作でも、マウスと同様に、ウィンドウの上下左右や四隅を指でドラッグします。

1 ウィンドウの四隅にマウスポインターを移動すると、ポインターの形が変わります。

2 そのままドラッグすると、ウィンドウの大きさを変更できます。

タイトルバーのボタンのないところをドラッグすると、ウィンドウが移動します。

Q 056 ウィンドウを簡単に切り替えたい!

A ウィンドウやアイコンをクリックします

アプリを切り替える方法には、次の3種類があります。

- ウィンドウをクリックする
- タスクバーのアイコンをクリックする
  起動しているアプリは、タスクバーにアイコンとして表示されます。ウィンドウを最小化している場合などには、タスクバーのアイコンをクリックすると、アプリを切り替えることができます。
- タスクビューからアプリを選択する
  タスクバーにある [タスクビュー] ▣ をクリックすると、起動しているアプリの縮小画像(サムネイル)が一覧で表示されます。縮小画像をクリックすると、アプリを切り替えることができます。

●ウィンドウをクリックして切り替える

1 アプリのウィンドウをクリックすると、

2 アプリが切り替わります。

●タスクバーから切り替える

1 タスクバーに表示されているアプリのアイコンをクリックすると、

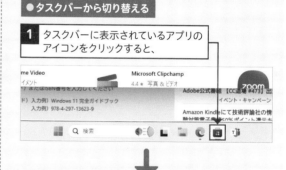

2 アプリが切り替わります。

●アプリの一覧から切り替える

1 タスクバーに表示されている [タスクビュー] ▣ をクリックすると、

2 アプリの一覧が表示されます。

3 切り替えたいアプリをクリックすると、アプリが切り替わります。

Q 057 ウィンドウをきれいに並べたい!

A 「スナップ」機能やスナップレイアウトを使います

「スナップ」機能とは、複数のウィンドウを並べて表示する機能のことです。「スナップ」機能を利用するには、ウィンドウのタイトルバーを画面の端までドラッグします。左右へドラッグすると画面の半分のサイズにウィンドウが調整され、画面の四隅へドラッグすると画面の4分の1のサイズにウィンドウが調整されます。複数のウィンドウをきれいに並べるのに便利です。

また、「スナップレイアウト」を使うと、複数のウィンドウをより簡単に並べることができます。

ウィンドウを元の大きさに戻すには、タイトルバーを画面の内側へとドラッグします。

● 全画面表示にする

1 ［最大化］をクリックすると、

2 ウィンドウが画面全体のサイズに調整されます。

● 画面の2分の1のサイズにする

タイトルバーを画面の左右までドラッグすると、ウィンドウが画面の半分のサイズに調整されます。

● 画面の4分の1のサイズにする

タイトルバーを画面の四隅までドラッグすると、ウィンドウが画面の4分の1のサイズに調整されます。

● スナップレイアウトを使って並べる

1 ［最大化］にマウスポインターを合わせて数秒待ち、

2 配置したいスナップレイアウトをクリックすると、

3 クリックしたスナップレイアウトのサイズと位置に、ウィンドウが調整されます。

4 続けて配置したいウィンドウをクリックすると、選択したスナップレイアウトのサイズと位置に、ウィンドウが調整されます。

● ドラッグしてスナップレイアウトを表示する

1 タイトルバーを画面の上端までドラッグすると、

2 スナップレイアウトが表示されます。

3 ドラッグしたまま、配置したいスナップレイアウトにマウスポインターを合わせると、選択したスナップレイアウトのサイズと位置にウィンドウが表示されます。

Q 058 素早くウィンドウを並べたい！

A ⊞＋Ｚでスナップレイアウトを使用します

スナップレイアウトは、Q057のようにマウスで選択するだけでなく、ショートカットキーで選択することも可能です。⊞とＺを同時に押すと、スナップレイアウトが数字付きで表示されます。配置したいスナップレイアウトの数字のキーを押し、続けてレイアウトの位置に表示される数字のキーを押すと、指定したスナップレイアウトの大きさや位置に変更できます。マウスで都度クリックしなくてもレイアウトを適用できるため、素早くウィンドウを並べられます。

1 ウィンドウを選択して⊞＋Ｚを押し、

2 配置したいスナップレイアウトに表示されている数字のキーを押して、

3 配置したい位置に表示されている数字のキーを押すと、

4 選択したスナップレイアウトのサイズと位置に、ウィンドウが調整されます。

Q 059 レイアウト済みのウィンドウセットを復元したい！

A Alt ＋ Tab でスナップグループを選択して表示します

設定したスナップレイアウトで再びウィンドウを表示する場合は、「スナップグループ」を表示します。スナップグループとは、スナップレイアウトの設定が保存されたグループのことで、スナップレイアウトを使ってウィンドウを並べると自動的に作成されます。なお、ウィンドウの大きさを変えたり閉じたりすると、そのウィンドウはグループから外れます。再びグループに加えるには、スナップ機能やスナップレイアウトで、空いているスペースにウィンドウを配置する必要があります。

参照 ▶ Q 057

1 Alt を押したまま Tab を押すと、現在開いているウィンドウやスナップグループが表示されます。

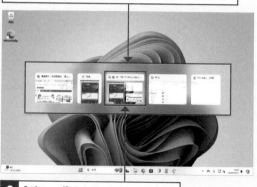

2 ［グループ］をクリックするか、 Alt を押したまま Tab を押して［グループ］を選択した状態で指を離すと、

3 設定したスナップレイアウトでウィンドウが表示されます。

Q 060 ウィンドウのサイズが勝手に変わってしまった！

A 「スナップ」機能が働いています

ウィンドウを画面の端にドラッグすると、「スナップ」機能が働き、ウィンドウのサイズが自動的に調整されます。「スナップ」機能を無効にするには、スタートメニューで［設定］ ⚙ をクリックして、［システム］→［マルチタスク］をクリックし、［ウィンドウのスナップ］をオフにします。

参照 ▶ Q 057

1 ［スタート］ ⊞ →［設定］ ⚙ をクリックします。

2 ［システム］をクリックし、

3 ［マルチタスク］をクリックして、

4 ［ウィンドウのスナップ］をオフにします。

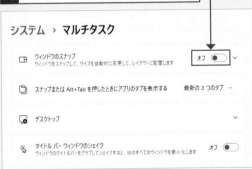

Q 061 ウィンドウが画面外にはみ出してしまった！

A ［移動］で矢印を表示してウィンドウを移動しましょう

ウィンドウが画面外からはみ出てしまい、元の位置に戻せなくなってしまって困ることもあります。そのような場合は、まずタスクバーにある画面外にはみ出たアプリやフォルダーのアイコンにマウスポインターを合わせます。数秒待つとプレビューウィンドウが表示されるので、右クリックしてメニューを表示し、［移動］をクリックします。マウスポインターが十字の矢印に変わったら、キーボードの ↑↓←→ を押すことで、ウィンドウを移動できます。

なお、ウィンドウをクリックしてからキーボードの Alt + Space を同時に押して M を押し、キーボードの ↑↓←→ を押しても同様にウィンドウを移動できます。

1 タスクバーにあるアイコンにマウスポインターを合わせて数秒待ち、プレビューウィンドウを表示します。

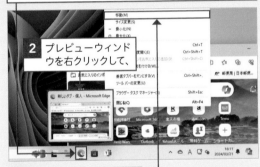

2 プレビューウィンドウを右クリックして、

3 ［移動］をクリックすると、

4 マウスポインターが十字の矢印に変化します。

5 キーボードの ↑↓←→ を押して、はみ出したウィンドウを画面内に移動します。

6 デスクトップの何もないところをクリックするか、 Enter を押すと、移動が終了します。

Q 062 一時的にデスクトップを確認したい!

A ⊞+D を押します

ウィンドウを最小化してデスクトップを確認するには、⊞とDを同時に押します。開いているウィンドウが最小化し、デスクトップが表示されます。再び⊞とDを同時に押すと、ウィンドウが元通り表示されます。

1 ⊞+Dを押します。

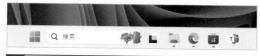

2 開いているウィンドウがすべて最小化され、デスクトップが表示されます。

Q 063 見ているウィンドウ以外を最小化したい!

A ⊞+Home を押します

現在見ているウィンドウ以外を最小化するには、見ているウィンドウをクリックして選択し、⊞とHomeを同時に押します。再び⊞とHomeを同時に押すと、最小化されたウィンドウが元通り表示されます。

1 最小化しないウィンドウをクリックして選択し、

2 ⊞+Home を押します。

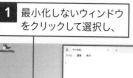

3 選択したウィンドウ以外が最小化されます。

Q 064 すべてのウィンドウを一気に最小化したい!

A タスクバーから操作します

表示しているすべてのウィンドウを最小化するには、タスクバーの右端をクリックします。このとき、⊞を押しながらMを押しても最小化できます。

最小化したウィンドウを再度表示するには、タスクバーの右端をクリックするか、⊞と Shift を同時に押しながらMを押します。最小化または再表示中に再びショートカットキーを押すと、機能しない場合があるので、注意が必要です。

なお、特定のウィンドウ以外をすべて最小化して画面を整理することもできます。

参照 ▶ Q 063

1 「設定」アプリで[個人用設定]をクリックし、

2 [タスクバー]をクリックします。

3 [タスクバーの動作]をクリックし、

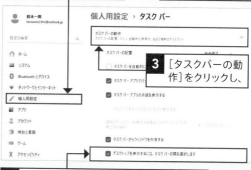

4 [デスクトップを表示するには、タスクバーの隅を選択します]をクリックします。

5 タスクバーの右端にマウスポインターを合わせてクリックすると、

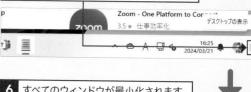

6 すべてのウィンドウが最小化されます。

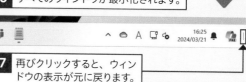

7 再びクリックすると、ウィンドウの表示が元に戻ります。

Q 065 ウィンドウの中身を簡単に見たい！

A プレビューウィンドウで確認できます

ウィンドウに何が表示されているか、おおまかで構わないので見たいという場合は、プレビューウィンドウで確認できます。タスクバーにある、現在ウィンドウを開いているアイコンにマウスポインターを合わせると、プレビューウィンドウが表示され、ウィンドウのサムネイルを見ることができます。プレビューウィンドウをクリックすると、最小化していた場合は元の表示に戻ります。

特に、同じアプリで複数のウィンドウを開いている場合は、どのウィンドウにどの内容が表示されているかが一目でわかるため便利です。

1 アイコンにマウスポインターを合わせて数秒待つと、

2 プレビューウィンドウが表示されます。

Q 066 再起動するように表示された！

A Windowsの設定や機能の更新に必要な作業です

Windowsの設定の中には、再起動したあとではじめて変更内容が反映されるものがあります。また、Windows Updateで機能の更新が行われた場合も、再起動が必要になることがあります。再起動を促すメッセージが表示されたら、速やかに再起動を実行しましょう。

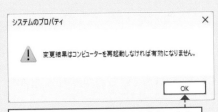

[OK]をクリックして、再起動を実行します。

Q 067 タスクバーって何？

A アプリを起動したり、ウィンドウを切り替えたりする領域です

タスクバーは、デスクトップ最下部に表示される横長の領域で、初期設定では6つのアイコンが表示されています（パソコンによってアイコンの種類や並び順が異なる場合があります）。タスクバーでは、ウィンドウを切り替えたり、よく使うアプリのアイコンを登録して素早く起動したりできます。

	名称	解説
①	[ウィジェット]	天気予報やニュースを表示します。
②	[スタート]	スタートメニューを表示します。
③	検索ボックス	アプリやファイルの検索ができます。
④	[タスクビュー]	タスクビューを表示します。
⑤	[エクスプローラー]	エクスプローラーが開きます。
⑥	[Microsoft Edge]	Microsoft Edgeが起動します。
⑦	[Microsoft Store]	Microsoft Storeが起動します。
⑧	[Microsoft Teams]	Microsoft Teamsが起動します。

基本

デスクトップ

キーボード・文字入力

インターネット

メール・連絡先

セキュリティ

アシスタント

写真・動画・音楽

OneDrive・スマホ

印刷・周辺機器

アプリ

インストール・設定

ウィンドウ操作・タスクバー　　　重要度 ★★★

Q 068 タスクバーの使い方を知りたい！

A 作業の状態によって アイコンの表示が変化します

よく使うアプリのアイコンをタスクバーに登録すると、クリックするだけでアプリを起動したり、フォルダーを開いたりできて便利です。また、アイコンにマウスポインターを合わせれば、現在開いているウィンドウやファイルの中身をサムネイルで確認できます。
タスクバーのアイコンは、作業の状態によって右図のように表示が変わります。

参照 ▶ Q 065

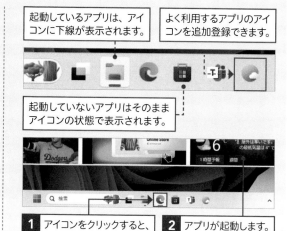

起動しているアプリは、アイコンに下線が表示されます。

よく利用するアプリのアイコンを追加登録できます。

起動していないアプリはそのままアイコンの状態で表示されます。

1 アイコンをクリックすると、　**2** アプリが起動します。

ウィンドウ操作・タスクバー　　　重要度 ★★★

Q 069 タスクバーの表示項目を 減らしたい！

A ［タスクバーの設定］で変更できます

タスクバーのアイコンが増えすぎたと感じたら、使わないアプリや機能のアイコンを非表示にできます。タスクバーを右クリックして［タスクバーの設定］をクリックすると、［タスクバー］画面が開きます。［検索］［Copilot in Windows］［タスクビュー］［ウィジェット］のアイコンは、［タスクバー項目］内のスイッチを切り替えることでオン（表示）／オフ（非表示）を設定できます。
そのほか、［タッチキーボード］などのコーナーアイコンや、クイック設定の左側にあるアイコンの表示もこの画面から変更可能です。
なお、最初からピン留めされている［エクスプローラー］［Microsoft Edge］［Microsoft Store］［Microsoft Teams］のアイコンは、アイコンを右クリックして［タスクバーからピン留めを外す］をクリックすると、ピン留めを解除できます。

参照 ▶ Q 074

● タスクバーの設定を表示する

1 タスクバーを右クリックして、

2 ［タスクバーの設定］をクリックします。

---

3 ［タスクバー］画面が表示されます。

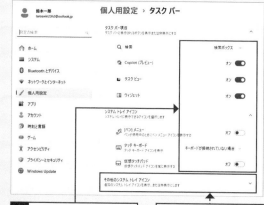

4 スイッチをクリックすると、表示のオン／オフが切り替えられます。

項目をクリックすると、隠れている設定が表示されます。

● タスクバーのピン留めを解除する

1 外したいピン留めを右クリックし、

2 ［タスクバーからピン留めを外す］をクリックすると、タスクバーからピン留めが解除されます。

Q 070 タスクバーの右の日時を非表示にしたい！

A [システムトレイに時刻と日付を表示する]をオフにします

タスクバーの右側には、現在設定しているタイムゾーンの今日の日付と現在の時刻が表示されます。これらの日時を非表示にしたい場合は、日時を右クリックして[日時を調整する]をクリックします。[日付と時刻]画面が表示されるので、[システムトレイに時刻と日付を表示する]をクリックしてオフにしましょう。再度日時を表示したい場合は、[システムトレイに時刻と日付を表示する]をクリックしてオンにします。

1 日時を右クリックして、

2 [日時を調整する]をクリックします。

3 [日付と時刻]画面が表示されます。

時刻と言語 ＞ 日付と時刻

19:37
2024年3月21日

タイムゾーン
(UTC+09:00) 大阪、札幌、東京

地域
日本

タイムゾーンを自動的に設定する　　オフ

時刻を自動的に設定する　　オン

システムトレイに時刻と日付を表示する
これをオフにすると、タスクバーに時刻と日付の情報が表示されなくなります　　オン

追加の設定

今すぐ同期
前回成功した時刻の同期:2024/03/21 14:22:02
タイムサーバー: time.windows.com　　今すぐ同期

4 [システムトレイに時刻と日付を表示する]をクリックしてオフにします。

Q 071 タスクバーのアプリケーションウィンドウを個別に表示したい！

A [タスクバーのボタンをまとめラベルを非表示にする]を[なし]に変更します

Windows 11では、起動中のアプリケーションが同じであれば、ウィンドウがまとめて表示されるようになっています。昔のWindowsのようにアプリケーションウィンドウを個別に表示したい場合は、[タスクバーの設定]画面で[タスクバーの動作]の[タスクバーのボタンをまとめラベルを非表示にする]をクリックし、[なし]に変更しましょう。変更後は、アプリケーションウィンドウのタイトルと共に個別に表示されるようになります。

1 タスクバーで何も表示されていないところを右クリックして、

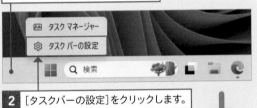

2 [タスクバーの設定]をクリックします。

3 [タスクバーの動作]の設定が隠れている場合は、クリックして表示します。

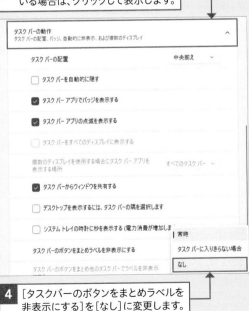

4 [タスクバーのボタンをまとめラベルを非表示にする]を[なし]に変更します。

Q 072 タスクバーを隠して画面を大きく表示したい！

A 自動的に隠す設定に変更します

タスクバーは、[タスクバーの設定]から自動的に非表示になるように設定できます。[タスクバーの動作]で[タスクバーを自動的に隠す]をオンにしましょう。タスクバーが非表示になっている場合は、マウスポインターを画面下端付近に移動することでタスクバーが表示されます。

1 タスクバーで何も表示されていないところを右クリックして、

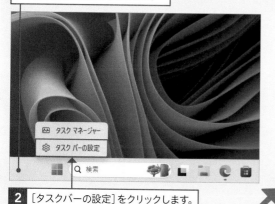

2 [タスクバーの設定]をクリックします。

3 [タスクバーの動作]の設定が隠れている場合は、クリックして表示します。

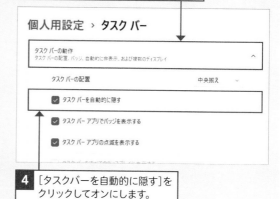

4 [タスクバーを自動的に隠す]をクリックしてオンにします。

Q 073 よく使うファイルをすぐに開きたい！

A タスクバーのアイコンを右クリックしてピン留めします

「ジャンプリスト」は、タスクバーのアイコンを右クリックすると表示されるリストです。ジャンプリストには、最近使用したファイルや、よく利用するフォルダーなどが表示され、クリックすると目的のファイルやフォルダーを素早く表示できます。よく使うファイルやフォルダーは、[一覧にピン留めする] ☆ をクリックするとリスト中の[ピン留め]に表示され、いつでも選択できるようになります。

1 エクスプローラーのアイコン を右クリックして、

2 [一覧にピン留めする] ☆ をクリックすると、

3 [ピン留め]に表示されます。

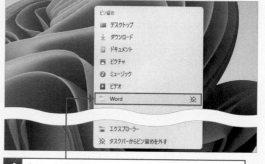

4 クリックすると、ファイルやフォルダーが開けます。

Q 074 アプリをタスクバーから素早く起動したい！

A タスクバーにアプリのアイコンをピン留めします

タスクバーにアプリのアイコンをピン留めしておくと、アイコンをクリックするだけでアプリを素早く起動できます。ピン留めはスタートメニューから行う方法と、アプリ起動時にタスクバーから行う方法の2つがあります。

● スタートメニューからピン留めする

1 ピン留めしたいアプリを右クリックして、

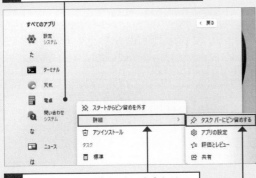

2 [詳細]にマウスポインターを合わせて、

3 [タスクバーにピン留めする]をクリックします。

● タスクバーからピン留めする

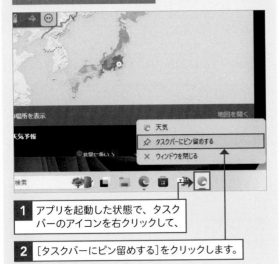

1 アプリを起動した状態で、タスクバーのアイコンを右クリックして、

2 [タスクバーにピン留めする]をクリックします。

Q 075 背面のアプリですぐにファイルを開きたい！

A タスクバーのアプリのアイコンにドラッグします

背面にあるアプリや最小化しているアプリでファイルを開こうとすると、まずアプリを前面に表示する必要があり、一手間かかってしまいます。タスクバーにあるアプリのアイコンにファイルをドラッグすると、マウスポインターの形が に変わり、背面にあるアプリや最小化しているアプリのウィンドウが前面に表示されます。その状態でファイルをドロップすると、ファイルを開いて表示できます。

1 ファイルをタスクバーのアプリのアイコンにドラッグすると、

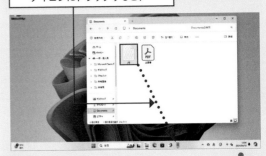

2 アプリのウィンドウが前面に表示されます。

3 ファイルをドロップすると、

4 ファイルが開きます。

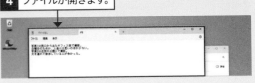

基本

デスクトップ

キーボード・文字入力

インターネット

メール・連絡先

セキュリティ

AI・アシスタント

写真・動画・音楽

OneDrive・スマホ

印刷・周辺機器

アプリ

インストール・設定

Q 076 タスクバーの右の日時を和暦にしたい!

A [時刻と言語]から変更できます

タスクバーの右側に表示される日時は、標準では西暦ですが、和暦に変更することもできます。和暦のほうがなじみのある場合や、仕事で和暦を使用する機会が多い場合などに便利です。

1 [スタート]■→[設定]⚙をクリックし、

2 [時刻と言語]をクリックして、

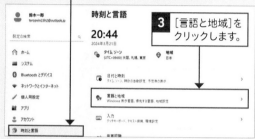

3 [言語と地域]をクリックします。

4 [地域設定]をクリックし、

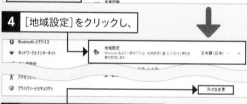

5 [形式を変更]をクリックします。

6 [西暦(日本語)]をクリックし、

7 [和暦]をクリックすると、

8 タスクバーの日時の表示が和暦に変わります。

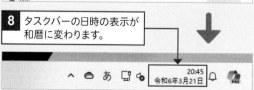

Q 077 画面右下に表示されるメッセージは何?

A ユーザーに操作や設定を促すもので、「トースト通知」と呼ばれます

パソコンを操作していると、サウンドとともに画面右下にメッセージが表示されることがあります。これは「トースト通知」と呼ばれるもので、パソコンに何らかの問題が生じた場合や、アプリからのお知らせがある場合などに表示されます。未読の通知がある場合は、タスクバー右端のアイコンで内容を確認できます。

参照 ▶ Q 078, Q 079

メールの受信時やネットワークに問題が生じた場合などにメッセージが表示されます。

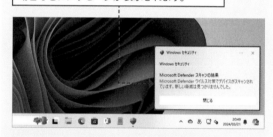

Q 078 通知を詳しく確認したい!

A トースト通知をクリックします

アプリのトースト通知をクリックすると、そのアプリが起動します。システムからの通知の場合は、トースト通知をクリックすれば必要な設定項目のある画面が表示されます。

トースト通知をクリックすると、画面が表示されます。

基本

デスクトップ

キーボード・文字入力

インターネット

メール・連絡先

セキュリティ

AIアシスタント

写真・動画・音楽

OneDrive・スマホ

印刷・周辺機器

アプリ

インストール・設定

Q079 タスクバーの右に表示されているベルは何？

A アプリの通知を知らせてくれる通知のバッジです

Windows 11 22H2以降のタスクバーの右端には、ベルの形をしたアイコンがあります。これは、メールを受信したときや、アプリのアップデートがあったときなど、何らかの通知があるときに知らせてくれる通知のバッジです。通知があるとベルは青色 🔔 になり、クリックすると通知の内容を確認できます。通知を確認すると、ベルは白色 🔔 になります。トースト通知（Q078）を見逃したときに活用するとよいでしょう。表示する通知のオン／オフは［設定］アプリから変更することができます。

参照 ▶ Q 562

1 ［●件の新しい通知］🔔 をクリックします。

2 通知の内容が表示されます。

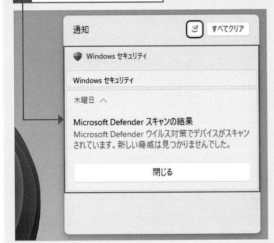

Q080 音量を簡単に調整したい！

A タスクバーの「クイック設定」から音量を調整できます

パソコンのシステム音や音楽・動画などの音量を調整したい場合は、タスクバーの 🔊 をクリックしましょう。「クイック設定」で音量ミキサーのバーをドラッグすれば、音量を調整できます。バーを右方向に動かすと音量が大きくなり、左方向に動かすと小さくなります。

1 🔊 をクリックします。

2 「クイック設定」が表示されます。

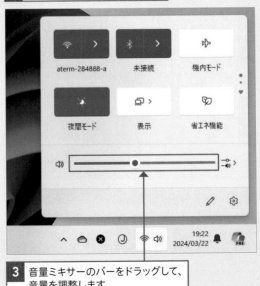

3 音量ミキサーのバーをドラッグして、音量を調整します。

基本

デスクトップ

キーボード・文字入力

インターネット

メール・連絡先

セキュリティ

AI アシスタント

写真・動画・音楽

OneDrive・スマホ

印刷・周辺機器

アプリ

インストール・設定

Q 081 仮想デスクトップって何？

A 1つのディスプレイで複数のデスクトップを使い分ける機能です

「仮想デスクトップ」とは、1つのディスプレイで複数のデスクトップを使い分けるための機能です。Windows 11では、仮想デスクトップの追加や削除が手軽にできます。

たとえば、メインのデスクトップではメモ帳を使って文書を作成し、ほかのデスクトップではWeb ブラウザーで資料を検索するといった使い方が可能です。

● 複数のデスクトップを使い分ける

複数のデスクトップが同時に起動しており、1つのディスプレイで切り替えながら使えます。

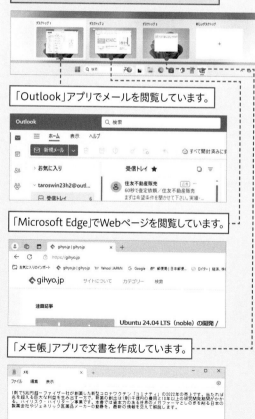

「Outlook」アプリでメールを閲覧しています。

「Microsoft Edge」でWebページを閲覧しています。

「メモ帳」アプリで文書を作成しています。

Q 082 新しいデスクトップを作成したい！

A [新しいデスクトップ]をクリックします

新しいデスクトップ（仮想デスクトップ）を作成するには、まずタスクバーの［タスクビュー］ ■ をクリックします。デスクトップが暗転してタスクビューが表示されるので、［新しいデスクトップ］をクリックすると、新しいデスクトップが作成されます。

1 ［タスクビュー］ ■ をクリックして、

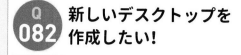

2 ［新しいデスクトップ］をクリックすると、

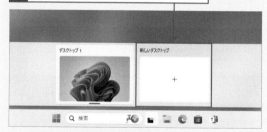

3 仮想デスクトップが作成されます。

ここをクリックすると、さらに仮想デスクトップを作成できます。

基本・
デスクトップ
キーボード・文字入力
インターネット
メール・連絡先
セキュリティ
AIアシスタント
写真・音楽・動画・
OneDrive・スマホ
印刷・周辺機器
アプリ
インストール・設定

📄 仮想デスクトップ 　　　　重要度 ★ ★ ★

Q 083 デスクトップに名前を付けたい!

A デスクトップの標準の名前をクリックして変更します

デスクトップにはそれぞれ、「デスクトップ1」「デスクトップ2」といった名前が付けられています。この名前をクリックすると、好きな名前に変更できます。通常の作業に使うデスクトップは「メイン」、Webページ閲覧用は「Web」など一覧したときわかりやすい名前を付けておくとよいでしょう。

1 デスクトップの名前をクリックし、変更したい名前を入力して Enter を押すと、

2 デスクトップの名前が変更されます。

📄 仮想デスクトップ 　　　　重要度 ★ ★ ★

Q 084 操作する仮想デスクトップを切り替えるには?

A デスクトップのサムネイルをクリックします

仮想デスクトップを追加したら、それぞれを切り替えて使うことができます。仮想デスクトップは以下のように操作して切り替えられるほか、⊞と Ctrl を同時に押しながら、← あるいは → を押しても切り替えることができます。

1 [タスクビュー] 🖳 をクリックして、

2 作業するデスクトップをクリックすると、

3 デスクトップが切り替わります。

🕐 仮想デスクトップ 　　　　重要度 ★ ★ ★

Q 085 仮想デスクトップをタスクバーで切り替えたい!

A プレビューウィンドウをクリックして切り替えます

Q084ではタスクビューをクリックして仮想デスクトップを切り替えましたが、タスクバーからプレビューウィンドウをクリックして切り替えることもできます。[タスクビュー] 🖳 にマウスポインターを合わせて数秒待つと、仮想デスクトップのプレビューウィンドウが表示されます。デスクトップをクリックすると、そのデスクトップに切り替わります。

1 タスクバーの [タスクビュー] 🖳 にマウスポインターを合わせると、　**2** デスクトップのプレビューウィンドウが表示されます。

3 作業するデスクトップをクリックすると、

4 デスクトップが切り替わります。

Q 086 仮想デスクトップを切り替えたらアプリが消えた!

A アプリは仮想デスクトップごとに起動しています

起動しているアプリや開いているウィンドウなどの状態は、仮想デスクトップごとに保存されます。そのため、仮想デスクトップを切り替えると、表示されていたウィンドウがないのでアプリが消えたと思うかもしれません。しかし、元の仮想デスクトップに戻ると、開いていたウィンドウなどが元のまま表示されます。

ウィンドウやアプリの状態は、仮想デスクトップごとに保存されます。

 仮想デスクトップ　重要度 ★★★

Q 087 アプリを別の仮想デスクトップに移動するには?

A 仮想デスクトップ上のサムネイルをドラッグします

アプリは仮想デスクトップごとに起動していますが、別のデスクトップへ移動させることもできます。移動させるときは、まず[タスクビュー]■ をクリックしてデスクトップのサムネイルを表示します。アプリのサムネイルを別のデスクトップのサムネイルにドラッグすると、アプリがそのデスクトップで起動した状態になります。

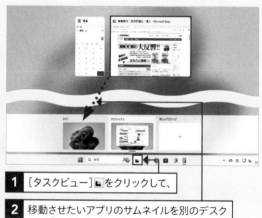

1 [タスクビュー]■ をクリックして、

2 移動させたいアプリのサムネイルを別のデスクトップのサムネイルへドラッグします。

 仮想デスクトップ　重要度 ★★★

Q 088 使わない仮想デスクトップを削除したい!

A [閉じる]をクリックします

デスクトップを削除するには、タスクビューを表示し、削除したいデスクトップにマウスポインターを合わせます。右上に[閉じる]✕ が表示されるので、クリックします。デスクトップを削除すると、そのデスクトップに表示されていたウィンドウは、左隣のデスクトップに移動します。

1 [タスクビュー]■ をクリックして、

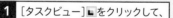
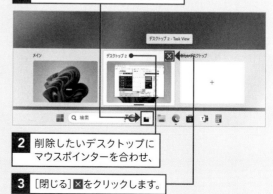

2 削除したいデスクトップにマウスポインターを合わせ、

3 [閉じる]✕ をクリックします。

Q089 Windowsの「ファイル」って何？

A データを管理する単位です

パソコンでは、さまざまなデータを「ファイル」という単位で管理しています。ファイルの種類によってアイコンの絵柄が異なるので、アイコンを見ると、何のファイルかすぐに判断できます。

● ファイルとは

パソコンで作成した文書やUSBメモリーから取り込んだ写真など、パソコンで扱うデータの単位のことを「ファイル」といいます。

写真や動画

案内状

報告書

売上表

> すべて「ファイル」です。

● ファイルのアイコン

ファイルは、アイコンとファイル名で表示されます。ファイルの種類によって、アイコンの絵柄が異なります。

メモ帳で作成したテキストファイル

Wordで作成した文書ファイル

Excelで作成した表計算ファイル

画像ファイル

動画ファイル

Q090 ファイルとフォルダーの違いは？

A ファイルをまとめて管理する場所がフォルダーです

「フォルダー」は、ファイルをまとめて管理するための場所です。フォルダーの中にフォルダーを作り、階層構造にして管理することもできます。

● フォルダーとは

複数のファイルをまとめて管理するための場所を「フォルダー」といいます。自分で作成したフォルダーには、自由に名前を付けることができます。

仕事用

> フォルダーの中には、いろいろなファイルを入れることができます。

● フォルダーを階層構造で管理する

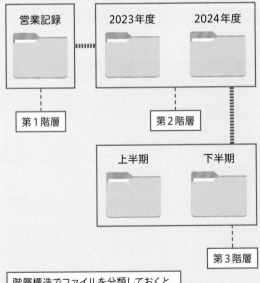

営業記録

2023年度　2024年度

第1階層

第2階層

上半期　下半期

第3階層

> 階層構造でファイルを分類しておくと、ファイルが管理しやすくなります。

基本

デスクトップ

キーボード・文字入力

インターネット

メール・連絡先

セキュリティ

AI・アシスタント

写真・動画・音楽

OneDrive・スマホ

印刷・周辺機器

アプリ

インストール・設定

Q 091 エクスプローラーって何？

A ファイルやフォルダーを管理するためのアプリです

「エクスプローラー」は、パソコン内のファイルやフォルダーを操作・管理するために用意されたアプリで、Windowsに標準で搭載されています。

エクスプローラーを表示するには、タスクバーかスタートメニューにある［エクスプローラー］ をクリックします。

● タスクバーからエクスプローラーを起動する

1 タスクバーの［エクスプローラー］ をクリックすると、

2 エクスプローラーが起動します。

Q 092 エクスプローラーの操作方法が知りたい！

A タブを選択してコピーや移動などの操作を行います

エクスプローラーでは、ファイルやフォルダーのコピーや移動、削除、名前の変更など、さまざまな操作を行えます。エクスプローラーを使いこなすために、まずは各部の名称と機能を確認しておきましょう。

Windows 11のエクスプローラーでは、タイトルバーの下にアドレスバーが表示されています。ツールバーには［新規作成］などのアイコンが並んでおり、各アイコンをクリックすると、目的の操作を行えます。

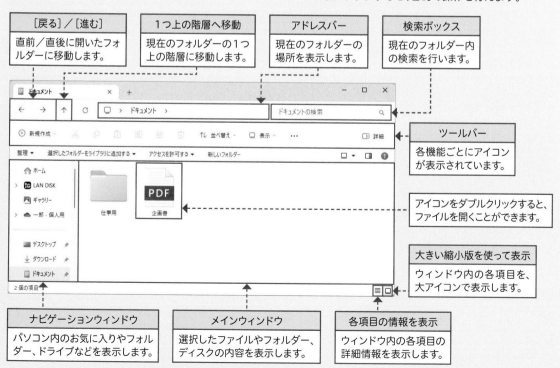

［戻る］／［進む］
直前／直後に開いたフォルダーに移動します。

1つ上の階層へ移動
現在のフォルダーの1つ上の階層に移動します。

アドレスバー
現在のフォルダーの場所を表示します。

検索ボックス
現在のフォルダー内の検索を行います。

ツールバー
各機能ごとにアイコンが表示されています。

アイコンをダブルクリックすると、ファイルを開くことができます。

大きい縮小版を使って表示
ウィンドウ内の各項目を、大アイコンで表示します。

ナビゲーションウィンドウ
パソコン内のお気に入りやフォルダー、ドライブなどを表示します。

メインウィンドウ
選択したファイルやフォルダー、ディスクの内容を表示します。

各項目の情報を表示
ウィンドウ内の各項目の詳細情報を表示します。

Q 093 Windows 10までのエクスプローラーとの違いは？

A 「リボン」がなくなり、ツールバーから操作するようになりました

Windows 11のエクスクローラーでは、Windows 10までのエクスプローラーで表示されていた「リボン」がなくなり、代わりにツールバーが配置されました。以前は「ファイル」などのタブをクリックしてから操作を選ぶ必要がありましたが、新しいエクスプローラーでは [切り取り] ✂ や [コピー] 、[貼り付け] などのよく使う操作が、アイコンをクリックするだけで行えます。シンプルな見た目で、より直感的に操作できるのがWindows 11のエクスプローラーの特徴です。
なお、[もっと見る] … をクリックすると、隠れているメニューが表示されます。

● ツールバーから操作する

ツールバーにある各アイコンをクリックして、目的の操作を行います。

● [もっと見る] でメニューを表示する

ツールバーの右端にある [もっと見る] … をクリックすると、隠れているメニューを表示して選択できます。

Q 094 ナビゲーションウィンドウの操作方法が知りたい！

A クリックして表示するフォルダーを選べます

エクスプローラーのナビゲーションウィンドウには、[（ユーザー名）- 個人用]、[PC]、[ネットワーク] などが表示されています。各項目は階層構造になっており、> が折りたたまれた状態、✓ が展開した状態を表しています。[PC] からフォルダーを選択すると、そのフォルダーの内容を表示できます。また、[ホーム] をクリックすると、[クイックアクセス] や [お気に入り] が表示されます。

1 エクスプローラーを表示して、

2 [PC]の > をクリックすると、

3 [PC]の項目が展開されます。　　✓ をクリックすると、項目が折りたたまれます。

4 項目をさらに展開して、

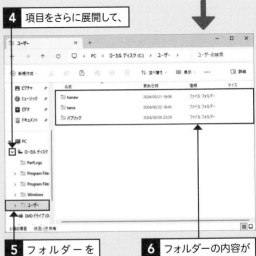

5 フォルダーをクリックすると、

6 フォルダーの内容が表示されます。

基本

デスクトップ

キーボード・文字入力

インターネット

メール・連絡先

セキュリティ

AIアシスタント

写真・動画・音楽

OneDrive・スマホ

印刷・周辺機器

アプリ

インストール・設定

Q 095 [ドキュメント]や[ピクチャ]を開きたい！

A エクスプローラーから開きます

Windows 11では、タスクバーやスタートメニューからエクスプローラーを表示して、ナビゲーションウィンドウの[ドキュメント]や[ピクチャ]をクリックすると、それぞれのフォルダーを表示できます。

1 タスクバーまたはスタートメニューにある[エクスプローラー]をクリックします。

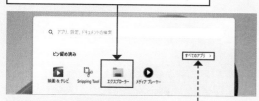

エクスプローラーがピン留めされていない場合は、スタートメニューで[すべてのアプリ]をクリックして、[エクスプローラー] をクリックします。

ナビゲーションウィンドウには、アプリをすぐに開ける[クイックアクセス]が表示されています。

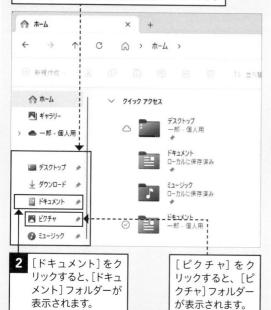

2 [ドキュメント]をクリックすると、[ドキュメント]フォルダーが表示されます。

[ピクチャ]をクリックすると、[ピクチャ]フォルダーが表示されます。

Q 096 [PC]って何？ どんなふうに使えばいいの？

A パソコンに保存されているデータを確認できます

[PC]は特別なフォルダーで、クリックすると、ハードディスクドライブや光学ドライブなどが表示されます。また、パソコンに接続しているSDカードやUSBメモリーなどの機器もあわせて表示されます。名前のほか、使用中の領域と空き領域があわせて確認できます。クリックすると、そのドライブや外付けの機器に保存されているファイルやフォルダーを確認できます。
「OS」という名前が付いているドライブには、OS（Windows 11）のほか、パソコンを動かすために必要なアプリやデータが保存されています。このフォルダーを直接開く必要がある場合、ファイルの取り扱いには注意しましょう。
なお、Windows 10やWindows 11のバージョン21H2では、[PC]の直下に[ダウンロード][ドキュメント][ピクチャ][ミュージック][ビデオ]がありましたが、Windows 11のバージョン22H2以降では表示されません。これらのフォルダーを開きたい場合は、ナビゲーションウィンドウからクリックするとよいでしょう。

参照 ▶ Q 092

1 エクスプローラーを起動して、[PC]をクリックすると、

2 ハードディスクドライブや光学ドライブが表示されます。

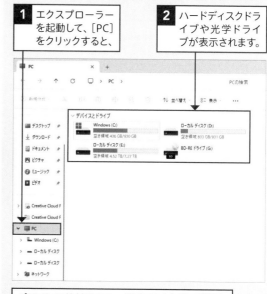

パソコンに外付けのハードディスクなどの機器を接続している場合も、ここに表示されます。

基本

デスクトップ

キーボード・文字入力

インターネット

メール・連絡先

セキュリティ

AI・アシスタント

写真・動画・音楽

OneDrive・スマホ

印刷・周辺機器

アプリ

インストール・設定

📝 デスクトップでのファイル管理　　重要度 ★ ★ ★

Q 097 アイコンの大きさを変えたい！

A エクスプローラーのレイアウトを変更します

エクスプローラーに表示されるファイルやフォルダーは、アイコンの大きさなどの表示方法を変えることができます。たくさんのファイルやフォルダーを保存している場合は、アイコンを大きくしすぎると探しにく

ここでは、大アイコン表示になっています。

くなるので、小アイコンで表示するとよいでしょう。また、ファイルの詳しい情報を知りたいときは、更新日時や種類、サイズなどがわかる詳細表示が便利です。

1 ［表示］をクリックして、

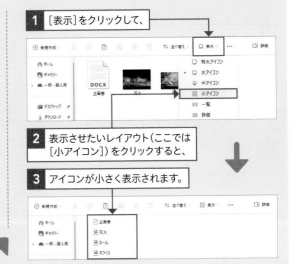

2 表示させたいレイアウト（ここでは［小アイコン］）をクリックすると、

3 アイコンが小さく表示されます。

📝 デスクトップでのファイル管理　　重要度 ★ ★ ★

Q 098 ファイルやフォルダーをコピーしたい！

A ［コピー］と［貼り付け］を利用します

ファイルやフォルダーをコピーする方法には、エクスプローラーのツールバー、ショートカットキー、マウスの右クリックメニューなどがあります。ツールバーを利用する場合は、以下の手順で操作します。

● ツールバーからコピーする

1 ファイルの保存場所を表示し、

2 コピーしたいファイルをクリックして選択して、

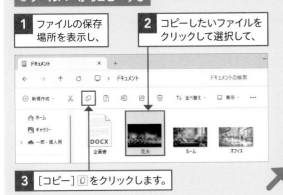

3 ［コピー］🗐 をクリックします。

ショートカットキーを利用する場合は、コピーしたいファイルをクリックして選択し、Ctrl を押しながら C を押します。続いて、コピー先のフォルダーを表示して Ctrl を押しながら V を押します。

マウスの右クリックメニューを利用する場合は、ファイルを右クリックして、表示されるメニューから［コピー］🗐 をクリックします。続いて、コピー先のフォルダーを表示してメインウィンドウの何もない部分を右クリックし、［貼り付け］🗐 をクリックします。

参照 ▶ Q 092

4 コピー先のフォルダーを表示して、

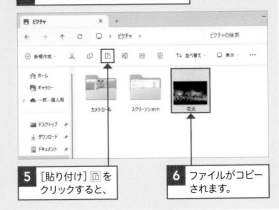

5 ［貼り付け］🗐 をクリックすると、

6 ファイルがコピーされます。

基本

デスクトップ

キーボード・
文字入力

インターネット

メール・
連絡先

セキュリティ

AI・
アシスタント

写真・動画・
音楽

OneDrive・
スマホ

印刷・
周辺機器

アプリ

インストール・
設定

デスクトップでのファイル管理　　重要度 ★★★

Q 099 ファイルやフォルダーを移動したい！

A [切り取り]と[貼り付け]を利用します

ファイルを移動する方法には、エクスプローラーのツールバーやショートカットキー、マウスのドラッグ操作などがあります。

ドラッグ操作を利用する場合は、ファイルをクリックしてフォルダーやデスクトップなどの移動先にドラッグすると、ファイルが移動します。

ツールバーを利用する場合は、ファイルをクリックして[切り取り]をクリックし、移動先のフォルダーで[貼り付け]をクリックします。

ショートカットキーを利用する場合は、移動したいファイルをクリックして選択し、Ctrlを押しながらXを押し、移動先のフォルダーを表示して、Ctrlを押しながらVを押します。

マウスの右クリックメニューを利用する場合は、ファイルを右クリックして、表示されるメニューから[切り取り]をクリックします。続いて、移動先のフォルダーを表示してメインウィンドウの何もない部分を右クリックし、[貼り付け]をクリックします。

なお、移動を行うと、元のフォルダーにあったファイルやフォルダーは削除されます。

●ドラッグ操作で移動する

1 ファイルをクリックして、

2 移動先（ここではデスクトップ）にドラッグすると、ファイルが移動します。

●ツールバーから移動する

1 移動したいファイルをクリックして、

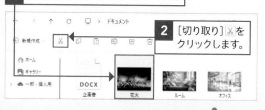

2 [切り取り]をクリックします。

3 移動先のフォルダーを表示して、

4 [貼り付け]をクリックすると、

5 ファイルが移動します。

デスクトップでのファイル管理　　重要度 ★★★

Q 100 複数のファイルやフォルダーを一度に選択したい！

A CtrlやShiftを押しながらファイルをクリックします

●離れているファイルやフォルダーを選択する

Ctrlを押しながらファイルをクリックすると、離れているファイルをまとめて選択できます。

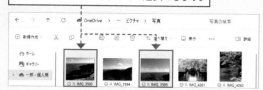

複数のファイルやフォルダーをコピーしたり、移動したりしたい場合は、ファイルをまとめて選択すると効率的です。次の手順を参考に、ファイルをまとめて選択してみましょう。

●連続したファイルやフォルダーを選択する

1 最初のファイルをクリックして、

2 Shiftを押しながら最後のファイルをクリックすると、その間のファイルをすべて選択できます。

Q 101 [ファイルの置換またはスキップ]画面が表示された!

A どちらのファイルを保持するかを選択します

ファイルを別のフォルダーにコピーや移動する際に、そのフォルダーに同じ名前のファイルがあると、[ファイルの置換またはスキップ]というウィンドウが表示されます。

表示されたウィンドウで、重複したファイルを削除して置き換えるか、スキップするか、ファイルの変更日時や容量を比較してから判断するかを選択します。

名前が重複するファイルをコピーまたは移動しようとすると、[ファイルの置換またはスキップ]ウィンドウが表示されます。

コピー先のファイルを置き換える場合は、ここをクリックします。

重複するファイルをコピーしない場合は、ここをクリックします。

ファイルの情報を比較して判断したい場合は、[ファイルの情報を比較する]をクリックして残すファイルを選択します。

Q 102 フォルダーを作ってファイルを整理したい!

A [フォルダー]をクリックします

ファイルが増えてくると、目的のファイルを見つけにくくなります。フォルダーを作成して関連するファイルを分類しておくと、目的のファイルを見つけやすくなり、管理もしやすくなります。なお、デスクトップにフォルダーを作る場合は、デスクトップの何もないところを右クリックすると表示されるメニューから、[新規作成]→[フォルダー]をクリックします。

1 エクスプローラーでフォルダーを作成したい場所を表示して、

2 [新規作成]をクリックし、

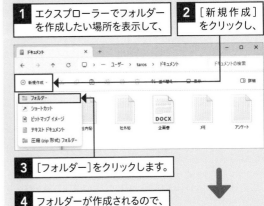

3 [フォルダー]をクリックします。

4 フォルダーが作成されるので、

5 フォルダー名を入力します。

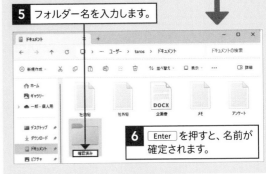

6 Enter を押すと、名前が確定されます。

左サイドバー（縦書き）：基本　デスクトップ　キーボード・文字入力　インターネット　メール・連絡先　セキュリティ　アシスタント　AI　写真・動画・音楽　OneDrive・スマホ　印刷・周辺機器　アプリ　インストール・設定

Q 103 ウィンドウを増やさずにエクスプローラーを利用したい!

A エクスプローラーの[タブ]を使います

エクスプローラーでフォルダーを開いていくと、エクスプローラーのウィンドウだらけになってしまいます。このようなときは、[新しいタブの追加] ⊞ をクリックすると、Webブラウザーのように各フォルダーをタブで切り替えできるようになります。また、タブをドラッグして別のウィンドウに分離したり、逆にタブ同士を結合して一画面にまとめたりすることも可能です。

●新しいタブを開く

1 [新しいタブの追加] ⊞ をクリックします。

2 エクスプローラーで新しいタブが開きます。

3 タブをクリックすると、画面を切り替えることができます。

●既存のフォルダをタブで開く

1 フォルダを右クリックし、

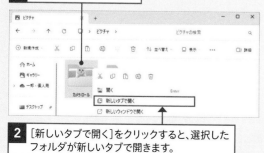

2 [新しいタブで開く]をクリックすると、選択したフォルダが新しいタブで開きます。

Q 104 エクスプローラーのタブ間でファイルを移動するには?

A 移動先のタブにファイルをドラッグします

エクスプローラーのタブ間でファイルを移動したい場合は、ファイルを選択後に移動先のタブへファイルをドラッグしましょう。すると、移動先のタブへ画面が切り替わります。その後フォルダ内にファイルをドロップすると、効率的に移動できます。

1 Q103を参考に、移動先のフォルダーを新しいタブで開いておきます。

2 移動したいファイルを選択します。

3 選択したファイルを、移動先のタブまでドラッグします。

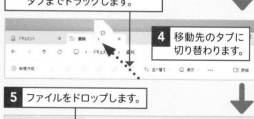

4 移動先のタブに切り替わります。

5 ファイルをドロップします。

6 選択したファイルが別のタブに移動しました。

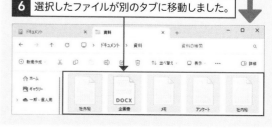

基本

デスクトップ

キーボード・文字入力

インターネット

メール・連絡先

セキュリティ

AIアシスタント

写真・動画・音楽

OneDrive・スマホ

印刷・周辺機器

アプリ

インストール・設定

81

Q 105 ファイルやフォルダーの名前を変えたい！

A ツールバーの[名前の変更]を利用します

ファイルやフォルダーの名前は、自由に変更することができます。ただし、同じフォルダー内に同じ名前のファイルやフォルダーがある場合は、重複した名前を付けることはできません。なお、下の手順のほかに、名前を変更したいフォルダーやファイルを右クリックして、[名前の変更]をクリックしても名前を入力できる状態になります。
ここではファイル名を変更する手順を紹介しますが、フォルダーの名前も同じ手順で変更できます。

1 名前を変更したいファイルをクリックして、

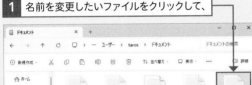

2 [名前の変更]⏎をクリックすると、

3 名前が入力できる状態になるので、新しい名前を入力します。

4 Enter を押すと、名前が確定します。

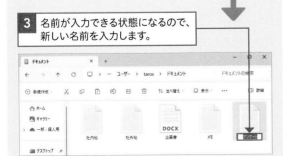

Q 106 ファイル名として使えない文字があると言われた！

A ファイル名に使えない文字が何種類かあります

Windows 11のファイル名では、いくつかの文字が使用できません。ファイル名に使用できない文字が含まれていた場合、「ファイル名には次の文字は使えません: ¥/:*?"<>|」とエラーメッセージが表示されます。なお、これらの文字は半角では使えませんが、全角であれば使えます。

● ファイル名に使えない記号

\ / : * ? " < > |

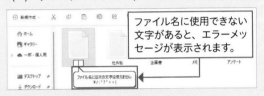

ファイル名に使用できない文字があると、エラーメッセージが表示されます。

Q 107 「上書き保存」と「名前を付けて保存」の違いは？

A すでに存在するファイルを書き換えるか、新しいファイルとして保存するかの違いです

ファイルの保存方法には、大きく分けて「上書き保存」と「名前を付けて保存」の2種類があります。「上書き保存」では、以前作成したファイルの内容を最新の状態に書き換えます。「名前を付けて保存」では、ファイルを新たに作成して保存します。はじめてファイルを作成するときは、大元のファイルがないため、「上書き保存」は選択できません。なお、アプリによっては「上書き保存」が「保存」、「名前を付けて保存」が「コピーして保存」になっているなど、名前が異なる場合があります。

Q 108 ファイルやフォルダーを並べ替えたい!

A ツールバーの [並べ替え]を利用します

エクスプローラーでは、ファイルやフォルダーを名前やサイズ、種類、作成／更新／撮影日時などのファイル情報をもとにして並べ替えることができます。並べ替えに利用できる条件は、表示しているフォルダーによって異なります。また、標準では昇順で並べられますが、降順で並べることもできます。

1 並べ替えを行いたいフォルダーを開いて、

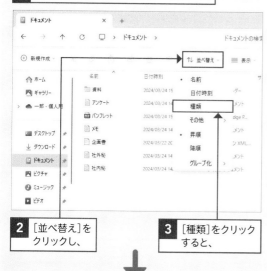

2 [並べ替え]をクリックし、

3 [種類]をクリックすると、

4 ファイルの種類で並べ替えられます。

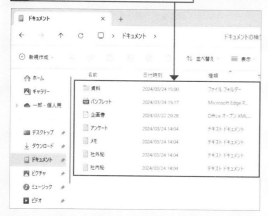

Q 109 ファイルやフォルダーを削除したい!

A ツールバーの [削除]をクリックします

不要になったファイルやフォルダーを削除するには、削除したいファイルやフォルダーをクリックし、ツールバーの [削除] 🗑 をクリックします。また、ファイルやフォルダーをデスクトップの [ごみ箱] 🗑 に直接ドラッグするか、右クリックして [削除] 🗑 をクリックすることでも削除できます。
間違って削除してしまった場合は、Q111の手順で元に戻すことができます。

1 削除したいファイルをクリックして、

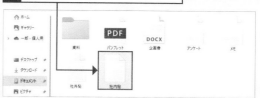

2 [削除] 🗑 をクリックすると、

3 ファイルが削除されます。

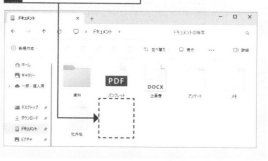

基本

デスクトップ

キーボード・文字入力

インターネット

メール・連絡先

セキュリティ

AI・アシスタント

写真・動画・音楽

OneDrive・スマホ

印刷・周辺機器

アプリ

インストール・設定

基本

デスクトップ

キーボード・文字入力

インターネット

メール・連絡先

セキュリティ

AI アシスタント

写真・動画・音楽

OneDrive・スマホ

印刷・周辺機器

アプリ

インストール・設定

デスクトップでのファイル管理　　重要度 ★ ★ ★

Q 110 削除したファイルはどうなるの？

A [ごみ箱]に格納されます

削除したファイルやフォルダーは、[ごみ箱]に格納されます。[ごみ箱]に格納されたファイルやフォルダーは、ごみ箱を空にするまでは、完全には削除されません。デスクトップの[ごみ箱] 🗑 をダブルクリックするか、右クリックして[開く]をクリックすると、[ごみ箱]が開きます。
なお、[ストレージセンサー]をオンにすると、[ごみ箱]

に格納されたファイルを一定期間後に自動的に削除することができます。

参照 ▶ Q 579

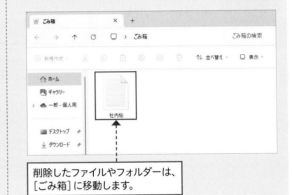

削除したファイルやフォルダーは、[ごみ箱]に移動します。

デスクトップでのファイル管理　　重要度 ★ ★ ★

Q 111 ごみ箱に入っているファイルを元に戻したい！

A ツールバーの[もっと見る]から元に戻します

[ごみ箱]に格納されているファイルやフォルダーは、ごみ箱を空にするまでであれば、元に戻すことができます。デスクトップの[ごみ箱] 🗑 をダブルクリックして開き、元に戻したいファイルやフォルダーをクリックして、[もっと見る] ⋯ をクリックし、[選択した項目を元に戻す]をクリックします。また、ファイルやフォルダーを右クリックして、[元に戻す]をクリックしても、元の場所に戻ります。
なお、すべてのファイルやフォルダーを元に戻したい場合は、ツールバーの[もっと見る] ⋯ をクリックして、[すべての項目を元に戻す]をクリックします。

2 [もっと見る] ⋯ をクリックして、

3 [選択した項目を元に戻す]をクリックすると、

4 ファイルが元の場所に戻ります。

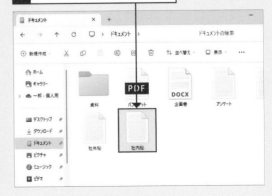

1 [ごみ箱]を開いて、元に戻したいファイルをクリックし、

Q 112 ごみ箱の中のファイルをまとめて消したい!

A [ごみ箱を空にする]をクリックします

不要なファイルを[ごみ箱]に捨てても、[ごみ箱]に格納されるだけで、完全に削除されているわけではありません。ファイルを完全に削除するには、[ごみ箱]を開いて[もっと見る]… をクリックし、[ごみ箱を空にする]をクリックします。

あるいは、デスクトップの[ごみ箱] を右クリックして[ごみ箱を空にする]をクリックします。

● ごみ箱からの操作

1 [ごみ箱] を開いて、[もっと見る]… をクリックし、

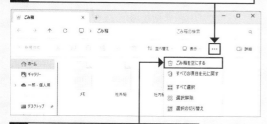

2 [ごみ箱を空にする]をクリックします。

3 [はい]をクリックすると、[ごみ箱]が空になり、完全にファイルが削除されます。

● デスクトップからの操作

1 [ごみ箱] を右クリックして、

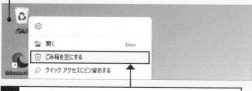

2 [ごみ箱を空にする]をクリックすると、[ごみ箱]が空になり、ファイルが完全に削除されます。

Q 113 ごみ箱の中のファイルを個別に削除したい!

A ファイルをクリックして、[削除]をクリックします

[ごみ箱]に格納されているファイルやフォルダーを個別に削除したい場合は、以下のように操作します。なお、この操作を実行すると、ファイルやフォルダーは完全に削除され、元の状態に戻すことはできないので注意してください。

1 [ごみ箱] を開いて、ファイルをクリックし、

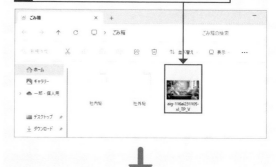

2 [削除] をクリックして、

3 [はい]をクリックすると、ファイルが完全に削除されます。

基本

デスクトップ

キーボード・文字入力

インターネット

メール・連絡先

セキュリティ

AI アシスタント

写真・動画・音楽

OneDrive・スマホ

印刷・周辺機器

アプリ

インストール・設定

Q 114 ファイルの圧縮って何？

A ファイルのサイズを 小さくすることです

ファイルを元のファイルよりも小さな容量にしたり、複数のファイルを1つにまとめたりすることを、「ファイルの圧縮」といいます。ファイルの圧縮は、電子メールに添付するファイルのサイズを小さくしたい場合などに利用します。

Windows 11には、ファイルやフォルダーをまとめて

「ZIP形式」で圧縮する機能が標準で組み込まれています。圧縮ファイルのアイコンはパソコンにインストールされている圧縮ソフトによって異なりますが、Windowsの標準では、下図のアイコンで表示されるので、ほかのファイルやフォルダーと区別が付きます。また、拡張子を表示する設定にしている場合は、拡張子によっても区別することができます。

参照 ▶ Q 119

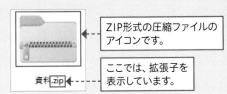

ZIP形式の圧縮ファイルのアイコンです。

ここでは、拡張子を表示しています。

資料.zip

Q 115 ファイルやフォルダーを 圧縮したい！

A ツールバーの［ZIPファイルに 圧縮する］を利用します

Windows 11には、ファイルやフォルダーをZIP形式で圧縮する機能が標準で組み込まれているので、以下の手順で簡単に圧縮ファイルを作成することができます。ここでは、複数のファイルを1つの圧縮ファイルにまとめてみます。複数のファイルを圧縮した場合は、最初のファイル名が圧縮ファイルの名前になるので適宜変更しましょう。

なお、圧縮したいファイルやフォルダーを右クリックして、［ZIPファイルに圧縮する］をクリックしても、ファイルを圧縮することができます。

● ツールバーの［ZIPファイルに圧縮する］を利用する

1 圧縮したいファイルを選択します。

2 ［もっと見る］…をクリックし、

3 ［ZIPファイルに圧縮する］をクリックすると、

4 圧縮ファイルが作成されます。

5 必要に応じて名前を変更します。

基本　デスクトップ　キーボード・文字入力　インターネット　メール・連絡先　セキュリティ　AI アシスタント　写真・動画・音楽　OneDrive・スマホ　印刷・周辺機器　アプリ　インストール・設定

Q116 圧縮されたファイルを展開したい!

A [すべて展開]をクリックします

圧縮ファイルは、利用するときに元のファイルやフォルダーに戻す必要があります。圧縮ファイルを元のファイルやフォルダーに戻すことを、「展開」（または「解凍」）といいます。ファイルを展開するには、エクスプローラーで圧縮ファイルをクリックして[すべて展開]をクリックし、以下の手順に従います。なお、展開する場所は、既定では同じフォルダー内になっていますが、ほかの場所を指定することもできます。さらに、新しいフォルダーを作成し、その中に展開することも可能です。また、標準の圧縮形式はZIP形式のみですが、展開はZIP形式以外にもRAR形式やTAR形式にも対応しています。

1 圧縮フォルダーをクリックして、

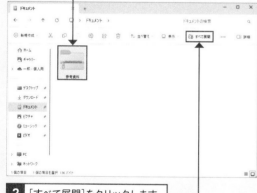

2 [すべて展開]をクリックします。

3 [参照]をクリックします。

4 展開したファイルの保存先を指定して、

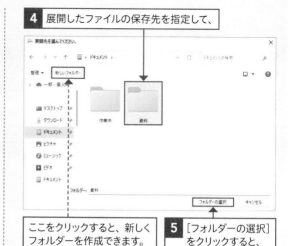

ここをクリックすると、新しくフォルダーを作成できます。

5 [フォルダーの選択]をクリックすると、

6 ここに保存先が表示されます。

7 ここをクリックしてオンにし、

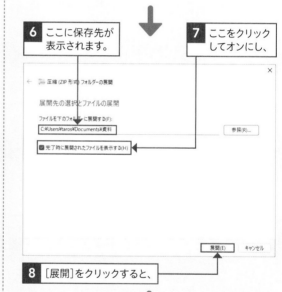

8 [展開]をクリックすると、

9 展開されたファイルが表示されます。

Q117 他人に見せたくないファイルを隠したい!

A 隠しファイルに変更して見えなくします

Windowsには、システムで使用する重要なファイルなどを誤って削除したり移動したりしないように、隠しファイルにする機能があります。この機能は、他人に見せたくないファイルを隠すときにも利用できます。

通常のファイルを隠しファイルに変更するには、ファイルの右クリックメニューからプロパティを表示し、[隠しファイル]をチェックして[OK]をクリックします。[隠しファイル]のチェックを外せば、元通りにファイルを見ることができます。

1 隠したいファイルを右クリックして、

2 [プロパティ]をクリックします。

3 [隠しファイル]をクリックしてオンにし、

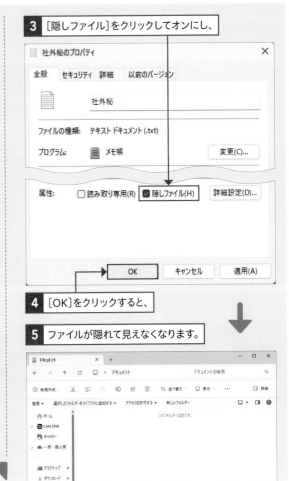

4 [OK]をクリックすると、

5 ファイルが隠れて見えなくなります。

Q118 隠しファイルを表示させたい!

A エクスプローラーで [隠しファイル]をオンにします

隠しファイルを表示するには、エクスプローラーのツールバーで[表示]をクリックし、[表示]にマウスポインターを合わせて[隠しファイル]をクリックしてオンにします。この状態では、隠しファイルが半透明のアイコンで表示されます。表示した隠しファイルは、左クリックして通常のファイルと同じように開いたり、右クリックしてメニューを表示させたりできます。

1 [表示]をクリックして、

2 [表示]にマウスポインターを合わせて、

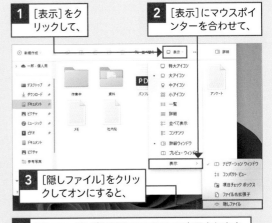

3 [隠しファイル]をクリックしてオンにすると、

4 隠しファイルが半透明のアイコンで表示されます。

基本

デスクトップ

キーボード・文字入力

インターネット

メール・連絡先

セキュリティ

AI アシスタント

写真・動画・音楽

OneDrive・スマホ

印刷・周辺機器

アプリ

インストール・設定

Q 119 ファイルの拡張子って何？

A ファイルの種類を識別するための文字列です

拡張子とは、ファイル名の後半部分にあるピリオド「.」のあとに続く「txt」や「jpg」などの文字列のことで、ファイルの種類を表します。拡張子は、ファイルを保存する際に自動的に付けられます。

Windowsでは、この拡張子によってファイルを開くアプリが関連付けられています。拡張子を変更したり削除したりすると、アプリとの関連付けが失われ、ファイルが正常に開かなくなることがあるので注意が必要です。なお、Windows 11の初期設定では、拡張子が表示されないようになっています。

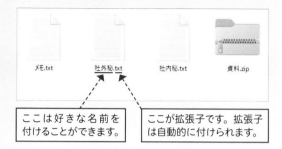

メモ.txt　　社外秘.txt　　社内秘.txt　　資料.zip

ここは好きな名前を付けることができます。

ここが拡張子です。拡張子は自動的に付けられます。

Q 120 ファイルの拡張子を表示したい！

A エクスプローラーで［ファイル名拡張子］をオンにします

通常は拡張子を意識しなくてもファイルの操作は行えるので、Windows 11の初期設定では拡張子は表示しないようになっています。

拡張子を表示したい場合は、エクスプローラーのツールバーで［表示］をクリックして［表示］にマウスポインターを合わせ、［ファイル名拡張子］をクリックし、オンにします。

1 エクスプローラーを表示して、

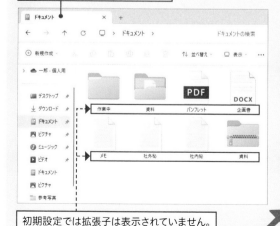

初期設定では拡張子は表示されていません。

2 ［表示］をクリックし、

3 ［表示］にマウスポインターを合わせて、

4 ［ファイル名拡張子］をクリックしてオンにすると、

5 拡張子が表示されます。

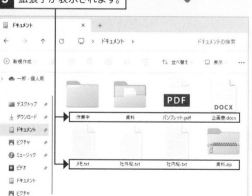

基本

デスクトップ

キーボード・文字入力

インターネット

メール・連絡先

セキュリティ

AIアシスタント

写真・動画・音楽

OneDrive・スマホ

印刷・周辺機器

アプリ

インストール・設定

Q 121 「アプリを選択して○○ファイルを開く」って何？

A ファイルを開くためのアプリが決まっていないときに表示されます

ファイルをダブルクリックしたときにアプリが起動せず、「このファイルを開く方法を選んでください」という画面が表示されることがあります。これは、そのファイルを開くためのアプリがパソコンにインストールされていないとき、または決まっていないときに表示されます。

この画面が表示された場合は、以下の設定を行います。

1 拡張子とアプリが関連付けられていない場合は、以下のポップアップが表示されるため、いずれかのアプリをクリックします。

Windows 11で標準に設定されているアプリで開く場合は、[既定のアプリ]をクリックします。

ファイルを開くのに適しているアプリがインストールされている場合は、[おすすめのアプリ]に表示されます。

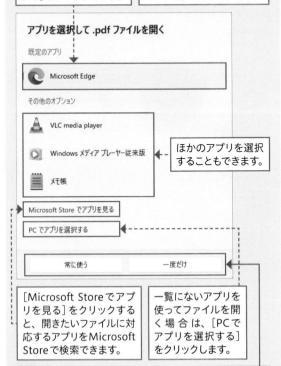

ほかのアプリを選択することもできます。

[Microsoft Storeでアプリを見る]をクリックすると、開きたいファイルに対応するアプリをMicrosoft Storeで検索できます。

一覧にないアプリを使ってファイルを開く場合は、[PCでアプリを選択する]をクリックします。

2 以降もファイルを開く際に選択したアプリを使用するには[常に使う]をクリックし、一度だけ使用する場合は[一度だけ]をクリックします。

Q 122 タッチ操作でもエクスプローラーを使いやすくしたい！

A 項目チェックボックスを表示します

タッチ操作では、「ファイルを選択しようとしたらアプリが起動してしまった」「複数のファイルが選択しづらい」といったことがあります。

ファイルやフォルダーのアイコンに項目チェックボックスを表示すると、チェックボックスをタップして選択できるので、選択している項目がわかりやすくなり、誤操作を防ぐことができます。

項目チェックボックスのオン/オフは、エクスプローラーの[表示]で切り替えられます。

チェックボックスがない場合は、ファイルやフォルダーをタップする必要があります。

1 [表示]をタップし、

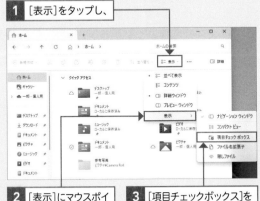

2 [表示]にマウスポインターを合わせて、

3 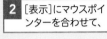[項目チェックボックス]をタップしてオンにします。

チェックボックスがあれば選択しやすいだけでなく、誤ってファイルを開かずに済みます。

基本
デスクトップ
キーボード・文字入力
インターネット
メール・連絡先
セキュリティ
AI・アシスタント
写真・動画・音楽
OneDrive・スマホ
印刷・周辺機器
アプリ
インストール・設定

Q 123 ファイルやフォルダーを検索したい!

A エクスプローラーやタスクバーの検索機能を利用します

●エクスプローラーで検索する

エクスプローラーの検索ボックスを利用すると、フォルダー内に保存されているファイルやフォルダーを検索することができます。検索ボックスにファイル名やフォルダー名の一部を入力すると、検索結果が瞬時に表示されます。

検索結果にはファイルの保存場所が表示されるので、どこに保存されているのかがわかります。また、検索結果をダブルクリックすると、そのファイルを開くことができます。 **参照▶Q 124**

1 検索したいフォルダーを表示して、

2 検索ボックスにキーワードを入力すると、

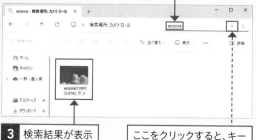

3 検索結果が表示されます。

ここをクリックすると、キーワードを再入力できます。

検索結果をダブルクリックすると、ファイルを開けます。

●タスクバーで検索する

タスクバーの検索ボックスを利用すると、パソコン内に保存されているすべてのファイルを検索することができます。

1 タスクバーの検索ボックスをクリックして、

2 キーワードを入力すると、

ここをクリックすると、「アプリ」や「ドキュメント」など、検索結果を絞り込むことができます。

3 検索結果が表示されます。

検索結果をダブルクリックすると、ファイルを開けます。

Q 124 条件を指定して ファイルを検索したい！

A エクスプローラーの [検索オプション]を利用します

ファイルを検索した際に、検索結果が多すぎて目的の ファイルやフォルダーを見つけにくい場合は、検索の 条件を絞り込むことができます。
検索結果画面から[検索オプション]をクリックして、 ファイルの更新日やファイルの分類、サイズなどから 検索条件を絞り込みます。

1 ファイルを検索した状態で[もっ と見る]…をクリックします。

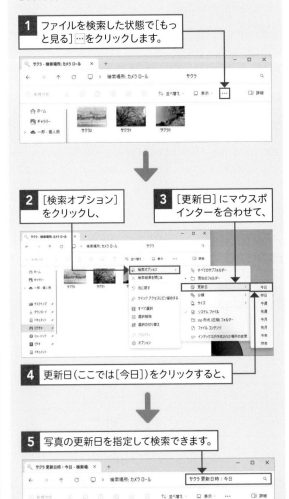

2 [検索オプション] をクリックし、

3 [更新日]にマウスポ インターを合わせて、

4 更新日(ここでは[今日])をクリックすると、

5 写真の更新日を指定して検索できます。

Q 125 ファイルを開かずに 内容を確認したい！

A プレビューウィンドウを 表示します

エクスプローラーでは、アプリを起動しなくても、保 存されている文書などの内容を確認することができ ます。ツールバーの[表示]をクリックし、[プレビュー ウィンドウ]をクリックすると、ウィンドウの右側に ファイルの内容をプレビューする領域が表示されま す。ファイルをクリックすると、ファイルの内容をプレ ビューで確認できます。

1 [表示]をクリックし、

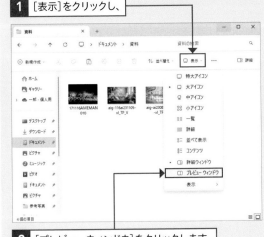

2 [プレビューウィンドウ]をクリックします。

3 ファイルをクリックすると、

4 ファイルの内容をプレビューで確認できます。

基本

デスクトップ

キーボード・文字入力

インターネット

メール・連絡先

セキュリティ

AI アシスタント

写真・動画・音楽

OneDrive・スマホ

印刷・周辺機器

アプリ

インストール・設定

デスクトップでのファイル管理　重要度 ★★★

Q 126 ファイルの詳細をすぐに確認したい！

A 詳細ウィンドウを表示します

ファイルの更新日や容量などを確認したいときは、[プロパティ]を開くよりも[詳細ウィンドウ]を使う方が時短になります。エクスプローラーのツールバーから[詳細]をクリックすると、ウィンドウの右側にファイルの情報が表示されます。

1 [詳細]をクリックすると、

2 ファイルの更新日や容量などの情報を確認できます。

デスクトップでのファイル管理　重要度 ★★☆

Q 127 「ホーム」って何？

A よく使うフォルダーなどが表示される特殊な画面です

「ホーム」は、よく使用するフォルダー（「クイックアクセス」）や「お気に入り」、「最近使用したファイル」が表示される特殊な画面です。エクスプローラーを開くと、最初に表示されます。

エクスプローラーを開くと、ホームが最初に表示されます。

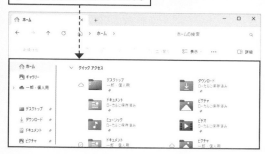

デスクトップでのファイル管理　重要度 ★★★

Q 128 パソコン内の写真や動画を簡単に確認したい！

A [ギャラリー]から確認します

パソコン内の写真や動画があちこちのフォルダーに点在していると、目的の写真や動画を探すのが大変です。このようなときは、バージョン23H2から新しく追加された[ギャラリー]を使ってみましょう。クイックアクセスから[ギャラリー]をクリックすると、パソコン内に保存している写真や動画をサムネイルでまとめて確認できます。

1 [ギャラリー]をクリックすると、

2 パソコンに保存している写真や動画がサムネイルで表示されます。

Q 129 クイックアクセスに新しい フォルダーを追加したい！

A フォルダーをクイックアクセスに ピン留めします

クイックアクセスに任意のフォルダーを追加するには、フォルダーを右クリックして、[クイックアクセスにピン留めする]をクリックします。

追加したフォルダーはクイックアクセスのリストの一番下に表示されますが、ドラッグして好きな位置に移動させることもできます。

なお、クイックアクセスには右のように手動でよく使うフォルダーを登録できるほか、頻繁に操作するフォルダーも自動的に登録されます。

また、クイックアクセスから登録を解除したい場合はフォルダーを右クリックして[クイックアクセスからピン留めを外す]をクリックしましょう。

● クイックアクセスにピン留めする

1 フォルダーを右クリックして、

2 [クイックアクセスにピン留めする]をクリックすると、

3 クイックアクセスに登録されます。

● クイックアクセスからピン留めを解除する

1 フォルダーを右クリックして、

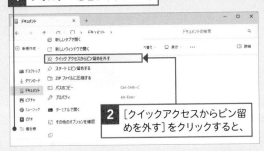

2 [クイックアクセスからピン留めを外す]をクリックすると、

3 クイックアクセスから解除されます。

Q 130 よく使うフォルダーを デスクトップに表示させたい！

A ショートカットを作成します

1 フォルダーを右クリックして、

2 [その他のオプションを確認]をクリックすると、

よく使うフォルダーやファイルのショートカットをデスクトップに作成すれば、ショートカットをダブルクリックするだけでその内容を表示できます。作成したショートカットは、通常のファイルやフォルダーと同様の操作で削除できます。

3 追加のオプションが表示されます。

4 [送る]にマウスポインターを合わせ、

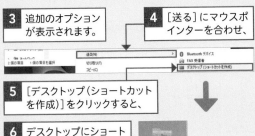

5 [デスクトップ（ショートカットを作成）]をクリックすると、

6 デスクトップにショートカットが作成されます。

左端タブ: 基本／デスクトップ／キーボード・文字入力／インターネット／メール・連絡先／セキュリティ／AIアシスタント／写真・動画・音楽／OneDrive・スマホ／印刷・周辺機器／アプリ／インストール・設定

3

キーボードと文字入力の
快適技！

131 ▸▸▸ 142　キーボード入力の基本

143 ▸▸▸ 158　日本語入力

159 ▸▸▸ 162　英数字入力

163 ▸▸▸ 168　記号入力

169 ▸▸▸ 178　キーボードのトラブル

重要度 ★ ★ ★

Q 131 キーボード入力の基本を知りたい!

A キーボードの配列を覚えましょう

文字や数字、記号などの入力に使うのがキーボードです。キーを押すと、キーに印字されている文字を入力することができます。また、複数のキーを組み合わせることで、さまざまなコマンドを実行することもできます。ここでは、文字キーとそれ以外の特殊機能を持つキーについて解説します。なお、キーの数や配列は、パソコンによって異なることがあります。

参照 ▶ Q 137

半角／全角キー
日本語入力と英数字入力を切り替えます。

ファンクションキー
アプリごとに特殊な機能が割り当てられています。

Insertキー
挿入モードと上書きモードを切り替えます。

テンキー
数字や記号を入力します。キーボードによっては、テンキーがないものもあります。

Escキー
直前の操作を取り消します。

BackSpace／Deleteキー
文字や画像などを削除します。

NumLockキー
テンキーの有効／無効を切り替えます。

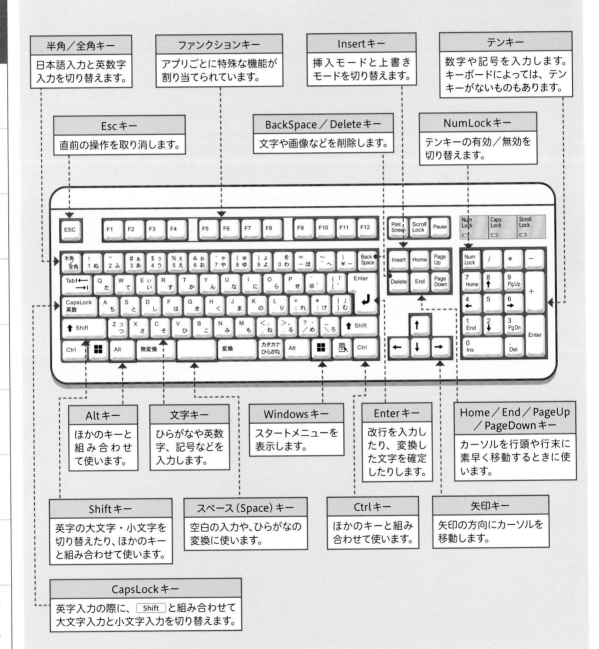

Altキー
ほかのキーと組み合わせて使います。

文字キー
ひらがなや英数字、記号などを入力します。

Windowsキー
スタートメニューを表示します。

Enterキー
改行を入力したり、変換した文字を確定したりします。

Home／End／PageUp／PageDownキー
カーソルを行頭や行末に素早く移動するときに使います。

Shiftキー
英字の大文字・小文字を切り替えたり、ほかのキーと組み合わせて使います。

スペース (Space) キー
空白の入力や、ひらがなの変換に使います。

Ctrlキー
ほかのキーと組み合わせて使います。

矢印キー
矢印の方向にカーソルを移動します。

CapsLockキー
英字入力の際に、Shift と組み合わせて大文字入力と小文字入力を切り替えます。

基本

デスクトップ

キーボード・
文字入力

インターネット

メール・
連絡先

セキュリティ

AI・
アシスタント

写真・動画・
音楽

OneDrive・
スマホ

印刷・
周辺機器

アプリ

インストール・
設定

📖 キーボード入力の基本　　重要度 ★★☆

Q 132　キーに書かれた文字の読み方がわからない！

A キーボードの文字は、単語が省略されたものです

ほかのキーを組み合わせて利用する Alt や Ctrl など
と書かれたキーや、単独で利用することの多い Esc や
Delete などのキーは、単語が省略された形で表記され
る場合があります。

表記はキーボードの機種によっても多少異なります
が、読み方は右表のとおりです。

キー	読み方
Alt	オルト、アルト
Back space ／ BKsp ／ BS	バックスペース、ビーエス
Caps Lock	キャプスロック、キャップスロック
Ctrl	コントロール
Delete ／ Del	デリート、デル
Enter	エンター
Esc	エスケープ、エスク
F1 ～ F12	エフいち～エフじゅうに
Insert ／ Ins	インサート
Num Lock ／ NumLk	ナムロック
Shift	シフト
Tab	タブ

📝 キーボード入力の基本　　重要度 ★★★

Q 133　キーボードの表示と入力が一致しない！

A キーボードの言語設定を確認しましょう

キーボードのとおりに入力しても同じ文字が入力でき
ない場合は、キーボードのレイアウトの設定が日本語
ではなく、別の言語に設定されている可能性がありま
す。言語が異なるとキーボードのレイアウトも異なる
ため、キーボードで入力しようとした文字と違う文字
が入力されてしまいます。手順 6 の画面で［キーボー
ド］が「日本語キーボード（106/109キー）」になってい
れば、キーボードの表示通りに入力できます。もしもほ
かの言語になっていた場合は、［レイアウトを変更す
る］でキーボードのレイアウトを変更します。

キーボードが日本語になっていても入力が異なる場合
は、日本語入力と半角英数字入力、ローマ字入力とかな
入力の切り替えを試してみましょう。**参照 ▶ Q 137, Q 155**

1 ［スタート］■→［設定］⚙をクリックし、

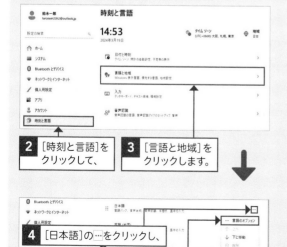

2 ［時刻と言語］をクリックして、

3 ［言語と地域］をクリックします。

4 ［日本語］の…をクリックし、

5 ［言語のオプション］をクリックします。

6 キーボードの［レイアウトを変更する］をクリックし、

7 ［日本語キーボード（106/109キー）］を選択して、

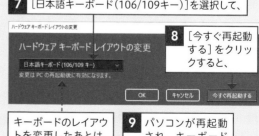

8 ［今すぐ再起動する］をクリックすると、

キーボードのレイアウトを変更したあとは、パソコンを再起動する必要があります。

9 パソコンが再起動され、キーボードのレイアウトの設定が変更されます。

📖 キーボード入力の基本　重要度 ★★★

Q 134 スペースの横にあるキーは何？

A 文字の変換または半角／全角の切り替えができます

Space の右には 変換 、左には 無変換 のキーがそれぞれ配置されています。変換 は Space と同様に、文字を漢字に変換するときに利用します。また、変換を間違えて確定してしまっても、修正したい部分を選択して 変換 を押すことで、再び変換をやり直せます。無変換 は漢字には変換せず、入力したひらがなをカタカナに変換するときに利用すると便利です。変換時に 無変換 を1回押すと全角カタカナ、2回押すと半角カタカナに変換できます。

また、キーボードによっては、Space の右に かな 、左に 英数 が配置されています。これらのキーを押すと、入力モードを直接指定して変更できます。かな を押すと日本語入力に、英数 を押すと英数字入力に切り替わります。

📖 キーボード入力の基本　重要度 ★★★

Q 135 カーソルって何？

A 文字の入力位置を示すマークです

「カーソル」は、文字の入力や削除、範囲選択といった文字操作全般の起点となる位置を示すための、点滅する縦棒です。なお、マウスポインターのことをカーソルと呼ぶこともあり、その場合は図のように呼び方を区別します。

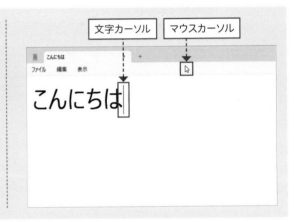

📖 キーボード入力の基本　重要度 ★★★

Q 136 日本語入力と半角英数字入力 どちらになっているかわからない！

A 通知領域のアイコンで確認できます

Windowsでは、日本語と英語（半角英数字）を入力するために、それぞれ専用の入力モードが用意されており、随時切り替えて使用します。入力モードは操作している場面やアプリに合わせて自動的に切り替わるため、場合によっては今現在どの入力モードが選択されているのかわからなくなることがあります。現在選択され

ている入力モードは、以下のように通知領域のアイコンで確認できます。

参照 ▶ Q 137

日本語の入力モード選択中は「あ」と表示されます。

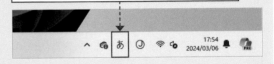

英語の入力モード選択中は「A」と表示されます。

キーボード入力の基本　　　　重要度 ★★★

Q 137　日本語入力と半角英数字入力を切り替えるには？

A　キーボードの [半角/全角] を押します

日本語と英語（半角英数字）の入力モードを手動で切り替えるには、キーボードの [半角/全角] を押します。また、キーボードの [かな] を押すと日本語（ひらがな）入力モードに、[英数] を押すと英語（英数字）の入力モードに切り替えることができます。

そのほか、タスクバーの あ または A をクリックすることでも同様に切り替えられます。

あ または A を右クリックすると表示されるメニューから、[全角カタカナ]［半角カタカナ]［全角英数字]などの入力モードに切り替えることもできます。　参照▶Q 134

● アイコンを右クリックして切り替える

1 タスクバーの入力モードアイコンを右クリックして、　**2** [ひらがな]をクリックすると、

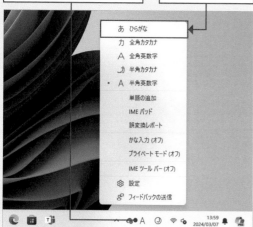

3 日本語入力モード（ひらがな）に変わります。

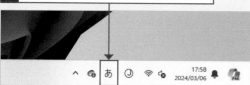

● キー操作で切り替える

通知領域にあるアイコンが A と表示されているときは、半角英数字入力モードが選択されています。

1 キーボードの [半角/全角] を押すと、

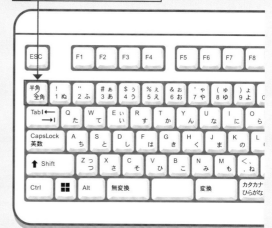

2 日本語入力モード（ひらがな）に変わります。

ここをクリックしても、日本語入力モードと半角英数字入力モードを切り替えることができます。

基本

デスクトップ

キーボード・文字入力

インターネット

メール・連絡先

セキュリティ

AI・アシスタント

写真・動画・音楽

OneDrive・スマホ

印刷・周辺機器

アプリ

インストール・設定

99

Q 138 タッチディスプレイではどうやって文字を入力するの？

A タッチキーボードを利用します

「タッチキーボード」は画面内に表示されるキーボードのことで、通常のキーボードと同様に、キーをクリック（タップ）して文字を入力できます。タッチ操作対応のタブレット型パソコンなどで、別途外付けキーボードを用意しなくても日本語や英数字の入力ができるの

で、モバイルで利用したい場合などに役立ちます。
タッチキーボードを表示するには、タスクバーにある [画] をタップします。閉じるときは、タッチキーボードの右上隅にある［閉じる］⊠ をタップします。
なお、タスクバーに [画] が表示されていない場合は、右クリック（長押し）して［タスクバーの設定］をクリック（長押し）し、［システムトレイアイコン］の［タッチキーボード］で［常に表示する］を選択します。ここでは、タッチキーボードに用意されているもののうち、文字キー以外の各キーの機能について解説します。

参照 ▶ Q 139

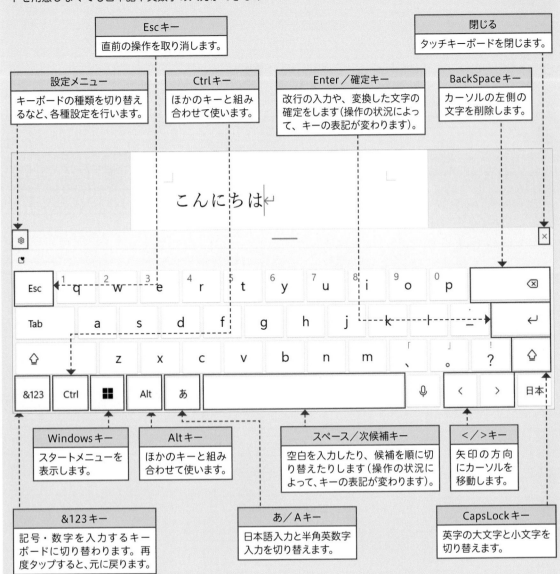

Escキー
直前の操作を取り消します。

閉じる
タッチキーボードを閉じます。

設定メニュー
キーボードの種類を切り替えるなど、各種設定を行います。

Ctrlキー
ほかのキーと組み合わせて使います。

Enter／確定キー
改行の入力や、変換した文字の確定をします（操作の状況によって、キーの表記が変わります）。

BackSpaceキー
カーソルの左側の文字を削除します。

Windowsキー
スタートメニューを表示します。

Altキー
ほかのキーと組み合わせて使います。

スペース／次候補キー
空白を入力したり、候補を順に切り替えたりします（操作の状況によって、キーの表記が変わります）。

</／＞キー
矢印の方向にカーソルを移動します。

&123キー
記号・数字を入力するキーボードに切り替わります。再度タップすると、元に戻ります。

あ／Aキー
日本語入力と半角英数字入力を切り替えます。

CapsLockキー
英字の大文字と小文字を切り替えます。

基本
デスクトップ
キーボード・文字入力
インターネット
メール・連絡先
セキュリティ
AI アシスタント
写真・動画・音楽
OneDrive・スマホ
印刷・周辺機器
アプリ
インストール・設定

Q 139 タッチディスプレイでの キーボードの種類を知りたい！

A 6種類のキーボードがあります

タッチキーボードには、「デフォルトキーボード」のほか、タブレットを両手で持ったとき親指で入力しやすい「分割キーボード」、スマートフォンのような配列の「12キーキーボード」、画面を有効活用できる「コンパクトキーボード」、あいうえおの順で並んでいる「50音順キーボード」、ノートパソコンのキーボードとほぼ同じキーの数と配列を備える「クラシックキーボード」の6種類が標準で用意されています。

それぞれのキーボードは、タッチキーボードの左上にある 🔲 をタップして、表示されるメニューから切り替えることができます。

なお、[サイズとテーマ]をクリックすると、キーボードのサイズやテーマを変更できます。

● タッチキーボードを切り替える

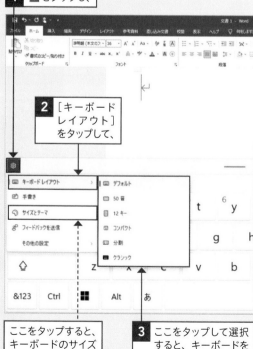

1 🔲 をタップし、

2 ［キーボード レイアウト］ をタップして、

ここをタップすると、キーボードのサイズやテーマを変更できます。

3 ここをタップして選択すると、キーボードを動かしたり固定したりすることができます。

● デフォルトキーボード

● 50音順キーボード

● 12キーキーボード　　　● コンパクトキーボード

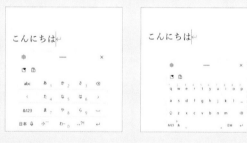

● 分割キーボード

● クラシックキーボード

基本 / デスクトップ / キーボード・文字入力 / インターネット / メール・連絡先 / セキュリティ / アシスタント / AI・写真・動画・音楽 / OneDrive・スマホ / 印刷・周辺機器 / アプリ / インストール・設定

Q 140 言語バーはなくなったの？

A 初期設定では表示されません

言語バーは、初期設定では表示されません。従来の言語バーに用意されていた「入力モードの切り替え」「IMEパッド」「単語の登録」などの機能は、タスクバーに表示されている入力モードのアイコンを右クリック（タッチ操作では長押し）すると表示されるメニューから利用できます。
また、以前の言語バーと同様の機能を持つIMEツールバーも用意されています。

1 入力モードアイコンを右クリックすると、

- あ ひらがな
- カ 全角カタカナ
- A 全角英数字
- ｶ 半角カタカナ
- A 半角英数字
- 単語の追加
- IMEパッド
- 誤変換レポート
- かな入力 (オフ)
- プライベートモード (オフ)
- IMEツールバー (オフ)
- 設定
- フィードバックの送信

17:59
2024/03/06

2 従来の言語バーの機能がメニューに搭載されていることが確認できます。

Q 141 デスクトップ画面に言語バーを表示させたい！

A 代わりにIMEツールバーを表示させましょう

Windows 11では、言語バーが標準では表示されません。古いバージョンのWindowsと同じ操作方法でIMEパッドの表示や辞書機能を使いたい場合は、以前の言語バーと同様の機能を持つIMEツールバーを表示させるとよいでしょう。
IMEツールバーは、タスクバーの入力モードアイコンの右クリックメニューで ［IMEツールバー (オフ)］をクリックすると表示できます。IMEツールバーを非表示にする場合は、［IMEツールバー (オン)］をクリックします。

● 言語バーの変更

● 以前の言語バー

23℃ くもり時々晴れ　20:02　2023/06/05

● IME ツールバー

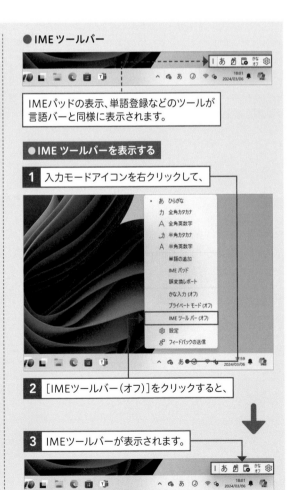

あ ああ かな オフ

18:01
2024/03/06

IMEパッドの表示、単語登録などのツールが言語バーと同様に表示されます。

● IME ツールバーを表示する

1 入力モードアイコンを右クリックして、

- あ ひらがな
- カ 全角カタカナ
- A 全角英数字
- ｶ 半角カタカナ
- A 半角英数字
- 単語の追加
- IMEパッド
- 誤変換レポート
- かな入力 (オフ)
- プライベートモード (オフ)
- IMEツールバー (オフ)
- 設定
- フィードバックの送信

17:59
2024/03/06

2 ［IMEツールバー(オフ)］をクリックすると、

3 IMEツールバーが表示されます。

あ ああ かな オフ

18:01
2024/03/06

Q 142 文字カーソルの移動や改行のしかたを知りたい！

A キーボードの ↑ ↓ ← → と Enter を使います

文書内で文字カーソルを移動するには、キーボードの ↑ ↓ ← → を押します。改行するには、文末で Enter を押します。「改行」とは、次の行にカーソルを移動することです。

なお、タッチキーボードで文字カーソルを移動するには ＜ または ＞ を、改行するには ↵ をタップします。

1 クリックしてカーソルを移動し、

2 → を数回押して、カーソルを文末に移動します。

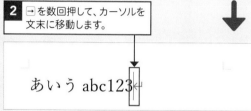

3 ここで Enter を押すと、

4 改行され、次の行にカーソルが移動します。

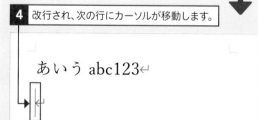

● タッチキーボードでカーソルを移動する

タッチキーボードでカーソルを移動するには、ここのキーを長押ししドラッグします。

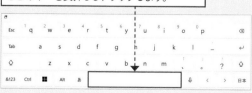

Q 143 日本語入力の基本を知りたい！

A 読みを入力して、 Enter を押します

日本語を入力するには、まず、入力モードを［ひらがな］に切り替えます。続いて、文字を入力する位置にカーソルを移動して、キーボードから目的の文字を入力します。ひらがなを入力する場合は、そのまま Enter を押して確定します。

漢字やカタカナなどを入力したい場合は、確定する前に「変換」という操作が必要になります。ここでは、ローマ字入力で「ゆめ」と入力する例を紹介します。

参照 ▶ Q 155, Q 156

1 入力モードを［ひらがな］に切り替えて、

2 入力する位置にカーソルを移動し、

3 Y U M E とキーを押すと、

4 「ゆめ」と表示されます。

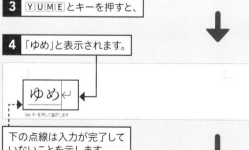

下の点線は入力が完了していないことを示します。

5 Enter を押すと、　**6** 「ゆめ」と入力できます。

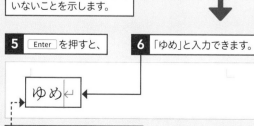

確定すると、点線が消えます。

基本

デスクトップ

キーボード・文字入力

インターネット

メール・連絡先

セキュリティ

AI・アシスタント

写真・動画・音楽

OneDrive・スマホ

印刷・周辺機器

アプリ

インストール・設定

基本

デスクトップ

キーボード・文字入力

インターネット

メール・連絡先

セキュリティ

AI アシスタント

写真・動画・音楽

OneDrive・スマホ

印刷・周辺機器

アプリ

インストール・設定

 日本語入力　　　重要度 ★★★

Q144 日本語が入力できない!

A 入力モードを[ひらがな]に切り替えます

入力モードが[半角英数字]になっていると、日本語が入力できません。日本語を入力するには、タスクバーの A を右クリックして[ひらがな]を選択するか、キーボードの [半角/全角] を押して、入力モードを[ひらがな]に切り替える必要があります。

また、入力した文字が全角カタカナや半角カタカナで表示される場合は、タスクバーの A を右クリックして[ひらがな]を選択するか、キーボードの [カタカナひらがな] を押して、入力モードを[ひらがな]に切り替えます。参照 ▶ Q 137

1 日本語が入力できないときは、

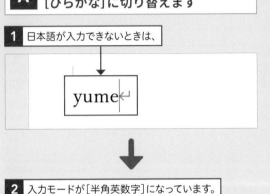

2 入力モードが[半角英数字]になっています。

3 入力モードを[ひらがな]にすると、

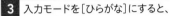

4 日本語が入力できるようになります。

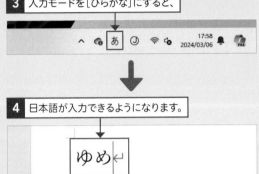

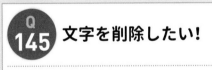 日本語入力　　　重要度 ★★★

Q145 文字を削除したい!

A [Back space] や [Delete] を使います

入力した文字を削除したいときは、[Back space] や [Delete] を使います。直前に入力した文字を削除したいときは、[Back space] を削除したい文字の個数分押します。

文の途中の文字を削除したいときは、削除したい文字の右にカーソルを移動させて [Back space] を押すか、削除したい文字の右にカーソルを移動させて [Delete] を押しましょう。

● 直前に入力した文字を削除する

1 [Back space] を4回押すと、

絶対上手くいくわけない↵

2 直前の4文字が削除されます。

絶対上手くいく↵

● 文の途中の文字を削除する

1 削除したい文字の右にカーソルを移動させて、

柔らかな風邪が吹く↵

2 [Back space] を押すと、

3 左側の文字が削除されます。

柔らかな風が吹く↵

Q 146 漢字を入力したい!

A 読みを入力して、変換候補から選択します

漢字を入力するには、まず文字の「読み」を入力します。Space（または変換）を押すと、第1候補の漢字に変換されます。目的の漢字でない場合は、再度Spaceを押すと、変換候補の一覧が表示されるので、目的の漢字をクリックや↑↓で選択してからEnterを押すことで変換を確定できます。

なお、読みを入力中に表示される入力予測の候補から指定して変換することも可能です。

1 KOUTAIとキーを押すと、

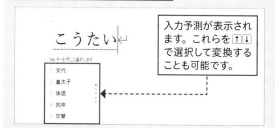

入力予測が表示されます。これらを↑↓で選択して変換することも可能です。

2 Spaceを押すと変換が行われます。再度Spaceを押すと、

3 変換候補が表示されます。

4 目的の漢字をクリックして入力します。

5 Enterを押すと、文字が確定します。

●タッチキーボードの場合

タッチキーボードの場合は、読みを入力すると、自動的に変換候補が表示されます。目的の候補が選択されるまでSpaceをタップして確定をタップするか、直接候補をタップすると、文字が確定します。

候補が複数ある場合は、候補をスライドすると隠れている候補が表示されます。また、タッチキーボードの▽をタップすると、候補のグループを切り替えられます。また、目的の候補が表示されたら、直接タップして確定させることも可能です。

1 KOUTAIとキーを押すと、

2 変換候補が表示されます。

3 ここをタップして目的の漢字を選択し、

4 確定をタップすると、

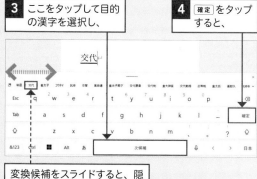

変換候補をスライドすると、隠れている候補が表示されます。

5 文字が確定します。

Q 147 カタカナを入力したい!

A 読みを入力して、変換候補から選択します

カタカナの入力は、漢字を入力するのと同じ方法でも行えます。この場合は、Space を押すと、第一候補が表示されます。目的のカタカナでなければ、再度 Space を押すと変換候補が表示されるので、目的のカタカナをクリックするか、↑↓で選択して Enter を押すと、カタカナが入力されます。また、文字の「読み」を入力し、F7 を押すことでもカタカナに変換できます。

参照 ▶ Q 176

1 G I J Y U T U とキーを押して、

入力予測が表示されます。

2 Space を押すと、変換が行われます。再度 Space を押すと、

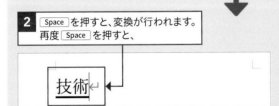

3 変換候補が表示されます。

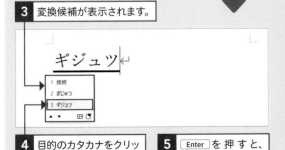

4 目的のカタカナをクリックして入力します。

5 Enter を押すと、文字が確定します。

● タッチキーボードの場合

タッチキーボードの場合は、漢字の入力と同様に、読みを入力すると、自動的に変換候補が表示されます。目的の候補が選択されるまで Space をタップして 確定 をタップするか、直接候補をタップすると、文字が確定します。

候補が複数ある場合は、候補をスライドすると隠れている候補が表示されます。タッチキーボードの ⌄ をタップすると、候補のグループを切り替えられます。また、目的の候補が表示されたら、直接タップして確定させることも可能です。

1 G I J Y U T U とキーをタップすると、

2 変換候補が表示されます。

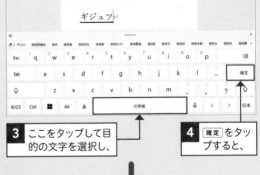

3 ここをタップして目的の文字を選択し、

4 確定 をタップすると、

5 文字が確定します。

基本
デスクトップ
キーボード・文字入力
インターネット
メール・連絡先
セキュリティ
AI・アシスタント
写真・動画・音楽
OneDrive・スマホ
印刷・周辺機器
アプリ
インストール・設定

Q 148 文字が目的の位置に表示されない!

A 入力したい場所にカーソルを移動しましょう

文字を入力できる場所にカーソルを移動してから入力しないと、入力中の文字がデスクトップの左上など思いがけない場所に表示されることがあります。
意図しない場所に文字が表示された場合は、それを [Back space] で消去してから、目的の場所をクリックしてカーソルを移動しましょう。

● デスクトップの例

文字を入力できる場所にカーソルがないと、思いがけない場所に表示されてしまいます。

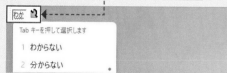

Q 149 「文節」って何?

A 文を複数の部分に分割する単位のことです

「文節」とは、意味が通じる最小単位で文を分割したものです。一般的に、文を区切る際に「〜ね」や「〜よ」を付けて意味が通じる単位が文節とされています。
たとえば、「私は海へ行った」は、「私は (ね)」「海へ (ね)」「行った (よ)」という3つの文節に区切ることができます。多くの日本語入力アプリでは、文節ごとに漢字に変換されます。なお、複数の文節で構成された文字列のことを複文節といいます。

漢字変換は、文節ごとに行われます。

Q 150 文節の区切りを変えてから変換したい!

A [Shift] + [←]／[→]で区切りを変更します

日本語の入力では、文節単位で漢字の変換が行われます。そのため、入力アプリが文節の区切りを間違って認識してしまうと、意図したとおりの変換ができません。
このような場合は、[Shift] を押しながら[←]または[→]を押して文節の区切りを変更し、正しい変換ができるようにします。

参照 ▶ Q 149

「今日は医者に行った」と入力しようとしたら、異なる文節で変換されてしまいました。

今日歯医者に行った↵

文節単位で下線が引かれています。

1 [Shift] を押しながら、[→]を押して文節の区切りを変更し、

きょうはいしゃに行った↵

2 [Space] を押すと、

3 正しい文節で変換されます。

今日は医者に行った↵

基本

デスクトップ

キーボード・文字入力

インターネット

メール・連絡先

セキュリティ

AI アシスタント

写真・動画・音楽

OneDrive・スマホ

印刷・周辺機器

アプリ

インストール・設定

基本
デスクトップ
キーボード・文字入力
インターネット
メール・連絡先
セキュリティ
AI・アシスタント
写真・動画・音楽
OneDrive・スマホ
印刷・周辺機器
アプリ
インストール・設定

🕐 日本語入力　　　重要度 ★ ★ ★

Q 151 変換する文節を移動したい!

A ←／→で変換する文節を移動します

変換する文節を移動するには、変換中に←か→を押します。日本語の入力中、複数の文節をまとめて変換して、一部の文節のみ意図と異なる漢字に変換された場合は、この方法で素早く正しい漢字に変換できます。

参照 ▶ Q 150

1 読みをまとめて入力して変換し、

> おいしい買い料理が出来
> 上がりました↵

変換対象となる最初の文節に下線が引かれています。

⬇

2 →を押します。

> おいしい買い料理が出来
> 上がりました

2番目の文節に下線が移動します。

⬇

3 Space を押すと、

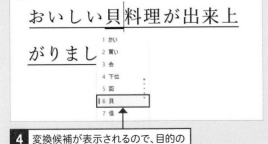

> おいしい貝料理が出来上
> がりまし
> 1 かい
> 2 買い
> 3 会
> 4 下位
> 5 回
> 6 貝
> 7 倠

4 変換候補が表示されるので、目的の漢字をクリックして入力します。

🕐 日本語入力　　　重要度 ★ ★ ★

Q 152 文字を変換し直したい!

A 文字を選択して変換を実行します

Windows 11の日本語入力には、確定した文字を再び変換する機能があります。文字を再び変換するには、文字をドラッグするなどして選択しておき、Space（または 変換）を押すか、右クリックしてメニューから[再変換]を実行します。
また、アプリによっては独自の再変換機能が用意されていることがあるので、アプリのマニュアルなどで確認しておくとよいでしょう。

● Space で変換し直す

一部を誤った漢字で確定しています。

1 変換し直したい文字を選択して、

> 走行会を開催しました↵

2 Space を押すと、

3 再び変換して正しい漢字を選べます。

⬇

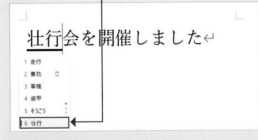

> 壮行会を開催しました↵
> 1 走行
> 2 奏功
> 3 草稿
> 4 礎甲
> 5 そうこう
> 6 壮行

● 右クリックメニューから変換し直す

1 文字を選択して右クリックし、

2 目的の漢字をクリックします。

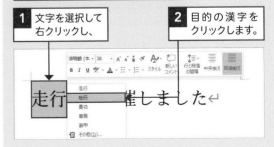

> 走行　催しました↵

Q 153 変換しにくい単語を入力したい!

A 1文字ずつ漢字に変換するか、[単漢字]から選択します

●1文字ずつ変換する

固有名詞や地名など、特殊な読み方をする単語は、変換候補一覧に表示されないものがあります。このような場合は、漢字を1文字ずつ変換するとよいでしょう。ここでは、「蒼苔」(そうたい)と入力します。

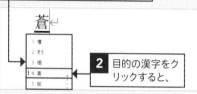

1 「そう」と入力して、Space を2回押し候補一覧を表示して、

2 目的の漢字をクリックすると、

3 「蒼」が入力されます。

4 同様に、K O K E と押して「苔」を入力します。

●[単漢字]から選択する

Microsoft IME には、「単漢字変換」機能が装備されています。この機能を使うと、通常の変換候補一覧に表示されないような特殊な漢字を、一覧に追加表示して選択できるようになります。

1 たとえば、「そら」と入力して、Space を2回押し候補一覧を表示して、

2 Tab を押して[単漢字]をクリックすると、

3 漢字の候補が追加表示されます。

Q 154 読み方がわからない漢字を入力したい!

A IMEパッドを使って検索できます

1 入力モードアイコンを右クリックして、

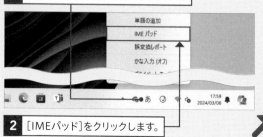

2 [IMEパッド]をクリックします。

読み方がわからない漢字を入力するには、IMEパッドを利用するとよいでしょう。IMEパッドでは、総画数や部首などで漢字を検索して入力できます。また、手書きを利用すれば、マウスのドラッグで文字を書いて漢字を検索することもできます。

ここをクリックすると、手書きで検索できます。

ここをクリックすると、部首で検索できます。

ここをクリックすると、総画数で検索できます。

📑 日本語入力　　　　　　　重要度 ★ ★ ★

Q 155 ローマ字入力から かな入力に切り替えたい！

A キーを押すか、入力モード アイコンで切り替えます

ローマ字入力とかな入力を切り替えるには、キーボードのキーを利用する方法と、入力モードのアイコンを利用する方法があります。

- キーボードのキーを利用する
  Alt を押しながら カタカナ/ひらがな を押します。確認のメッセージが表示されるので、[はい]をクリックします。
- 入力モードアイコンを利用する
  入力モードアイコンを右クリック（タッチ操作では長押し）して、[かな入力(オフ)]をクリックします。

また、タッチキーボードでかな入力する場合は、タッチキーボードをハードウェアキーボード準拠のキーボードに切り替えてから、[かな]をタップします。
キーボードのキーによる切り替えが行えない場合は、以下を参考に設定を変更します。

参照 ▶ Q 139

● キーボードのキーによる切り替えを有効にする

1 入力モードアイコンを右クリックして、

2 [設定]をクリックします。

3 [全般]をクリックします。

4 ここをクリックしてオンにすると、キーボードのキーでの切り替えが有効になります。

● 入力モードアイコンを利用する

1 入力モードアイコンを右クリックして、

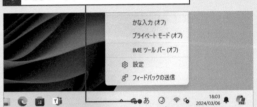

2 [かな入力(オフ)]をクリックします。

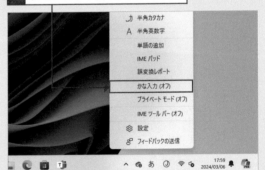

● タッチキーボードでかな入力を行う

1 Q139の手順でクラシックキーボードに切り替えて、

2 [かな]をタップします。

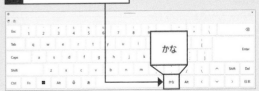

Q 156　ローマ字入力とかな入力、どちらを覚えればいいの？

A　ローマ字入力が一般的です

日本語の入力は、ローマ字入力が一般的です。8割以上の人がローマ字入力を使っており、かな入力を使用する人は多くありません。

ローマ字入力では、アルファベット26文字のキーボードの場所を覚えればよいので、マスターしやすいという利点があります。また、英語まじりの文章を入力する場合も同じ配置で入力できます。

かな入力の場合は、50音の46文字の場所を覚える必要があり、慣れるまでに時間がかかります。ただし、かな入力は、キーを一度押すだけでひらがな1文字を入力できるので、慣れればローマ字入力より速く入力できるようになります。

なお、本書では、ローマ字入力で解説を行います。

Q 157　単語を辞書に登録したい！

A　単語と読みを辞書に登録して、変換候補に加えます

人名などの変換しづらい単語は、その単語と読みをセットで辞書に登録しておきましょう。登録した読みを入力すると、次回からは変換候補の一覧にセットで登録した単語が表示されるようになります。同様に略称と正式名称をセットで登録すれば、入力の省略にもなり便利です。

1 入力モードアイコンを右クリックして、

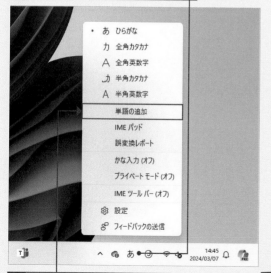

2 [単語の追加]をクリックします。

3 登録したい単語を入力して、　**4** 読みを入力し、

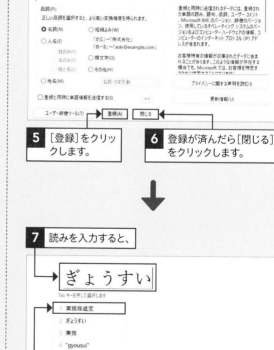

5 [登録]をクリックします。

6 登録が済んだら[閉じる]をクリックします。

7 読みを入力すると、

> ぎょうすい
> Tab キーを押して選択します
> 1 業務推進室
> 2 ぎょうすい
> 3 業推
> 4 "gyousui"
> 5 Gousei

8 登録した単語が候補一覧に表示されます。

基本

デスクトップ

キーボード・文字入力

インターネット

メール・連絡先

セキュリティ

アシスタント

写真・動画・音楽

OneDrive・スマホ

印刷・周辺機器

アプリ

インストール・設定

基本

デスクトップ

キーボード・文字入力

インターネット

メール・連絡先

セキュリティ

アシスタント AI

写真・動画・音楽

OneDrive・スマホ

印刷・周辺機器

アプリ

インストール・設定

⏱ 日本語入力　　　　　　　　重要度 ★ ★ ★

Q158 郵便番号を住所に変換したい!

A 日本語入力で郵便番号を入力して変換します

Windows 11の日本語入力では、郵便番号を入力して住所に変換できる「郵便番号辞書」が利用できます。郵便番号がわかっている場所の住所は、郵便番号を入力して変換すれば、素早く正確に入力できます。

なお、入力は[半角英数字]と[全角英数字]以外のモード（[ひらがな]等）で行う必要があります。

1 郵便番号を入力して、

```
1 0 0 − 0 0 1 4 ↵
```
Tab キーを押して選択します

2 Space を何回か押すと、

↓

3 住所に変換されます。

東京都千代田区永田町↵

```
1 1 0 0 − 0 0 1 4
2 東京都千代田区永田町
3 100-0014
▲ ▼　　　　　　　　□ □
```

↓

4 Enter を押すと、確定されます。

東京都千代田区永田町↵

📝 英数字入力　　　　　　　　重要度 ★ ★ ★

Q159 英字を小文字で入力したい!

A [半角英数字]に切り替えます

英字を小文字で入力するには、入力モードを[半角英数字]に切り替えます。この状態で文字を入力すると、キーを押した直後に文字が確定します。半角の数字も同じ方法で入力することができます。

また、入力モードが[ひらがな]の場合でも、キーを押したあとに F10 を押すと英字の小文字に変換されます。なお、F10 は、押すたびに小文字→大文字→先頭のみ大文字・・・の順に変換されます。　**参照 ▶ Q137**

● 入力モードが[半角英数字]の場合

1 入力モードを[半角英数字]に切り替えて、

```
∧  🌐 A ⏱ 📶 ⓓ   14:46    🔔  🗑
                  2024/03/07      PRE
```

2 ⓞⒻⒻⒾⒸⒺ とキーを押すと、「office」と入力されます。

office↵

● 入力モードが[ひらがな]の場合

1 入力モードを[ひらがな]に切り替えて、

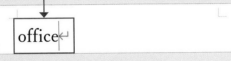
```
∧  🌐 あ ⏱ 📶 ⓓ   14:46    🔔  🗑
                  2024/03/07      PRE
```

2 ⓞⒻⒻⒾⒸⒺ とキーを押すと、「おっふぃせ」と入力されます。

おっふぃせ↵

3 F10 を押すと、

4 「office」と変換されます。　**5** Enter を押して確定します。

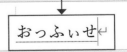

↓

office↵

重要度 ★★★

Q 160 英字を大文字で入力したい!

A Shift や Shift + Caps Lock を使います

大文字と小文字を組み合わせて入力するには、入力モードを[半角英数字]に切り替えます。Shift を押しながら目的のキーを押すと、大文字を入力できます。

● Shift を押しながらキーを押す

1 Shift + W を押して、大文字の「W」を入力し、

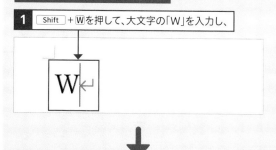

2 Shift を押さずに INDOWS を押して、小文字の「indows」を入力します。

● Shift + Caps Lock を押す

大文字だけで単語を入力したい場合は、入力モードを[半角英数字]に切り替え、Shift を押しながら Caps Lock を押すと、「Caps キーロック状態」になります。Caps キーロック状態では、Shift を押しながら入力しない限り、入力するアルファベットが大文字になります。もう一度 Shift を押しながら Caps Lock を押すと解除されます。

また、入力モードが[ひらがな]の場合でも、文字のキーを押したあとに F10 を2回押すと大文字に変換できます。

1 入力モードを[半角英数字]に切り替えて、Shift + Caps Lock を押し、

2 WINDOWS とキーを押すと、「WINDOWS」と入力されます。

日本語入力モードでも、F10 を押すと小文字、再度 F10 を押すと大文字になります。

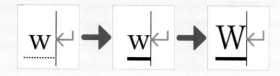

重要度 ★★★

Q 161 半角と全角は何が違うの?

A 文字の縦と横のサイズの比率が違います

一般的に、全角文字は1文字の高さと幅の比率が1:1（縦と横のサイズが同じ）になる文字のことを、半角文字は1文字の高さと幅の比率が2:1（文字の幅が全角文字の半分）になる文字のことを指します。そのため、全角文字と比べると、半角文字は縦に細長く見えます。ただし、文字の形や種類（フォント）によってはあてはまらないこともあるので、あくまでも目安です。

ひらがなや漢字は基本的に全角文字で入力されます。カタカナや英数字は全角のほかに半角でも入力できるので、状況によって使い分けができます。
ただし、電子メールのアドレスやWebページのURLは、半角英数字で入力する必要があるので、注意してください。

● 全角と半角の違い

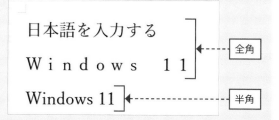

Q 162 全角英数字を入力したい！

A 入力モードを［全角英数字］に切り替えます

全角のアルファベットを入力するには、入力モードを［全角英数字］に切り替えます。この状態で文字を入力すると、ひらがなを入力する場合と同様に、文字列の下に波線が引かれますが、Space を押しても変換されません（空白が入力されます）。最後に Enter を押して確定させる必要があります。

1 入力モードアイコンを右クリックして、

- あ　ひらがな
- カ　全角カタカナ
- Ａ　全角英数字
- ｶ　半角カタカナ
- Ａ　半角英数字
- 単語の追加
- IME パッド
- 誤変換レポート
- かな入力 (オフ)
- プライベート モード (オフ)
- IME ツール バー (オフ)
- 設定
- フィードバックの送信

14:45　2024/03/07

2 ［全角英数字］をクリックします。

3 COMPUTER とキーを押し、

computer

Tab キーを押して選択します

4 Enter を押すと、確定されます。

computer

Q 163 空白の入力のしかたを知りたい！

A Space を押します

文章に空白を入力したい場合は、Space を押します。文章の入力を確定していない状態で Space を押すと文字の変換になってしまうため、Enter を押して入力を確定したあとに押しましょう。

入力モードが［ひらがな］になっている場合は、全角1文字分の空白が入力されます。［半角英数字］になっている場合は、半角1文字分の空白が入力されます。

複数の空白を入力したい場合は、空白を入れたい数だけ Space を押します。また、全角入力中に Shift + Space を押すと、半角1文字分の空白を入力できます。なお、空行を入れたい場合は、文末で Enter を押して改行し、もう一度 Enter を押します。

●空白を入力する

1 空白を入れたい場所にカーソルを移動して、

場所駅前公園↵

2 Space を押すと、

3 空白が入力されます。

場所　駅前公園↵

4 さらに Space を押すと、

5 空白が2文字分になります。

場所　　駅前公園↵

基本
デスクトップ
キーボード・文字入力
インターネット
メール・連絡先
セキュリティ
AI・アシスタント
写真・動画・音楽
OneDrive・スマホ
印刷・周辺機器
アプリ
インストール・設定

Q 164 キーボードにない記号を入力したい!

A 記号の名前を入力して変換します

キーボードのキーで入力できない記号は、記号の読みを入力して変換することができます。たとえば、◎や▲などは、入力モードを［ひらがな］にして、「まる」「さんかく」などと入力し、Space を2回押すと、変換候補として表示されます。その候補の中から目的の記号を選択すれば、変換できます。

1 記号の読みを入力して、

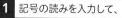

Tab キーを押して選択します

2 Space を2回押すと、

3 変換候補に記号が表示されます。

```
1 丸
2 ○          漢数字
3 ●
4 ◎
5 ○          記号
6 マル
7 まる
8 °          全
9 円
▲ ▼
```

4 目的の記号をクリックして選択します。

5 Enter を押すと、確定されます。

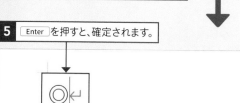

Q 165 記号の読みが知りたい!

A 読みで入力できる記号の例は以下の表のとおりです

Windows 11で、読みから入力できる主な記号を紹介します。ここにない記号で読み方がわからなかったり、どのような形の記号を入力するのか迷ったときは、「きごう」と入力して変換すると、多くの記号が変換候補一覧に表示されます。

ただし、記号の中には、特定のOSやシステムでしか正しく表示されないものがあるので、使用するときは注意が必要です。これを「環境依存文字」といいます。

● 読み方がわからない記号を変換する

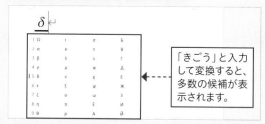

「きごう」と入力して変換すると、多数の候補が表示されます。

● 読みで入力できる記号の例

読　み	記　号
かっこ	( ) 「 」{ } " " [ ] 【 】『 』〈 〉' ' < 〉〔 〕
さんかく	△ ▲ ▽ ▼
しかく	□ ■ ◆ ◇
まる	○ ● ◎ °
ほし	☆ ★ ※ ＊
やじるし	↑ ↓ ← → ⇒ ⇔
けいさん	± × ÷ √ ∝ ∞ ∫ ∬ ≠ ≦
てん	・ 。 … ‥ ∴ ∵ ° ̈
おなじ	ゞ 〃 ヽ
しめ	〆
おんぷ	♪
せくしょん	§
ゆうびん	〒
あるふぁ（べーた、がんま…）	α（β、γ…）
けいせん	┌┐├─│┌┐┬
たんい	mm % ‰ $ ¥ ℃ ° Å ¢ £

記号入力　重要度 ★ ★ ★

Q166 平方メートルなどの記号を入力したい！

A IMEパッドの [文字一覧] や読みから入力できます

単位や通貨などの特殊記号は、IMEパッドの [文字一覧] から入力することができます。なお、この方法で入力できる単位記号のほとんどは、Windows以外のパソコンでは表示できない場合があります。電子メールなどで使用するのは避けましょう。

「㎡」などのよく使われる単位は、読みを入力して変換することもできます。　参照 ▶ Q 164

● IMEパッドの [文字一覧] から入力する

1 IMEパッドを表示して、[文字一覧] をクリックし、

2 [Unicode（基本多言語面）] を開きます。

3 [CJK互換文字] をクリックすると、記号が一覧表示されるので、

4 目的の記号をクリックします。

5 記号が入力されます。

● 読みから入力する

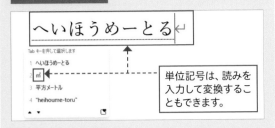

単位記号は、読みを入力して変換することもできます。

記号入力　重要度 ★ ★ ★

Q167 さまざまな「」（カッコ）を入力したい！

A ［ ］ を押して変換します

「」（カッコ）には『』や〈〉、【】などさまざまな種類がありますが、これらはどれも同じキーを使って入力できます。入力モードを [ひらがな] にして［か］を押し、Space を2回押すと、変換候補に表示されます。

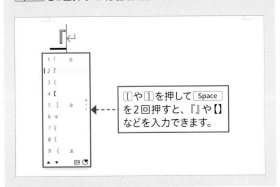

［や］を押して Space を2回押すと、『』や【】などを入力できます。

記号入力　重要度 ★ ★ ★

Q168 「ー」（長音）や「—」（ダッシュ）を入力したい！

A 「-(マイナス)」や「だっしゅ」で変換します

「ー」（長音）を入力するには、入力モードを [ひらがな] にして、□（マイナス）を押してから Enter を押して確定します。また、「ー」（長音）ではなく、「—」（ダッシュ）を入力する場合は、「だっしゅ」と入力して変換します。長音とダッシュは間違えやすいので注意しましょう。

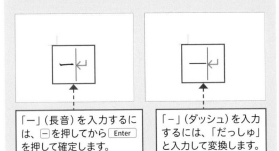

「ー」（長音）を入力するには、□を押してから Enter を押して確定します。

「—」（ダッシュ）を入力するには、「だっしゅ」と入力して変換します。

基本
デスクトップ
キーボード・文字入力
インターネット
メール・連絡先
セキュリティ
AI・アシスタント
写真・動画・音楽
OneDrive・スマホ
印刷・周辺機器
アプリ
インストール・設定

Q 169 キーの数が少ないキーボードはどうやって使うの？

A Fn を使って、少ないキーを補います

キーボードにはさまざまなキー配列のものがありますが、コンパクトさを重視するタイプのキーボード、あるいはノートパソコンなどでは、デスクトップ用に比べてキーの総数が少なくなっています。その代わり、そうしたタイプの多くのキーボードには Fn （ファンクションキー）が備わっています。これは、ほかのキーと組み合わせて押すことで、そのキーのもう1つの機能を実行するためのキーです。たとえば、F1 に画面の輝度調整機能が割り当てられている場合、Fn を押しながら F1 を押すことで、画面の明るさを変更できます。なお、キーボードによっては Fn と組み合わせて押すキーの文字や記号が、同じ色で印字されていることがあります。

1 fn を押しながら、

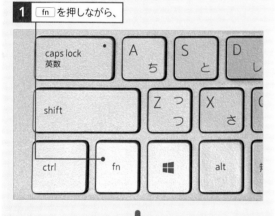

2 F3 を押すと、音量の大きさを調整できます。

Q 170 文字を入力したら前にあった文字が消えた！

A 挿入モードに切り替えましょう

文字の入力には、「挿入モード」と「上書きモード」の2種類があります。挿入モードで文字を入力すると、文字は今まであった文字列の間に割り込んで入力され、上書きモードで文字を入力すると、入力した文字数分、既存の文字が置き換えられます。

挿入モードと上書きモードを切り替えるには、Insert （または Ins ）を押します。ただし、上書きモードの有無は、アプリによって異なります。たとえば、ワードパッドの [ひらがな]モードでは、Insert を押しても上書きモードにはなりませんが、[半角英数字]モードでは上書きモードになります。なお、上書きモードと挿入モードの区別は、画面上では確認できないアプリがほとんどなので、入力の際には注意しましょう。

文字と文字の間にカーソルを移動して、文字を入力します。

● 挿入モードの場合

追加した文字が挿入されます。

● 上書きモードの場合

今まであった文字が、追加した文字に置き換わります。

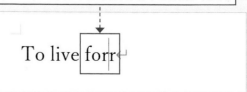

基本

デスクトップ

キーボード・文字入力

メール・インターネット

連絡先

セキュリティ

AI・アシスタント

写真・動画・音楽

OneDrive・スマホ

印刷・周辺機器

アプリ

インストール・設定

Q 171 小文字を入力したいのに大文字になってしまう！

A Shift + Caps Lock を押します

CapsLockが有効になっていると、英字は大文字で入力されます。この状態を「Caps キーロック状態」といいます。Caps キーロック状態を解除したい場合は、Shift を押しながら Caps Lock を押して、CapsLockを無効にします。

なお、キーボードの中には、キーロックの状態をインジケータで表示するものがあるので、文字入力前に確認しておくと誤入力を防ぐことができます。参照▶ Q 160

> CapsLockがオンになると、CapsLockのインジケータが点灯し、オフになると消灯します。

> Shift + Caps Lock を押すと、CapsLockの有効／無効が切り替わります。

Q 172 数字キーを押しても数字が入力できない！

A Num Lock を押します

テンキーで数字を入力する際には、NumLockが有効になっていることを確認します。

NumLockが無効の場合は、テンキーでの数字入力を受け付けません。Num Lock を押すと、有効／無効を切り替えることができます。

なお、テンキーの付いたパソコンでNumLockを有効にすると、「NumLock」のインジケータが点灯します。入力の前に確認しましょう。

> NumLockがオンになると、NumLockのインジケータが点灯し、オフになると消灯します。

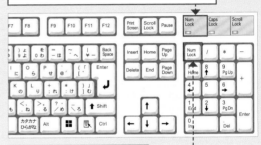

> Num Lock を押すと、NumLockの有効／無効が切り替わります。

Q 173 キーに書いてある文字がうまく出せない！

A Shift を押しながらキーを押します

キーには、2～4つの文字や記号が書いてあります。ローマ字入力のときは、アルファベットや数字、左下の記号を入力する場合はそのままキーを押し、左上の記号を入力する場合は Shift を押しながらキーを押します。かな入力では、右下の文字や記号を入力する場合はそのままキーを押し、右上の文字や記号を入力する場合は Shift を押しながらキーを押します。参照▶ Q 155

● ローマ字入力の場合

> 左上にある記号を入力するときは、Shift を押しながらキーを押します。

> 右上または左下にある記号を入力するときは、そのままキーを押します。

● かな入力の場合

> 右上または左上にある記号を入力するときは、Shift を押しながらキーを押します。

> 右下または左下にある文字や記号を入力するときは、そのままキーを押します。

基本

デスクトップ

キーボード・文字入力

インターネット

メール・連絡先

セキュリティ

AI アシスタント

写真・動画・音楽

OneDrive・スマホ

印刷・周辺機器

アプリ

インストール・設定

Q 174 Home End はどんなときに使うの？

A カーソルを行頭または行末に移動するときに使います

文字入力時にカーソルを移動するには、↑↓←→ を押しますが、行頭や行末にカーソルを移動したい場合は、Home（ホーム）と End（エンド）のキーを使うと便利です。Home を押すとカーソルが行頭に表示され、End を押すとカーソルが行末に表示されます。なお、文字の変換中でも変換後でもカーソルを移動できます。

●カーソルを行頭に移動する

1 カーソルが行頭以外にある状態で、Home を押すと、

↓

2 カーソルが行頭に移動します。

●カーソルを行末に移動する

1 カーソルが行末以外にある状態で、End を押すと、

文字入力↵

↓

2 カーソルが行末に移動します。

Q 175 Page Up Page Down はどんなときに使うの？

A Webページのスクロールに使います

Page Up（ページアップ）と Page Down（ページダウン）は、主にページのスクロールに使用します。たとえば、ブラウザーでは、Page Up を押すと1ページ分画面が上に移動し、Page Down を押すと1ページ分画面が下に移動します。同じくページのスクロールを行える ↑↓ のキーと比べると、移動範囲が広いのが特徴です。なお、アプリによっては移動範囲が異なる場合や、Ctrl を同時に押す場合もあります。

●1ページ分上に移動する

1 ブラウザー上で Page Up を押すと、

2 画面が1ページ分、上に移動します。

●1ページ分下に移動する

1 ブラウザー上で Page Down を押すと、

2 画面が1ページ分、下に移動します。

基本

デスクトップ

キーボード・文字入力

インターネット

メール・連絡先

セキュリティ

AI・アシスタント

写真・動画・音楽

OneDrive・スマホ

印刷・周辺機器

アプリ

インストール・設定

📝 キーボードのトラブル　　　　重要度 ★★★

Q176 F7 や F8 はどんなときに使うの？

A カタカナに変換するときに使います

入力した文字をカタカナに変換するには、 Space を2回押して変換候補を表示し、その中からカタカナの候補を選ぶ必要がありますが、 F7 や F8 を押して簡単に変換することもできます。入力モードを［ひらがな］にして文字を入力し、 F7 を押すと全角カタカナ、 F8 を押すと半角カタカナに文字が変換されます。カタカナだけに変換する文字を入力する際は、手早く変換できて便利です。

参照 ▶ Q147

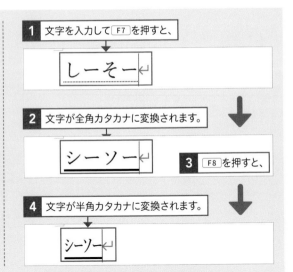

1 文字を入力して F7 を押すと、

しーそー

2 文字が全角カタカナに変換されます。

シーソー

3 F8 を押すと、

4 文字が半角カタカナに変換されます。

ｼｰｿｰ

📝 キーボードのトラブル　　　　重要度 ★★★

Q177 Alt や Ctrl はどんなときに使うの？

A ショートカットキーなどに使います

Alt （オルト）や Ctrl （コントロール）の使い道として一般的なのは、マウスでの操作をキーボードによって代用する「ショートカットキー（キーボードショートカット）」です。たとえば、文字列のコピーは Ctrl を押しながら C を、貼り付けは Ctrl を押しながら V を押すことで行えます。また、 Alt を押しながら Tab を押すと、起動中のアプリが一覧で表示され、アプリを切り替えることができます。

Ctrl を押しながら C を押すとコピー、 Ctrl を押しながら V を押すと貼り付けができます。

Alt を押しながら Tab を押すと、起動中のアプリの一覧表示と切り替えができます。

📝 キーボードのトラブル　　　　重要度 ★★★

Q178 Esc はどんなときに使うの？

A 実行中の操作などを取り消すときに使います

Esc （エスケープ）は、実行している操作を中止（キャンセル）したり、操作途中の状態を解除するときに使います。たとえば、文字の読みを入力して変換している状態で Esc を押すと、入力した文字を消去します。
また、右クリックで表示したメニューや、画面上に表示されたウィンドウを Esc で閉じたりすることもできます。

Esc を押すと、実行中の操作を中止したり、操作途中の状態を解除したりできます。

4

Windows 11の
インターネット活用技！

179 ▶▶▶ 196　　インターネットへの接続

197 ▶▶▶ 203　　ブラウザーの基本

204 ▶▶▶ 225　　ブラウザーの操作

226 ▶▶▶ 259　　ブラウザーの便利な機能

260 ▶▶▶ 272　　Webページの検索と利用

Q 179　インターネットを始めるにはどうすればいいの？

A 回線事業者・プロバイダーと契約し、機器を接続・設定します

インターネットを始めるには、インターネットに接続するための回線と、インターネットへの接続サービスを提供しているプロバイダーとの契約が必要です。契約・工事が終わると接続に必要な機器が送られてくるので、機器とパソコンを接続して、インターネットを利用できるようにパソコンを設定します。

● インターネット利用までの流れ

接続する回線とプロバイダーの選択

利用目的や利用時間、料金などを検討し、自分に合った回線とプロバイダーを選びます。

回線の契約とプロバイダーとの契約

回線の契約とプロバイダーへの申し込みは、同時に行う場合と別々に行う場合があります。

必要に応じて通信事業者に申し込み

接続する回線によっては、NTTなどの通信事業者への申し込みが必要になります。

工事・開通

接続する回線によっては、自宅内で工事が必要な場合があります。

機器の接続とパソコンの設定を行う

パソコンと機器を接続し、インターネットを利用するための設定を行います。

インターネットを利用する

Webブラウザーなどを使って、インターネットを利用します。

Q 180　インターネット接続に必要な機器は？

A 接続回線によって異なります

インターネットに接続するために必要な機器は、接続回線によって異なります。また、有線、無線接続によっても変わります。
FTTH（光回線）の場合は光回線終端装置やVDSLモデムが、CATV（ケーブルテレビ）の場合はケーブルモデムと分配器が必要です。また、回線終端装置やモデムとパソコンを接続するためのLANケーブルも必要です。

参照 ▶ Q 183

● 接続例（有線でパソコンを接続する場合）

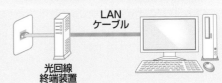

Q 181　無線と有線って何？

A ケーブルで接続するのが有線、ケーブルを使わないのが無線です

「有線」とは、インターネットに接続するための機器とパソコンとの間のデータのやり取りに、物理的に接続したケーブルを使う方法です。それに対して「無線」とは、インターネットに接続するための機器とパソコンとの間のデータのやり取りに、ケーブルではなく電波を使う方法です。

Q 182 無線と有線どちらを選べばいいの？

A ケーブルで接続できれば有線、できなければ無線を選びます

現在発売されているパソコンの多くは、有線での接続と無線での接続どちらにも対応しており、使い方によってどちらかを選ぶのが一般的です（複数のパソコンがある場合などは併用も可能です）。

有線で接続できるのは、インターネットに接続するための機器とパソコンをケーブルで直接つなげる場合です。たとえば、インターネットに接続するための機器の近くにパソコンがあれば、常時ケーブルで接続して使えます。

それに対して、自宅の1階のリビングにインターネットに接続するための機器を設置しており、1階の離れた部屋や2階の部屋でインターネットに接続したい場合は、無線で接続することになります。

また、ノートパソコンを宅内のいくつかの場所で使う場合、リビングで使うときはケーブルで有線接続し、2

階の部屋で使うときは無線で接続するといった使い分けも可能です。

一般に、有線は場所が限定されますが無線より高速で、無線は場所を選ばず接続できますが有線よりも速度が遅いという傾向があります。

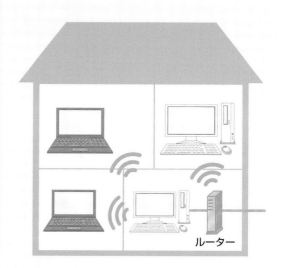

ルーター

Q 183 インターネット接続の種類とその特徴は？

A FTTHやCATVなどが一般的です

インターネットの接続にはいくつかの方法があり、接続方法によって通信速度や料金などが異なります。接続方法には下表のようなものがありますが、現在主流となっているのはFTTHやCATVなどのブロードバンド接続です。

なお、下表の最大通信速度とは、インターネットへ接続してデータ通信を行う際の理論上の最大値で、実際の通信速度はそれよりも遅くなります。また、契約内容によっても変わってきます。単位の「bps」はbits per secondの略で、1秒間にどれだけのデータ通信ができるかを表しています。通信速度が速いと、Webページの表示や電子メールの送受信などが短時間で済むというメリットがあります。

また、ノートパソコンやタブレットPC、モバイルノートなど、持ち運びができる端末を使い外出先でインターネットを利用するには、モバイルデータ通信サービスを利用する必要があります。参照 ▶ Q 185

● インターネットへの接続方法と特徴

接続方法	最大通信速度	料金形態	特徴
FTTH	10Gbps	定額制	光ファイバーケーブルを利用した高速データ通信サービスです。動画配信など、大容量のデータ通信が利用できます。
CATV	1Gbps	定額制	ケーブルテレビの回線を利用したインターネット接続です。ケーブルテレビも同時に利用できます。
モバイルデータ通信	20Gbps	定額制	外での利用に強く、主に携帯電話やスマートフォンに用いられる無線通信規格です。4G、LTE、5G、WiMAXなどが挙げられます。

Q 184 プロバイダーはどうやって選べばいいの?

A 料金体系やサービスの内容を考慮しましょう

プロバイダーを選ぶときには、接続方法(FTTHやCATVなど)や利用料金、提供しているサービスなどを検討して自分の目的に合ったものを選びます。利用料金については月額料金を検討するのはもちろんですが、プロバイダーによって初期費用無料、月額料金○カ月無料、回線の工事費用負担といったキャンペーンを実施している場合があるので、これらをうまく活用するとよいでしょう。

また、ホームページスペース、IP電話(電話回線の代わりにインターネットを利用して通話を行うサービス)、映像や音楽の配信サービスなど、提供しているサービスはプロバイダーによって異なります。IP電話は同じプロバイダー同士なら無料で通話ができるので、よく通話する相手がいる場合は、その相手と同じプロバイダーを選ぶとよいでしょう。

これらの要素を検討し、どのプロバイダーにするかを決めたら、プロバイダーへの入会手続きに進みます。

● 価格.comのプロバイダー比較サイト

https://kakaku.com/bb/

Q 185 外出先でインターネットを使いたい!

A モバイルデータ通信サービスを利用します

外出先でインターネットを利用する場合は、ノートパソコンやタブレットPC、モバイルノートなど、Wi-Fi(無線LAN)に対応している端末を使って、モバイルデータ通信サービスを利用します。

モバイルデータ通信とは、テザリング機能付きのスマートフォンや、モバイルルーター(モバイルWi-Fiルーター)などを使用して、無線でインターネットに接続することです。通信速度は、自宅などで利用する光回線ほど高速ではありませんが、一般に数十Mbpsの速度で通信が可能です。

モバイルデータ通信を利用するには、自宅などで利用する回線とは別に接続機器を購入したり、通信事業者に申し込みをする必要があります。

● 主なモバイル接続の種類

接続の種類	特　徴
テザリング	スマートフォンをモバイルルーターの代わりに利用して、端末をインターネットに接続するしくみです。専用の機器を購入する必要がなく、外出先で簡単にインターネットを利用できます。
モバイルルーター(モバイルWi-Fiルーター)	契約回線の電波が届く範囲であれば、どこからでもインターネットに接続できます。スマートフォンでのテザリングと比べると、通信制限が緩く、高速である場合が多いです。

● モバイルルーターの主なプロバイダー

企　業	URL
BIGLOBE	https://join.biglobe.ne.jp/mobile/wimax/5g/?cl=head_wimax
So-net	https://www.so-net.ne.jp/access/mobile/wimax/
GMOインターネット	https://gmobb.jp/wimax/
UQコミュニケーションズ	https://www.uqwimax.jp/wimax/

重要度 ★★★

Q186 複数台のパソコンをインターネットにつなげるには？

A Wi-Fiルーター（無線LANルーター）を使いましょう

家庭や職場などの比較的狭い範囲でパソコン同士をつないだものをLANといいますが、LANを構築するには「ルーター」が必要です。ルーターには、LANケーブルを利用する有線LANルーターと、LANケーブルと電波のどちらも利用できるWi-Fiルーター（無線LANルーター）があります。Wi-Fiルーターでは有線接続のほか、スマートフォンやタブレットなどの携帯端末やデジタル家電、ゲーム機などのさまざまな機器を電波の届く範囲で自由につなげることができて便利です。
現在はWi-Fiが主流なので、基本的にはWi-Fiルーターを導入すればよいでしょう。

● Wi-Fiルーターの利用

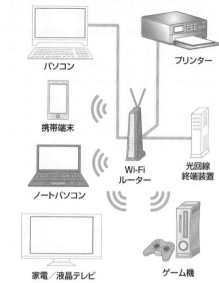

パソコン
携帯端末
ノートパソコン
家電／液晶テレビ
プリンター
光回線終端装置
Wi-Fiルーター
ゲーム機

 重要度 ★★★

Q187 Wi-Fiって何？

A 無線LANのことで、最新の規格のほうが高速です

Wi-Fiは、無線LANの別の呼び方です。Wi-Fiは規格によって周波数と通信速度が異なり、現在「IEEE802.11a

／b／g／n／ac／ad／ax／be」の8種類があります。末尾のアルファベットが右のものほど新しい規格になります。「11be」が現在の最新の規格ですが、2023年末に総務省が認可したばかりの規格であり、今後導入が進んでいくことが想定されます。なお、IEEE 802.11nは「Wi-Fi 4」、IEEE 802.11ac は「Wi-Fi 5」、IEEE 802.11axは「Wi-Fi 6」、IEEE802.11beは「Wi-Fi7」とも呼ばれています。

重要度 ★★★

Q188 Wi-Fiルーターの選び方を知りたい！

A 部屋の広さや規格で選びましょう

Wi-Fiルーターを選ぶポイントは、部屋の広さと対応する規格です。
メーカーのWebページや、販売されているルーターの外箱を見ると、推奨する部屋の広さが記載されているので、参考にしましょう。最新の規格は「Wi-Fi 7」です

が、現在の主流は「Wi-Fi 6」で、対応製品も豊富です。Wi-Fiの各規格には下位互換性があるので、より新しい規格の製品を選んでおけば、古い規格にしか対応していない機器からでも接続できます。
忘れがちなのが、光回線終端装置とWi-FiルーターをつなぐLANケーブルの存在です。いくらWi-Fiルーターの通信速度が速くても、古い規格のLANケーブルをつなぐと、想定した速度が出ない可能性があります。使っている機器を確認して最適なLANケーブルを選びましょう。

基本

デスクトップ

キーボード・文字入力

インターネット

メール・連絡先

セキュリティ

AI・アシスタント

写真・動画・音楽

OneDrive・スマホ

印刷・周辺機器

アプリ

インストール・設定

Q 189 家庭内のパソコンを Wi-Fiに接続したい！

A Wi-Fiのアクセスポイントに合わせて設定します

家庭内のパソコンをWi-Fiに接続するには、ブロードバンドモデム（光回線終端装置、ADSLモデム）とWi-Fiのアクセスポイント（Wi-Fiルーター）が必要です。また、パソコンにもWi-Fi機能が内蔵されている必要があります。内蔵されていない場合は、無線LANアダプターを別途用意しましょう。

機器を接続して、それぞれの電源をオンにしたら、利用するパソコンでWi-Fiのアクセスポイントに合わせた設定を行います。設定の前に、Wi-Fiのアクセスポイント名とネットワークセキュリティキー（暗号化キー）を確認しておきましょう。

● Wi-Fi に接続する

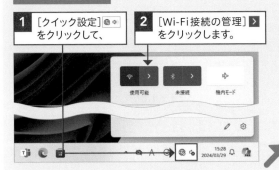

1 ［クイック設定］🖱️ 🔊 をクリックして、

2 ［Wi-Fi接続の管理］▸ をクリックします。

3 接続するアクセスポイントをクリックし、

4 ［接続］をクリックします。

［自動的に接続］をクリックしてオンにすると、次回からは自動的にこのアクセスポイントを使用して接続します。

5 PINまたはネットワークセキュリティキーを入力して、

6 ［次へ］をクリックすると、

7 Wi-Fiに接続されます。

接続しているアクセスポイントには、「接続済み」が表示されます。

Q 190 外出先でWi-Fiを利用するには？

A 公衆無線LANを利用します

公衆無線LANは、駅や空港、ホテルやカフェ、ファーストフード店などに設置されたWi-Fiルーターに接続して、インターネットを利用できるサービスです。接続できるスポットが限られますが、料金が安く、簡単に始められるのが特徴です。無料で利用できるアクセスポイントもあります。

参照 ▶ Q 191

● 主な公衆無線LANサービス

サービス名	提供企業	有料／無料
d Wi-Fi	NTTドコモ	無料
au Wi-Fi SPOT	KDDI	有料
ソフトバンクWi-Fiスポット	ソフトバンク	有料
Wi2 300	ワイヤ・アンド・ワイヤレス	有料
at_STARBUCKS_Wi2	スターバックスコーヒージャパン	無料
LAWSON Free Wi-Fi	ローソン	無料
FREESPOT	FREESPOT協議会	無料
マクドナルド FREE Wi-Fi	日本マクドナルド	無料
DOUTOR FREE Wi-Fi	ドトールコーヒー	無料
Tully's_Wi-Fi	タリーズコーヒージャパン	無料

Q 191 フリーWi-Fiスポットって何?

A 無料でWi-Fiを使える場所のことです

公共施設や飲食店では、無料でインターネットが利用できる「フリーWi-Fi」が提供されています。外出時にインターネットを使いたい場合は便利ですが、セキュリティーが弱めのため、注意が必要です。

Wi-Fiは通常は暗号化した状態で使用します。しかし一部のフリーWi-Fiは、利便性を重視して暗号化されていない場合があります。暗号化されていないWi-Fiを使用すると、悪意を持つ第三者に通信を傍受されてメールの内容やパスワードを解読されたり、共有ファイルのデータを盗まれたりする危険性があります。そのため、フリーWi-Fiを業務で使用したり、クレジットカードの番号をはじめとした個人情報を入力したりするのは避けましょう。

Wi-Fiの利用については、総務省がガイドラインを作成しているので、目を通しておくとよいでしょう。

● 無線LAN (Wi-Fi) のセキュリティに関するガイドライン

https://www.soumu.go.jp/main_sosiki/cybersecurity/wi-fi/

Q 192 同じWi-Fiに接続できる機器の上限はあるの?

A 上限が決められています

同じWi-Fiに接続できる機器の数には上限があり、上限を超えると接続できなくなります。Wi-Fiルーターによっては最大接続台数を超えても接続できることもありますが、多くの場合は本来の通信速度よりも遅くなってしまい、快適には利用できません。

Wi-Fiの最大接続台数は、数台～100台以上と、機種によって異なります。詳しくはWi-Fiルーターの説明書やWebサイトを確認しましょう。

Q 193 Wi-Fiにつながらなくなってしまった!

A Wi-Fiルーターや機器の状況を確認しましょう

Wi-Fiがつながらなくなってしまった場合、その原因はいくつか考えられます。以下の対処法を試して、解決できない場合はWi-Fiルーターのメーカーに問い合わせましょう。

参照 ▶ Q 194, Q 195

● Wi-Fiルーターの電源

Wi-Fiルーターの電源が何らかの原因でオフになっている可能性があります。Wi-Fiルーターの電源がオフになっていた場合はオンにしましょう。

● Wi-Fiルーターの不都合

Wi-Fiルーターで一時的に不都合が発生している可能性があります。Wi-Fiルーターの電源を一度オフにして、少し時間を置いてから再起動してみましょう。

● 接続する機器の環境

パソコンやスマートフォンの設定で、飛行機の離発着時などに使用する「機内モード」になっている可能性があります。端末を確認して、機内モードがオンになっていた場合はオフにしましょう。

機内モードがオンになっていると、Wi-Fiをはじめとしたインターネットへの接続が利用できません。

● ネットワークセキュリティーキーの誤り

アクセスポイントへの接続ができない場合は、接続したいアクセスポイントを選択しているかどうか、ネットワークセキュリティーキーが正しく入力されているかどうかを確認しましょう。ネットワークセキュリティーキーの入力に不安がある場合は、入力画面で をクリックすると、入力内容を確認できます。

 をクリックしている間、入力内容が表示されます。

Q 194 インターネットに接続できない！

A 問い合わせから解決方法を調べましょう

インターネットに接続できない場合には、まずはパソコンとケーブルモデムや光回線終端装置、Wi-Fiルーターなどがネットワークケーブルで正しく接続されているかを確認します。

正しく接続されている場合は、何が原因かを調べましょう。[設定]⚙の［ネットワークとインターネット］→［問い合わせ］をクリックすると、トラブルの原因と解決方法を調べることができます。

● 問い合わせを実行する

1 ［スタート］■→［設定］⚙をクリックし、

2 ［ネットワークとインターネット］をクリックして、

3 ［問い合わせ］をクリックすると、

4 問題を解決するための推奨事項が示されます。

5 ［Wi-Fiをオンにする］をクリックすると、

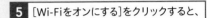

6 問題が解消され、インターネットに接続されます。

7 ［ネットワークのテストを終了する］をクリックすると画面が閉じます。

推奨事項は上から順に試しましょう。

それでも解決しない場合は、［さらにヘルプが必要ですか？］のQRコードからMicrosoftサポートに問い合わせることもできます。

基本
デスクトップ
キーボード・文字入力
インターネット
メール・連絡先
セキュリティ
アシスタント AI
写真・動画・音楽
OneDrive・スマホ
印刷・周辺機器
アプリ
インストール・設定

Q 195 インターネット接続中に回線が切れてしまう！

A いろいろな原因があります

インターネット接続中に頻繁に接続が切れてしまう場合、その原因はいくつか考えられます。原因に応じて対処しましょう。

- パソコンと接続している光回線終端装置やケーブルモデムの不具合が考えられます。この場合は、プロバイダーに連絡して、機器を交換してもらうとよいでしょう。
- パソコンのLANポートとWi-Fiルーターなどの接続先の相性が悪い可能性があります。この場合は、LANケーブルを取り替えると解決する場合があります。

- LANケーブルや光ケーブルの損傷も考えられます。この場合は、LANケーブルを取り替えます。
- 光回線終端装置やルーターに不具合が起こる場合があります。光回線終端装置、Wi-Fiルーター、パソコンなどの電源を一度切って、少し経ってから電源を入れ直してみましょう。
- オンラインゲーム中にインターネットの回線が切れることがあります。この場合は、そのゲームに多数のアクセスが集中してしまい、サーバーに大きな負荷がかかってしまったことが原因と考えられます。少し時間を置いてから、再度起動してみましょう。
- Wi-Fiルーターやパソコンの近くに電化製品があると、家電からの電波が接続に影響を与える可能性があります。可能であれば、電化製品から離してみましょう。また、タコ足配線も避けましょう。
- Wi-Fiルーターと、無線で接続しているパソコンの距離が遠すぎることが考えられます。この場合は、Wi-Fiルーターに近い場所で接続しましょう。

Q 196 ネットワークへの接続状態を確認したい！

A [クイック設定]のアイコンで確認できます

ネットワークへの接続状態は、タスクバーの[クイック設定]のアイコンで確認できます。
タスクバーにある[クイック設定]の[ネットワーク]のアイコンが📶または💻ではなく🌐になっている場合は、ネットワークに正しく接続できていません。「LANケーブルが抜けている」「モデムやルーターの電源が落ちている」といった理由が考えられます。

● ネットワークに接続されていない場合

ネットワークに正常に接続されていません。

● 接続中のネットワークを確認する

1 [クイック設定] 📶 🔊 をクリックすると、

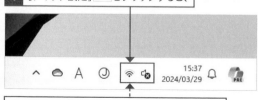

ネットワーク（Wi-Fi）に正常に接続されています。

2 接続中のネットワークを確認できます。

libroworks　　　未接続　　　機内モード

基本

デスクトップ

キーボード・
文字入力

インターネット

メール・
連絡先

セキュリティ

AI
アシスタント

写真・動画・
音楽

OneDrive・
スマホ

印刷・
周辺機器

アプリ

インストール・
設定

📖 ブラウザーの基本　　　重要度 ★★★

Q 197 インターネットでWebページを見るにはどうすればいいの？

A Webブラウザーが必要です

インターネットに接続してWebページを見るには、「Webブラウザー（以降ブラウザー）」と呼ばれるWebページ閲覧用のソフトが必要です。Webページの情報は、「Webサーバー」というサーバーに文字の情報と画像とが別々のファイルで保存されています。1つのWebページを構成するファイルをすべて読み込み、組み合わせてWebページを表示するのが、ブラウザーの役割です。

Windows 11には、マイクロソフトのMicrosoft Edge（以降Edgeといいます）というブラウザーが搭載されています。

📖 ブラウザーの基本　　　重要度 ★★★

Q 198 Windows 11ではどんなブラウザーを使うの？

A Edgeというブラウザーを使います

Windows 11には、「Microsoft Edge」というブラウザーが付属しています。Edgeの特徴は、フラットなデザインとHTML5などの標準規格への対応です。Windows 10から搭載された新しいブラウザーですが、途中で大きな改良が加えられており、初期のEdgeと現在のEdgeでは利用できる機能が大きく異なります。Windows 11では、最初から新しいEdgeが搭載されています。

● Edge を起動する

1 [スタート]■■をクリックして、

2 [すべてのアプリ]をクリックします。

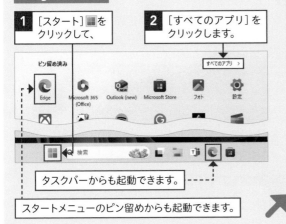

タスクバーからも起動できます。

スタートメニューのピン留めからも起動できます。

3 [Microsoft Edge]をクリックすると、

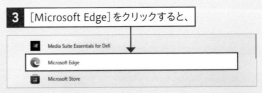

4 Edgeが起動し、初回のみサインイン画面が表示されます。

5 [サインインしてデータを同期]をクリックし、

Microsoft アカウントにサインインせずに使う場合は、ここをクリックします。

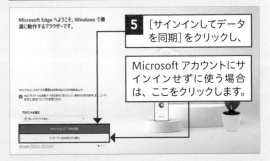

6 [確認して閲覧を開始する]をクリックすると、Edgeの画面が表示されます。

Q 199 Edgeの画面と基本操作を知りたい！

A 画面構成を確認しましょう

Edgeの画面は非常にシンプルなデザインです。画面の上部にタブが表示され、その下にアドレスバーやツールボタンが配置されています。Edgeの主な設定や操作は、ここから行います。

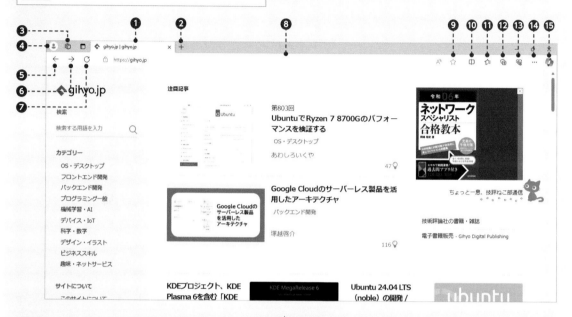

① タブ
表示するWebページを切り替えます。タブを閉じるときは、右側の ✕ をクリックします。

② 新しいタブ ＋
新しいタブを表示します。

③ ワークスペース 📑
タブや履歴などをまとめて保存することができます。

④ プロファイル ◉
Microsoftアカウントでサインインすると、プロファイルを作成して、お気に入りや履歴、パスワードやその他の設定をほかのパソコンと同期することができます。

⑤ 戻る ←
直前に表示していたWebページへ移動します。

⑥ 進む →
［戻る］をクリックする前に表示していたWebページへ移動します。

⑦ 更新 ↻
表示中のWebページを最新の状態にします。

⑧ アドレスバー
URLを入力してWebページを表示したり、キーワードを入力してWebページを検索したりします。

⑨ このページをお気に入りに追加 ☆
Webページをお気に入りに登録します。

⑩ 画面を分割する ⊞
画面を二分割してWebページを表示できます。

⑪ お気に入り ⭐
お気に入りを表示します。

⑫ コレクション ⊞
Webページ全体や画像、テキストを収集、整理します。

⑬ ブラウザーのエッセンシャル 🔖
Edgeの現在のパフォーマンスと安全性について確認します。

⑭ 設定など …
Webページの印刷や表示倍率の変更、設定などを行います。

⑮ Copilot 🅲
EdgeのCopilotを起動して、AIへの質問や文章の作成を行います。

Q 200 Edgeの右側のサイドバーを消したい!

A [設定など]から非表示にできます

「サイドバー」は、Edgeの右側に表示され、[Copilot]や[検索]のアイコンが配置されています。これらをクリックすることで、各機能やWebアプリをEdge内で開くことができますが、不要な場合は非表示にしましょう。本書では、サイドバーを消した状態で解説しています。

1 [設定など] … をクリックし、

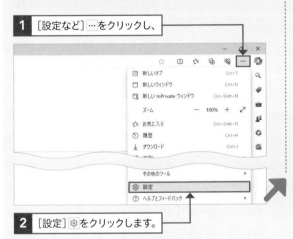

2 [設定] ⚙ をクリックします。

3 [サイドバー]をクリックして、

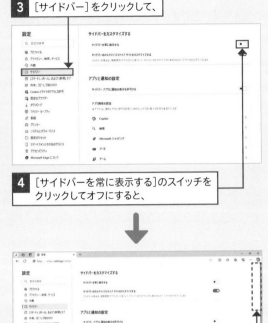

4 [サイドバーを常に表示する]のスイッチをクリックしてオフにすると、

5 サイドバーが非表示になります。

Q 201 Edge以外のブラウザーもあるの?

A Google ChromeやFirefoxといったブラウザーがあります

ブラウザーは、Edgeのほかにも多くの種類があります。Windows 11に対応している主なブラウザーとしては、Google のGoogle Chrome、MozillaのFirefoxなどがあり、それぞれWebサイトから無料でダウンロードして利用することができます。

名　称	URL
Google Chrome	https://www.google.co.jp/chrome/
Firefox	https://www.mozilla.org/ja/firefox/new

● Google Chrome

● Firefox

基本
デスクトップ
キーボード・文字入力
インターネット
メール・連絡先
セキュリティ
アカウント
写真・音楽・検索
OneDrive・スマホ
印刷・周辺機器
アプリ
インストール・設定

Q 202 URLによく使われる文字の入力方法を知りたい!

A 入力モードを[半角英数字]にして入力します

WebページのURLを入力する際は、入力モードを[半角英数字]にします。URLには、英数字のほかに、「:」や「/」「.」「~」「_」などの記号が多く使われています。「:」「/」「.」は、キーボードのキーをそのまま押せば入力できますが、「~」「_」は、Shift を押しながらそれぞれの記号キーを押す必要があります。

参照 ▶ Q 173

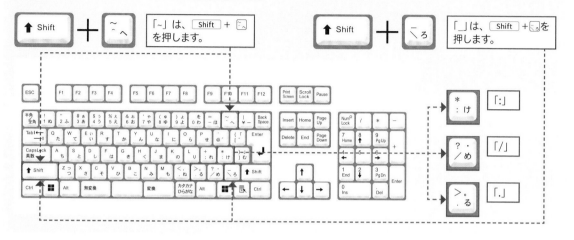

Q 203 アドレスを入力してWebページを開きたい!

A アドレスバーにURLを入力します

Webページを表示するには、アドレスバーにURLを入力して Enter を押します。なお、アドレスバーにURLを数文字入力すると、過去に表示したWebページの中から入力に一致するものが表示されます。目的のWebページが表示された場合は、そのURLをクリックすると、すべて入力する手間が省けます。

1 アドレスバーをクリックして、

入力中のURLと一致するWebページの候補や履歴が表示されます。

2 目的のWebページのURLを入力し、

3 Enter を押すと、

4 Webページが表示されます。

Q 204 直前に見ていた Webページに戻りたい!

A [戻る]をクリックします

直前に閲覧していたWebページに戻りたい場合は、[戻る]←をクリックします。続けて[戻る]←をクリックすると、その直前に閲覧していたWebページが次々と表示されていきます。

1 [戻る]←をクリックすると、

2 直前に表示していたWebページに戻ります。

さらに[戻る]←をクリックして、もう1つ前のWebページに戻ることもできます。

Q 205 いくつか前に見ていた Webページに戻りたい!

A 一覧を表示して戻りたい Webページをクリックします

Edgeでは、[戻る]←を右クリックすると過去に表示したWebページの一覧が表示され、クリックするとそのWebページが表示されます。いくつか前に見ていたWebページに直接戻りたいときは、この方法を使うと素早く表示できます。

1 [戻る]←を右クリックして、

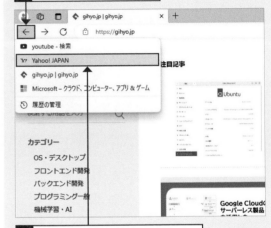

2 目的のWebページをクリックすると、

3 指定したWebページに戻れます。

Q 206 ページを戻りすぎてしまった!

A [進む]をクリックします

[戻る]←をクリックして過去に表示したWebページに戻ると、[進む]→がクリックできるようになります。この状態では[戻る]←が履歴を古い方向へ戻るボタンとして、[進む]→が履歴を新しい方向へ進むボタンとして働きます。

[戻る]←をクリックする前のWebページに戻りたい場合は、目的のWebページが表示されるまで[進む]→をクリックしましょう。

1 [進む]→をクリックすると、

2 次に見ていたWebページが表示されます。

Q 208 ページの情報を最新にしたい!

A [更新]をクリックします

Webページの情報を最新のものにしたい場合は、[更新]cをクリックします。[更新]cは、常に情報が新しくなっていくニュースサイトなどのWebページを表

Q 207 [進む][戻る]が使えない!

A 別のページを表示すると利用できるようになります

Edgeは、直近に表示したWebページの閲覧履歴が記憶され、[戻る]←や[進む]→をクリックすることで、閲覧した前後のWebページに移動することができます。ただし、起動した直後や、Webページの移動がない場合、別のタブでWebページを表示していた場合には、[戻る]←や[進む]→は利用できません。

> Edgeを起動した直後は、[戻る]←や[進む]→は利用できません。

1 別のページを表示すると、[戻る]←が使えるようになります。

2 [戻る]←をクリックして、

3 直前のページに戻ると、[進む]→が使えるようになります。

示しているときや、何らかの理由でWebページの読み込みが正しく完了しなかったときに有効です。

1 [更新]cをクリックすると、

2 Webページの情報が最新のものに置き換わります。

Q 209 不適切なページを表示させないようにしたい!

A ファミリーセーフティを利用しましょう

小学校でプログラミング教育が必修となったこともあり、子どもがパソコンを使う機会が増えました。しかし、必ずしも大人の目が届く範囲で使用するとは限らないため、子どもがインターネットを利用する際に検索結果や広告から不適切なWebサイトを開いてしまうことがあるかもしれません。有害なWebサイトへのアクセスを防ぐには、「ファミリーセーフティ」を利用しましょう。

ファミリーセーフティは、子どもがパソコンを利用する時間や、Webページのアクセス先などを制限できる機能です。この機能を利用するには、子どものアカウントを家族のアカウントとして紐付ける必要があります。320ページを参考にして、アカウントを追加しておきましょう。

参照 ▶ Q 552

● 不適切な Web サイトをブロックする

1 [設定など] … → [設定]をクリックし、

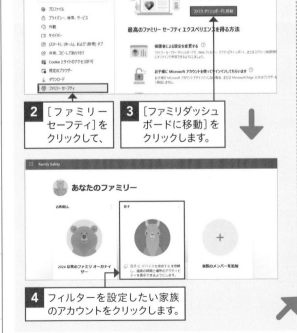

2 [ファミリーセーフティ]をクリックして、

3 [ファミリダッシュボードに移動]をクリックします。

4 フィルターを設定したい家族のアカウントをクリックします。

5 [Edge]をクリックし、

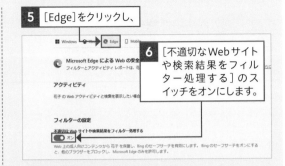

6 [不適切な Web サイトや検索結果をフィルター処理する] のスイッチをオンにします。

● アクセスできる Web サイトを指定する

1 [不適切な Web サイトや検索結果をフィルター処理する]のスイッチがオンの状態で、

2 [許可された Web サイトのみを使用]のスイッチをオンにして、

3 [許可されたサイト]の[Web サイトを追加する]をクリックします。

[教育機関向けWebサイトの閲覧もオンラインでより安全に利用できます]と表示されたら、[後で]または[教育的Webサイトを常に許可する]をクリックします。

4 アクセスを許可するWebサイトのURLを入力し、

許可されたサイト

https://gihyo.jp/

5 ＋をクリックすると、

6 [許可されたサイト]にWebサイトが追加され、このWebサイトにアクセスできるようになります。

Q 210 最初に表示されるWebページを変更したい！

A [設定]を利用します

ブラウザーの起動時にまず表示されるWebページを指定することができます。[設定]から最初に表示したいWebページを指定します。

1 [設定など] … をクリックし、

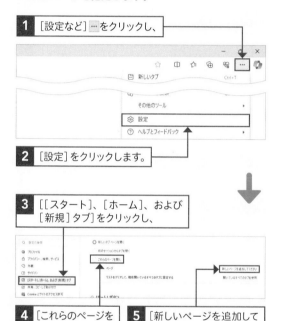

2 [設定]をクリックします。

3 [[スタート]、[ホーム]、および[新規]タブ]をクリックし、

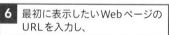

4 [これらのページを開く]をクリックして、

5 [新しいページを追加してください]をクリックします。

6 最初に表示したいWebページのURLを入力し、

7 [追加]をクリックします。

8 手順**6**で入力したWebページが追加され、ブラウザーの起動時に表示されるようになります。

Q 211 タブってどんな機能なの？

A 複数のWebページを切り替えて表示する機能です

「タブ」とは、1つのウィンドウ内に複数のWebページを同時に開いておける機能です。それぞれのタブをクリックすることで、表示するWebページを切り替えて閲覧することができます。

● タブの表示

表示中のWebページのタブは、明るい色で表示されます。

表示していないWebページのタブは、暗い色で表示されます。

● 多数のタブを表示する

タブを多数開いて1つあたりの幅が狭くなると、Webページのタイトルは省略されていきます。

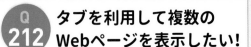

Q 212 タブを利用して複数の Webページを表示したい!

A [新しいタブ]を利用します

タブを利用して複数のWebページを切り替えるには、まず、タブを追加して、追加したタブにWebページを表示します。なお、操作によって、自動でタブが追加されることがあります。

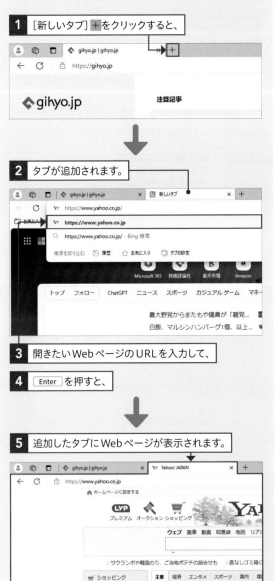

1 [新しいタブ] + をクリックすると、

2 タブが追加されます。

3 開きたいWebページのURLを入力して、

4 Enter を押すと、

5 追加したタブにWebページが表示されます。

Q 213 タブを切り替えたい!

A 表示したいタブをクリックします

タブを切り替えたいときは、表示したいタブをクリックします。また、Ctrl を押しながら Tab を押すと、右隣のタブに切り替わります。Ctrl と Shift を押しながら Tab を押すと、左隣のタブに切り替わります。

● タブを切り替える

複数のタブを開いています。

1 タブをクリックすると、

2 Webページが切り替わります。

Q214 リンク先のWebページを 新しいタブに表示したい！

A 新しいタブでリンクを開きます

Webページでリンクをクリックすると、多くの場合は、現在表示しているページがリンク先のページに置き換わります。リンク先のWebページを新しいタブに表示したい場合は、リンクを右クリック（タッチ操作の場合は長押し）して、[リンクを新しいタブで開く]をクリックします。また、Ctrl を押しながらリンクをクリックしても、リンク先を新しいタブで開くことができます。

1 開きたいリンクを右クリックして、

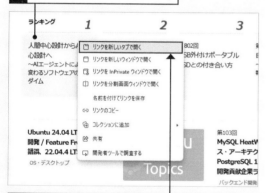

2 [リンクを新しいタブで開く]をクリックすると、

3 新しいタブでリンク先のWebページが開きます。

4 タブをクリックすると、

5 リンク先のWebページが表示されます。

Q215 タブを複製したい！

A 右クリックメニューで [タブを複製]をクリックします

今閲覧しているWebページを引き続き参照したいが、そのページ内のリンクをたどったり履歴を行き来したりもしたい、というときに役立つのがタブの複製機能です。タブを右クリックし、[タブを複製]をクリックするだけで、同じWebページのタブが作成されます。
タブを複製するとWebページ内のフォームに入力したデータもコピーされるので、応募フォームに情報を入力したあと、入力データが消えないようにタブを複製しておく、といった使い方も可能です。

1 タブを右クリックして、

2 [タブを複製]をクリックすると、

3 タブが複製されます。

Q 216 タブを並べ替えたい!

A タブをドラッグします

タブを並べ替えたいときは、タブを左右にドラッグします。タブの順番が入れ替わったところでマウスのボタンを離すと、並べ替えが確定します。
なお、タブをドラッグするとき上下方向にドラッグすると、タブが新しいウィンドウで開かれてしまうので注意しましょう。

参照 ▶ Q 218

1 タブをドラッグすると、

2 順番が入れ替わります。

Q 217 不要になったタブだけを閉じたい!

A [タブを閉じる]をクリックします

複数のタブを開いていて、不要になったタブだけを閉じたいときは、タブに表示されている[タブを閉じる]×をクリックします。閉じたタブより右にもタブが開かれていた場合は、タブは左に詰めて表示されます。

1 [タブを閉じる] × をクリックすると、

2 タブが閉じます。

Q 218 タブを新しいウィンドウで表示したい!

A ドラッグや右クリックメニューで表示できます

Edgeで表示中のタブは、新しいウィンドウで表示させることが可能です。目的のタブをウィンドウの外へとドラッグすると、新しいウィンドウが開いてそこにタブが表示されます。また、タブの右クリックメニューから[タブを新しいウィンドウに移動]をクリックして表示させることもできます。

1 タブをウィンドウの外へドラッグすると、

2 新しいウィンドウとして表示されます。

Q 219 タブを間違えて閉じてしまった！

A ［閉じたタブを再度開く］を利用しましょう

タブを間違えて閉じてしまったときは、開いているタブを右クリックし、メニューから［閉じたタブを再度開く］をクリックすると、同じWebページをもう一度開くことができます。ただし、タブを閉じた直後でないと［閉じたタブを再度開く］で同じWebページを開くことはできません。

1 開いているタブを右クリックして、

2 ［閉じたタブを再度開く］をクリックすると、

3 閉じたタブが再び開きます。

Q 220 タブが消えないようにしたい！

A ［タブのピン留め］を利用しましょう

タブが消えないようにするには、消えないようにしたいタブを右クリックし、［タブのピン留め］をクリックします。タブ一覧の左にタブが固定され、Edgeを閉じて再度開いても、そのタブが再表示されているようになります。

ピン留めを解除するには、タブを右クリックして［タブのピン留めを外す］をクリックします。

1 消えないようにしたいタブを右クリックして、

2 ［タブのピン留め］をクリックすると、

3 タブがピン留めされ、消えないようになります。

インターネット

基本
デスクトップ
キーボード・文字入力
インターネット
メール・連絡先
セキュリティ
AI・アシスタント
写真・動画・音楽
OneDrive・スマホ
印刷・周辺機器
アプリ
インストール・設定

ブラウザーの操作　　　重要度 ★★★

Q221 新しいタブに表示するサイトをカスタマイズしたい！

A トップサイトを追加しましょう

Edgeでは、新しいタブを開いたときにいくつかのWebページがトップサイトとして表示され、すぐにそれらのWebページに移動できるようになっています。トップサイトとして表示するWebページは下記の手順で追加することができます。

1 ［新しいタブ］＋をクリックして新しいタブを開き、

トップサイトが7つ登録されている場合は、不要なサイトにマウスポインターを合わせて［…］をクリックし、［削除］をクリックします。

2 ［サイトの追加］＋をクリックします。

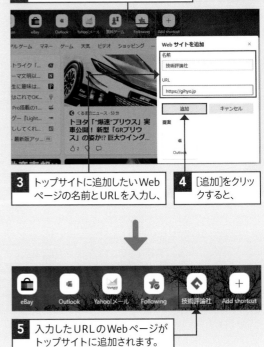

3 トップサイトに追加したいWebページの名前とURLを入力し、

4 ［追加］をクリックすると、

5 入力したURLのWebページがトップサイトに追加されます。

ブラウザーの操作　　　重要度 ★★★

Q222 ファイルをダウンロードしたい！

A リンクをクリックしてダウンロードします

インターネット上のファイルをダウンロードするには、ブラウザーで目的のWebページを表示したあと、ダウンロード用のリンクをクリックします。
リンクをクリックすると、画面上部に［ダウンロード］が表示されて、自動的にダウンロードが開始されます。

1 ダウンロード用リンクをクリックすると、

大切なものを守るブラウザーを

怪しいプライバシーポリシーや広告業者用のバックドアはありません。あなたの個人情報を売却しない高速ブラウザーです。

Firefox をダウンロード

Firefox プライバシーに関する通知
ダウンロードオプションと多言語
Firefox ブラウザー サポート

2 ［ダウンロード］が表示されて、ダウンロードが始まります。

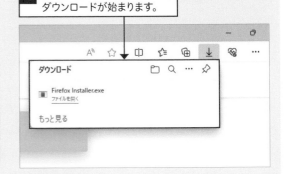

Q 223 Webページにある画像をダウンロードしたい！

A 画像を右クリックして、メニューから保存します

Webページに表示されている画像をダウンロードするには、画像を右クリックして、[名前を付けて画像を保存]をクリックします。

なお、インターネット上で公開されている画像は通常、著作権法で保護されています。利用する際は、十分注意しましょう。

1 保存したい画像を表示して右クリックし、

2 [名前を付けて画像を保存]をクリックします。

3 保存先を指定して、

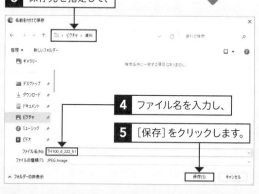

4 ファイル名を入力し、

5 [保存]をクリックします。

6 保存場所を表示すると、画像を確認できます。

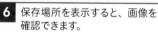

Q 224 ダウンロードしたファイルをすぐに開きたい！

A ダウンロードが完了したら[ファイルを開く]をクリックします

ダウンロードしたファイルをすぐに開きたい場合は、[ダウンロード]の[ファイルを開く]をクリックします。対応するアプリが起動して、ファイルを開くことができます。

参照 ▶ Q 578

ダウンロードが完了したら、[ファイルを開く]をクリックします。

Q 225 ダウンロードしたファイルはどこに保存されるの？

A [ダウンロード]フォルダーに保存されます

[名前を付けて保存]を使わずにダウンロードしたファイルやプログラムは、[ダウンロード]フォルダーに保存されます。タスクバーかスタートメニューの[エクスプローラー] をクリックして、[ナビゲーションウィンドウ]の[PC]→[ダウンロード]をクリックしましょう。なお、どこに保存したかわからなくなったファイルは、下の手順でダウンロードの一覧から表示できます。

参照 ▶ Q 094

1 [設定など] ⋯ をクリックしてメニューを表示し、[ダウンロード]を右クリックして[ダウンロード]ページを開く]をクリックします。

2 [フォルダーに表示]をクリックすると、ファイルを保存したフォルダーが表示されます。

Q 226 Webページをスタート メニューに追加したい!

A スタート画面にピン留めします

Webページをスタートメニューにタイルとして追加
しておくと、タイルをクリックしてWebページに直接
アクセスすることができます。
目的のWebページをEdgeで表示しておき、[設定など]
… をクリックして、[その他のツール]→[スタート画面
にピン留めする]をクリックします。
ピン留めを解除するには、スタートメニューのタイル
を右クリックして、[スタートからピン留めを外す]を
クリックします。

1 [設定など] … をクリックして、

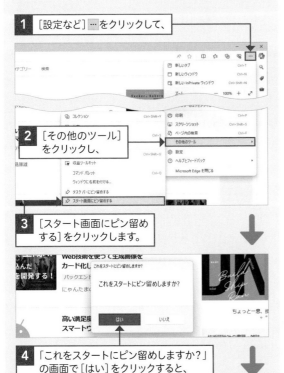

2 [その他のツール] をクリックし、

3 [スタート画面にピン留め する]をクリックします。

4 「これをスタートにピン留めしますか?」 の画面で[はい]をクリックすると、

5 Webページがスタートメニューにピン留めされます。

Q 227 Webページをタスクバー に追加したい!

A タスクバーにピン留めします

Webページはスタートメニューのタイルとしてだけ
でなく、タスクバーのアイコンとして追加すること
もできます。スタートメニューに追加する場合に比べ
て、タスクバーのアイコンをクリックするだけでその
Webページを表示できて便利です。
目的のWebページをEdgeで表示しておき、[設定など]
… をクリックして、[その他のツール]→[タスクバーに
ピン留めする]をクリックします。
ピン留めを解除するには、タスクバーのアイコンを右
クリックして、[タスクバーからピン留めを外す]をク
リックします。

1 [設定など] … をクリックして、

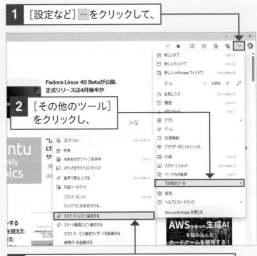

2 [その他のツール] をクリックし、

3 [タスクバーにピン留めする]をクリックします。

4 Webページがタスクバーにピン留めされます。

サイドタブ（縦書き）: 基本／デスクトップ／キーボード・文字入力／インターネット／メール・連絡先／セキュリティ／AI・アシスタント／写真・動画・音楽／OneDrive・スマホ／印刷・周辺機器／アプリ／インストール・設定

Q228 Webページを お気に入りに登録したい！

A 「お気に入り」機能を利用します

「お気に入り」とは、よく見るWebページを登録しておく場所のことです。Webページをお気に入りに登録しておくと、目的のWebページをすぐに表示することができます。

1 お気に入りに登録したいWebページを表示して、

2 [このページをお気に入りに追加] ☆ をクリックします。

3 登録する名前を必要に応じて編集し、

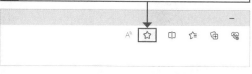

4 [完了]をクリックすると、

5 Webページが[お気に入り]に登録されます。

Q229 お気に入りに登録した Webページを開きたい！

A ツールバーの [お気に入り]から表示します

お気に入りに登録したWebページは、ツールバーの[お気に入り] ☆ から開くことができます。通常は、表示中のWebページがお気に入りのWebページに置き換えられますが、以下のように操作することで、新しいタブにお気に入りのWebページを表示できます。

1 [お気に入り] ☆ をクリックして、

2 目的の Web ページ を右クリックし、

3 [新しいタブで開く] をクリックすると、

4 お気に入りに登録した Web ページが 新しいタブに表示されます。

Q230 お気に入りを整理するには？

A ドラッグして並べ替えます

お気に入りを整理するには、対象のお気に入りを目的の場所までドラッグして並べ替えます。

お気に入りが増えてくると、目的のWebページのお気に入りを探すのに時間がかかるようになってしまいます。よく使うお気に入りは、すぐ目に付きクリックしやすいリストの最上部に並べておきましょう。

1 ［お気に入り］ をクリックして、

2 並べ替えたいものをドラッグし、

3 目的の位置でマウスのボタンを離すと、

4 お気に入りを並べ替えられます。

Q231 フォルダーを使ってお気に入りを整理したい！

A ［フォルダーの追加］を実行します

お気に入りを整理するときは、ジャンル別のフォルダーを作成しておくと便利です。お気に入りでフォルダーを作成するには、お気に入りを表示して［フォルダーの追加］ をクリックします。

1 ［お気に入り］ をクリックして、

2 ［フォルダーの追加］ をクリックします。

3 フォルダー名を入力して Enter を押し、フォルダーを作成します。

4 お気に入りをフォルダーへドラッグすると、格納されます。

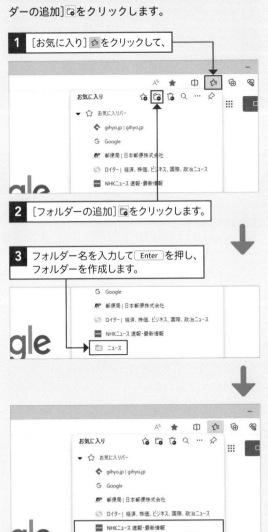

Q 232 お気に入りの項目名を変更したい！

A 右クリックメニューから編集します

お気に入りの項目名は、[お気に入り]画面で名前を変更したいお気に入りを右クリックし、[名前の変更]をクリックすると変更できます。Webページによっては長すぎる項目名が付いているので、短くWebページの内容がわかりやすいものに変更しておくとよいでしょう。

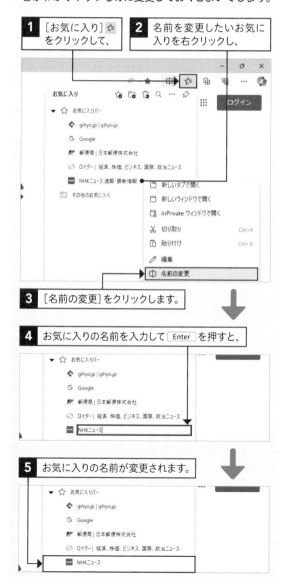

1 [お気に入り] をクリックして、

2 名前を変更したいお気に入りを右クリックし、

3 [名前の変更]をクリックします。

4 お気に入りの名前を入力して Enter を押すと、

5 お気に入りの名前が変更されます。

Q 233 お気に入りを削除したい！

A メニューの[削除]から削除できます

登録したお気に入りを削除するには、まずツールバーの[お気に入り] をクリックします。削除したいWebページ名もしくはフォルダーにマウスポインターを合わせ、右クリックをしてメニューを開きます。表示されたメニューの中の[削除]をクリックすると、項目が削除されます。

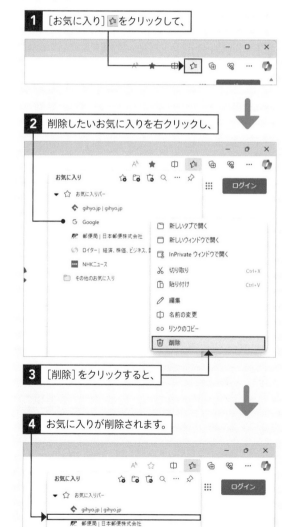

1 [お気に入り] をクリックして、

2 削除したいお気に入りを右クリックし、

3 [削除]をクリックすると、

4 お気に入りが削除されます。

基本

テキスト・デスクトップ

キーボード・文字入力

インターネット

メール・連絡先

セキュリティ

AI・アシスタント

写真・動画・音楽

OneDrive・スマホ

印刷・周辺機器

アプリ

インストール・設定

基本
デスクトップ
キーボード・文字入力
インターネット
メール・連絡先
セキュリティ
AI・アシスタント
写真・動画・音楽
OneDrive・スマホ
印刷・周辺機器
アプリ
インストール・設定

📈 ブラウザーの便利な機能　　重要度 ★ ★ ★

Q234 ほかのブラウザーから お気に入りを取り込める？

A ブラウザーデータのインポートから 取り込むことができます

Edgeには、ほかのブラウザーのお気に入りを取り込む「ブラウザーデータのインポート」機能があります。Google Chromeなどで登録したお気に入りをEdgeでも使いたい場合に利用するとよいでしょう。

1 [設定など] … をクリックして、

2 [設定] をクリックします。

3 [プロファイル] をクリックして、

4 [ブラウザーデータのインポート] をクリックし、

5 インポートするブラウザーの[インポート]をクリックします。

6 [お気に入りまたはブックマーク]をクリックし、

7 [インポート]をクリックします。

8 [すべて完了しました！]と表示されたら[完了]をクリックします。

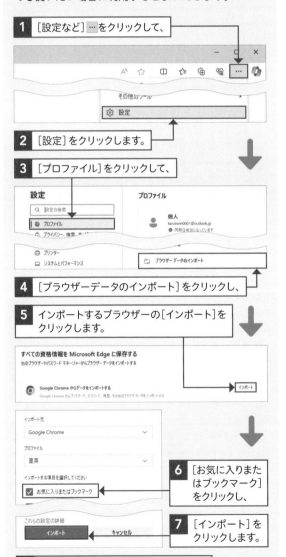

📝 ブラウザーの便利な機能　　重要度 ★ ★ ★

Q235 お気に入りバーって何？

A お気に入りを並べて表示できる スペースです

お気に入りバーは、Edgeの画面の上部に表示される、お気に入り専用のスペースです。お気に入りバーに表示されたお気に入りは、クリックしてすぐに開けるので、よく利用するWebページを登録しておくとよいでしょう。
お気に入りバーのお気に入りの右クリックメニューを使うと、新しいタブにWebページを表示させることもできます。

● お気に入りバーからお気に入りを開く

1 お気に入りバーのお気に入りをクリックすると、

2 Webページが表示されます。

● お気に入りバーから新しいタブでお気に入りを開く

1 お気に入りバーのお気に入りを右クリックして、

2 [新しいタブで開く]をクリックします。

Q 236 お気に入りバーを表示したい!

A 常に表示させる設定に変更しましょう

お気に入りバーは、標準では [新しいタブ]を開いたときだけ表示されます。よく使うWebページが多数あるなら、常時お気に入りバーが表示される設定に変更しておくとよいでしょう。

表示設定は、お気に入りバーの右クリックメニューまたは [設定など]…→[お気に入り]から変更できます。

1 [新しいタブ] + をクリックして、

2 お気に入りバーを右クリックし、

3 [お気に入りバーの表示]にマウスポインターを合わせて、[常に]をクリックすると、

4 ほかのWebページを開いたあとでも、お気に入りバーが表示されるようになります。

Q 237 Webページをお気に入りバーに直接登録したい!

A Webページをお気に入りバーにドラッグします

お気に入りバーには、通常の手順でお気に入りを登録することもできますが、直接Webページをドラッグして登録することもできます。この方法なら、閲覧中のWebページを素早くお気に入りバーの好きな位置に登録できて便利です。

1 Webページの先頭のアイコンをお気に入りバーへドラッグして、

2 登録したい位置でマウスのボタンを離すと、

3 お気に入りバーにWebページが登録されます。

Q 238 お気に入りバーを整理したい！

A フォルダーを作成してお気に入りをドラッグします

お気に入りバーに一度に表示できるお気に入りの数には限りがあります。なるべく多くのお気に入りを素早く開けるように、同じようなWebページをまとめるフォルダーを作成しておきましょう。作成したフォルダーにお気に入りを移動させたいときは、ドラッグで操作します。

また、よく使うWebページはアイコンのみを表示させておけば、使用するスペースが少なくて済みます。

● お気に入りバーにフォルダーを作成する

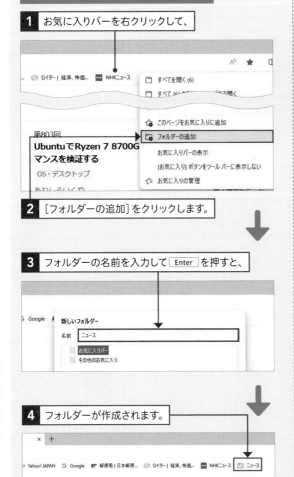

1 お気に入りバーを右クリックして、

2 [フォルダーの追加] をクリックします。

3 フォルダーの名前を入力して Enter を押すと、

4 フォルダーが作成されます。

● お気に入りをフォルダーに移動する

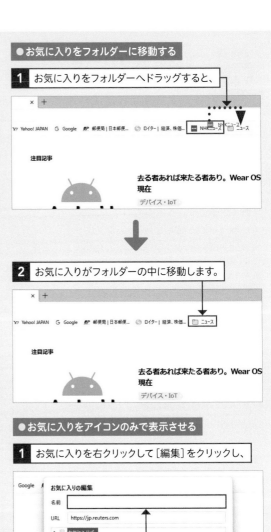

1 お気に入りをフォルダーへドラッグすると、

2 お気に入りがフォルダーの中に移動します。

● お気に入りをアイコンのみで表示させる

1 お気に入りを右クリックして [編集] をクリックし、

2 名前を削除して Enter を押すと、

3 お気に入りがアイコンのみで表示されます。

Q 239 コレクションって何？

A Webページのリンクや画像、文章などを保存できる機能です

「コレクション」はWebページのリンクや画像、テキストなどを保存できる機能です。お気に入りと似ていますが、写真や文章など、Webページの一部分を保存してあとから閲覧できるのがコレクションの特徴です。気になった情報を集めたり、あとで読みたい記事をまとめて保存しておいたりなど、さまざまな使い方ができます。

1 ［コレクション］🔳をクリックします。

2 ［新しいコレクションを作成］をクリックします。

3 コレクションの名前を入力し、

4 ［保存］をクリックします。

5 新しくコレクションが作成されます。

Q 240 Webページをコレクションに追加したい！

A ［現在のページを追加］をクリックします

Webページをコレクションに追加するには、［コレクション］🔳をクリックし、［現在のページを追加］をクリックします。よくアクセスするWebサイトはお気に入りに保存し、初めてアクセスしてあとから続きを見たいWebサイトはコレクションに保存するなど、お気に入りとは用途を使い分けるとよいでしょう。

1 コレクションに追加したいWebページを開き、

2 ［コレクション］🔳をクリックして、

3 Webページを追加したいコレクションをクリックします。

4 ［現在のページを追加］をクリックします。

5 開いているWebページがコレクションに追加されます。

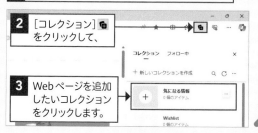

基本

デスクトップ

キーボード・文字入力

インターネット

メール・連絡先

セキュリティ

AIアシスタント

写真・動画・音楽

OneDrive・スマホ

印刷・周辺機器

アプリ

インストール・設定

Q 241 Webページの画像やテキストをコレクションに追加したい！

A [コレクションに追加]をクリックします

コレクションにはWebページだけでなく、Webページの画像やテキストも追加できます。なお、コレクションに追加した画像やテキストをクリックすると、その画像やテキストのあるWebページにアクセスできるため、あとで元のWebページを確認したいときにも便利です。

●画像をコレクションに追加する

1 画像を右クリックし、

2 [コレクションに追加]にマウスポインターを合わせて、

3 [（コレクション名）]をクリックすると、

4 画像がコレクションに追加されます。

5 [コレクション] → [（コレクション名）]をクリックすると、追加した画像を確認できます。

●テキストをコレクションに追加する

1 テキストをドラッグして選択し、右クリックします。

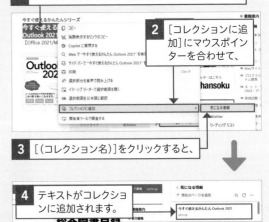

2 [コレクションに追加]にマウスポインターを合わせて、

3 [（コレクション名）]をクリックすると、

4 テキストがコレクションに追加されます。

5 [コレクション] → [（コレクション名）]をクリックすると、追加したテキストを確認できます。

Q 242 コレクションの名前を変更したい！

A [その他のオプションメニュー]から変更します

コレクションの名前は、コレクションの一覧画面で、コレクション名の横にある [その他のオプションメニュー] から変更できます。

1 [コレクション] をクリックし、

2 [その他のオプションメニュー] をクリックして、

3 [名前の変更]→[保存]をクリックします。

Q 243 コレクションを削除したい！

A [コレクションの削除]をクリックします

不要なコレクションは削除できます。[コレクションの削除]をクリックしたあとに [本当によろしいですか]と表示されたら、[削除]をクリックします。

1 [コレクション] をクリックし、

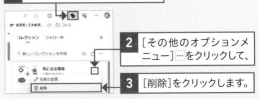

2 [その他のオプションメニュー] をクリックして、

3 [削除]をクリックします。

Q 244 過去に見たWebページを 表示したり探したりしたい!

A [履歴]を利用します

過去に閲覧したWebページは、Edgeの履歴から簡単に再表示できます。表示するには、[設定など]…をクリックして、[履歴]をクリックします。履歴は[最近][昨日][先週]など、時系列で整列されており、表示したいWebページをクリックすると、そのWebページが表示されます。

1 [設定など]…をクリックして、

2 [履歴]をクリックします。

3 目的のWebページをクリックすると、

4 手順 **3** でクリックしたWebページが表示されます。

Q 245 Webページの履歴を 見られたくない!

A 履歴を消去します

Edge を使い終わったあと履歴を見られたくない場合は、履歴を消去してしまいましょう。
履歴はメニューからまとめて消去することも、個別に消去することもできます。

●履歴をまとめて消去する

1 [設定など]…をクリックして、

2 [履歴]をクリックします。

3 [閲覧データをクリア] をクリックします。

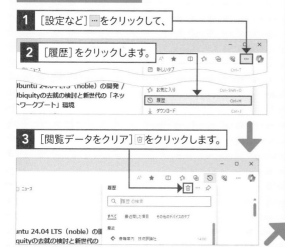

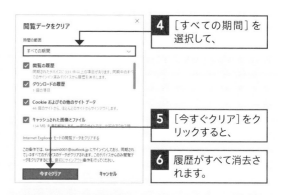

4 [すべての期間]を選択して、

5 [今すぐクリア]をクリックすると、

6 履歴がすべて消去されます。

●履歴を個別に消去する

1 [設定など]…をクリックして、

2 [履歴]をクリックします。

3 見られたくない履歴の[削除]✕をクリックします。

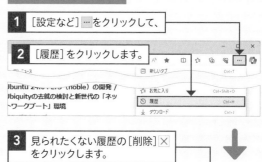

Q 246 履歴を自動で消去できないの？

A 自動消去するデータで履歴を指定できます

Edgeを使い終わったとき、履歴を常に消去したい場合は、[設定]の[ブラウザーを閉じるたびにクリアするデータを選択する]を利用しましょう。ここで[閲覧の履歴]をオンにしておけば、Edgeのウィンドウを閉じるたびに履歴が自動的に消去されます。

1 [設定など] … をクリックして、

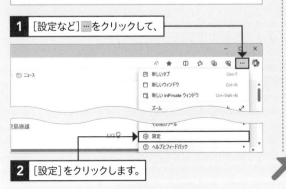

2 [設定]をクリックします。

3 [プライバシー、検索、サービス]をクリックして、

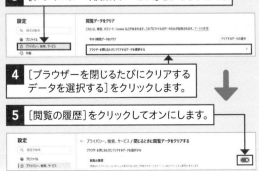

4 [ブラウザーを閉じるたびにクリアするデータを選択する]をクリックします。

5 [閲覧の履歴]をクリックしてオンにします。

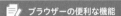
Q 247 「パスワードを保存しますか？」って何？

A ブラウザーにパスワードを保存します

Edgeには、一度入力したパスワードを保存し、次回から自動で入力してくれる機能があります。パスワードを保存するときには、「パスワードを保存しますか？」というダイアログが表示されます。

●パスワードを保存する

1 Webページでパスワードを入力後、以下のように表示されたら、

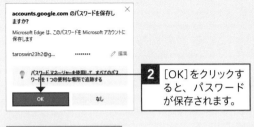

2 [OK]をクリックすると、パスワードが保存されます。

●パスワードを管理する

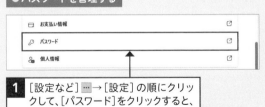

1 [設定など] … →[設定]の順にクリックして、[パスワード]をクリックすると、

2 保存したパスワードの一覧が表示されます。

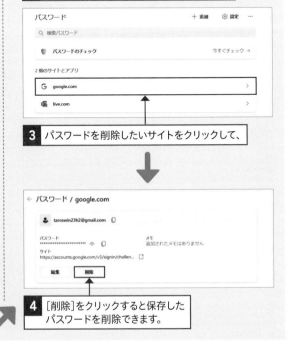

3 パスワードを削除したいサイトをクリックして、

4 [削除]をクリックすると保存したパスワードを削除できます。

Q248 Webページを大きく表示したい!

A Webページの表示倍率を変更します

Webページの表示倍率は変更できます。表示倍率を変更すると、ページ全体が拡大／縮小され、文字の大きさも変わります。この設定は、以降表示するすべてのWebページに反映されます。また、Edgeを終了しても表示倍率の設定は保存されます。

ここで解説した方法のほかに、Ctrlを押しながらマウスのホイールを回転することでも表示倍率を変更できます。タッチ操作では、ピンチイン／アウトでも表示倍率を変更できます。

1 [設定など] … をクリックして、

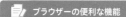

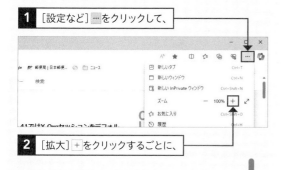

2 [拡大] + をクリックするごとに、

3 Webページが段階的に拡大表示されます。

4 [縮小] − をクリックするごとに、

5 Webページが段階的に縮小表示されます。

Q249 フルスクリーンに切り替えてWebページを広く表示したい!

A F11 を押してみましょう

Webページをもっと広く表示したい場合は、Edgeのフルスクリーン機能を利用します。フルスクリーンとは、画面上部のアドレスバーやタイトルバー、画面下部のタスクバーを非表示にして、Webページを全画面表示にする機能です。フルスクリーンに切り替えるには、EdgeでWebページを表示中にF11を押します。元の表示に戻すには、再度F11を押すか、マウスポインターを画面の最上部に移動すると右上に表示される[全画面表示の終了] をクリックします。

Q250 Webページを一部分だけ拡大したい!

A 拡大鏡で見たい部分だけを拡大します

Webページの一部分だけを拡大して閲覧したいときは、拡大鏡を利用します。

1 [スタート] → [設定] をクリックし、

2 [アクセシビリティ]→[拡大鏡]をクリックして、

3 [ビュー]で[レンズ]を選択し、

4 [拡大鏡]をオンにすると、

5 画面の一部分を拡大できます。

Q 251 Webページを印刷したい！

A [印刷]ダイアログボックスから実行します

Webページを印刷するには、[印刷]ダイアログボックスを表示し、[印刷]をクリックします。

参照 ▶ Q 444

1 印刷したいWebページを表示して、[設定など] … をクリックし、

2 [印刷]をクリックします。

3 使用するプリンターをクリックして、

4 部数や印刷の向きなどを設定し、

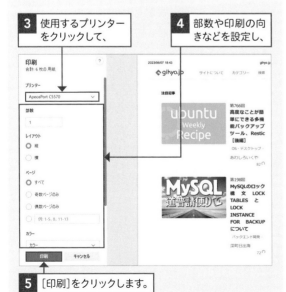

5 [印刷]をクリックします。

Q 252 ワークスペースって何？

A タブや履歴、お気に入りなどをタスクごとに管理できる機能です

ワークスペースとは、ブラウザーのタブや履歴、お気に入りなどをタスクごとに管理できる機能です。たとえば、「日常業務」というワークスペースを作成し、「メール」「カレンダー」「ToDo表」などのタブを集約しておくと、ワークスペースを開くだけでいつでもそれらにアクセスできるようになります。ほかにも、「家族用」「通販用」などそれぞれの用途に合わせたワークスペースを作成してみるとよいでしょう。

ワークスペースは、ほかのユーザーを招待することも可能です。招待されたユーザーは、ワークスペースに集約されたウェブページや資料に簡単にアクセスできるようになります。また、ワークスペース上での操作はメンバーにリアルタイムで共有されるため、共同作業時にはとても便利な機能です。たとえば、メンバーが開いているタブにユーザーアイコンが表示されたり、編集した資料画面もすぐに確認できたりします。

● ワークスペース「日常業務」

● ワークスペース「通販」

Q 253 ワークスペースを使いたい！

A ワークスペースタブから新規作成して利用しましょう

ワークスペースは、Edgeの左上の◎をクリックすると作成できます。用途に合わせて色や名前を設定しましょう。また、ほかのユーザーと共同作業を行いたい場合は、作成したワークスペースにメンバーを招待しましょう。

● ワークスペースを作成する

1 ワークスペース◎をクリックし、

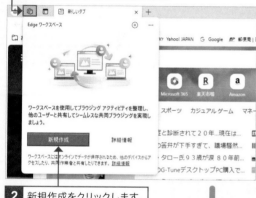

2 新規作成をクリックします。

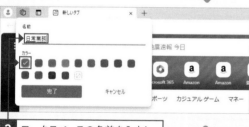

3 ワークスペースの名前を入力し、カラーを設定すると、

4 ワークスペースが作成されます。

5 タブを追加しほかのWebページ（ここでは「Outlook」）を開きます。

次回ワークスペースを開いたときにも、タブは開いた状態で表示されます。

● ワークスペースにメンバーを招待する

1 招待をクリックし、

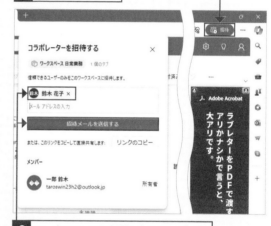

2 ワークスペースに招待したいユーザーのメールアドレスを入力し「招待メールを送信する」をクリックします。

3 招待されたユーザーがワークスペースに参加すると、開いているタブの右側にアイコンが表示されます

Q 254 Edgeに便利な機能を追加したい!

A 拡張機能を追加しましょう

Edgeでは、もともと備わっている機能のほかに、「拡張機能」を追加することができます。Edgeの拡張機能は企業や有志のユーザーによって作られており、Edgeをより便利に使いやすくする機能が揃っています。Edgeの使い方に慣れてきたら、拡張機能を探して気になったものを追加してみましょう。

拡張機能を追加するには、[設定など] … →[拡張機能]をクリックし、[Microsoft Edge Add-ons ウェブサイトを開く]をクリックしてWebページを開きます。検索ボックスやメニューから拡張機能を探してクリックし、詳細を確認したら [インストール]をクリックします。[拡張機能の追加]をクリックすると、拡張機能が追加されます。

● 拡張機能を追加する

1 [設定など] … をクリックし、

2 [拡張機能]をクリックします。

3 [Microsoft Edge Add-ons ウェブサイトを開く]をクリックします。

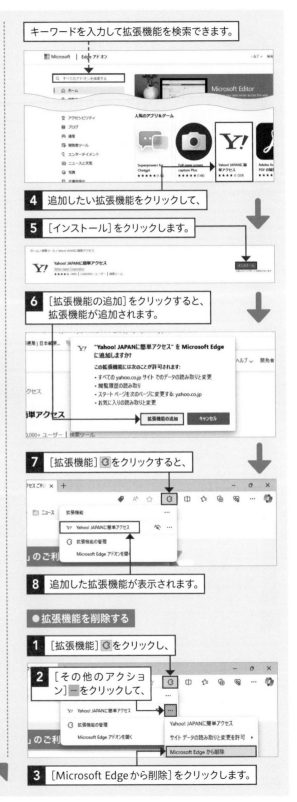

キーワードを入力して拡張機能を検索できます。

4 追加したい拡張機能をクリックして、

5 [インストール]をクリックします。

6 [拡張機能の追加]をクリックすると、拡張機能が追加されます。

7 [拡張機能] をクリックすると、

8 追加した拡張機能が表示されます。

● 拡張機能を削除する

1 [拡張機能] をクリックし、

2 [その他のアクション] … をクリックして、

3 [Microsoft Edge から削除]をクリックします。

Q 255 Webページの画像を簡単に編集したい！

A [画像の編集]から編集できます

Webページの画像は、Edgeで編集してからダウンロードすることができます。Webページの画像を右クリックして[画像の編集]をクリックすると、画像の編集画面が表示され、画像のトリミングや調整のほか、フィルターの追加や手書きの編集が行えます。編集した画像を保存するには、[保存]をクリックし、[保存]をクリックします。保存した画像は、[ダウンロード]フォルダーに保存されます。

● 画像の編集画面を表示する

1 編集したい画像を右クリックし、

2 [画像の編集]をクリックすると、画像の編集画面が表示されます。

● 画像をトリミングする

1 [トリミング]をクリックし、

2 ドラッグしてトリミングの位置を調整します。

● 画像の明るさを調整する

1 [調整]をクリックし、

2 左右にドラッグして明るさを調整します。

● 画像にフィルターを追加する

1 [フィルター]をクリックし、

2 追加したいフィルターをクリックすると、

3 画像にフィルターが追加されます。

● 画像に手書きで書き込む

1 [マークアップ]をクリックすると、

2 画像に手書きで書き込めます。

1回クリックすると、ペンの種類を選択できます。再びクリックすると、ペンの色や太さが変更できます。

● 編集した画像を保存する

1 [保存]をクリックし、

2 [保存]をクリックすると、画像が[ダウンロード]フォルダーに保存されます。

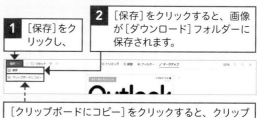

[クリップボードにコピー]をクリックすると、クリップボードにコピーされ、ほかのアプリなどに貼り付けることができます。

基本

デスクトップ

キーボード・文字入力

インターネット

メール・連絡先

セキュリティ

アシスタント

AI・写真・動画・音楽

OneDrive・スマホ

印刷・周辺機器

アプリ

インストール・設定

Q256 PDFって何？

A インターネット上で配布され、ブラウザーで閲覧可能な文書形式です

PDF（Portable Document Format）は、文書ファイル形式の一種で、その文書を作成したアプリにかかわらず、あらゆる環境で体裁を維持して表示できるため、官公庁の書類や製品マニュアルなどの多くで採用されています。PDFはインターネット上で配布されていることも多く、専用リーダーのほかEdgeをはじめとするブラウザーでも閲覧できます。

Edgeには、PDFを閲覧するだけでなく、内容を音声で読み上げたり、PDFをファイルとしてダウンロードしたりする機能が備わっています。

● PDFファイルを閲覧する

> PDFファイルは、Edgeをはじめとするブラウザーで閲覧することができます。

● EdgeでPDFを閲覧する

> PDFのリンクをクリックすると、PDFをEdgeで閲覧できます。

> 閲覧しているページ番号が表示されます。

> 表示中のPDFをパソコンに保存します。

Q257 PDFの表示サイズを変えたい！

A PDFツールバーの［拡大］［縮小］をクリックします

EdgeでPDFを表示している間は、アドレスバーの下にPDFツールバーが表示されます。PDFツールバーにはPDFを操作するためのさまざまな機能が用意されていますが、PDFの表示サイズを変えたい場合は、［拡大］や［縮小］をクリックします。［拡大］をクリックするごとにPDFの内容は拡大され、［縮小］のクリックで縮小表示になります。なお、拡大は Ctrl と ＋、縮小は Ctrl と －をそれぞれ同時に押すことでも実行できます。また、タッチスクリーンを搭載したパソコンを使っている場合は、画面上をピンチアウト（2本指を広げるように動かす）で拡大、ピンチイン（2本指を閉じるように動かす）で縮小になります。

1 PDFをEdgeで表示して、

2 PDFツールバーの［拡大］ ＋ を数回クリックすると、

3 PDFが拡大表示されます。

Q 258 PDFの表示サイズを画面に合わせたい！

A [幅に合わせる]をクリックします

PDFの表示を画面に合わせたい場合、PDFツールバーで［幅に合わせる］をクリックすると、画面の幅にぴったり合わせて表示できます。

1 ［幅に合わせる］をクリックすると、

2 PDFが画面の幅に合わせて表示されます。

［ページに合わせる］をクリックすると、PDFがブラウザーの高さに合わせて表示されます。

Q 260 Webページを検索したい！

A アドレスバーや検索エンジンを利用します

目的のWebページを検索するには、アドレスバーを利用すると便利です。アドレスバーを利用すると、表示しているWebページに関係なく、いつでも手軽に検索が行えます。

● アドレスバーを利用する

1 アドレスバーにキーワードを入力して、

2 Enter を押すと、　**3** 検索結果が表示されます。

Q 259 PDFに書き込みたい！

A PDFツールバーの［手書き］を使います

Edgeでは、PDFの閲覧だけでなく、書き込みもできます。PDFツールバーの［手書き］をクリックすると、PDFに書き込めます。書き込みを保存するには、［上書き保存］か［名前を付けて保存］をクリックします。

1 ［手書き］をクリックすると、

2 PDFに書き込めます。

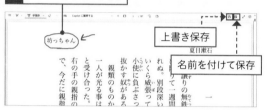

上書き保存

名前を付けて保存

● 検索エンジンを利用する

「検索エンジン」（「検索サイト」ともいいます）は、インターネット上にあるさまざまな情報を検索するためのWebサイトおよびシステムのことです。検索エンジンには、Bing、Google、Yahoo! JAPANなど、複数の種類がありますが、ここでは、Google（https://www.google.co.jp）を利用して検索してみましょう。

1 検索ボックスにキーワードを入力して、　**2** ［検索］をクリックすると、

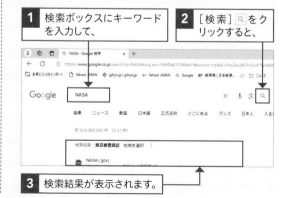

3 検索結果が表示されます。

基本

デスクトップ

キーボード・文字入力

インターネット

メール・連絡先

セキュリティ

AI アシスタント

写真・動画・音楽

OneDrive・スマホ

印刷・周辺機器

アプリ

インストール・設定

 Webページの検索と利用　　　重要度 ★ ★ ★

Q 261 検索エンジンを Googleに変更したい！

A [設定]から変更します

Edgeでは、アドレスバーにキーワードを入力すると、Webページを検索できます。このとき、初期設定では検索エンジンにBingが使われます。そのほかの検索エンジンを使いたい場合は、[設定]から変更できます。

1 [設定など] … → [設定] をクリックして、

2 [プライバシー、検索、サービス] をクリックし、

3 [アドレスバーと検索] をクリックして、

4 [Bing（推奨、規定値）] をクリックします。

5 [Google] をクリックすると、検索エンジンが変更されます。

 Webページの検索と利用　　　重要度 ★ ★ ★

Q 262 複数のキーワードで Webページを検索したい！

A キーワードをスペースで 区切って入力しましょう

検索結果が多すぎて目的のページを見つけにくい場合は、複数のキーワードを入力して検索すると、そのすべてが含まれるWebページを優先して検索するため、結果を絞り込むことができます。複数のキーワードを入力する場合は、キーワードを半角または全角のスペースで区切ります。

なお、以降Q269まではGoogleを利用しての検索を紹介していますが、ほかの検索サービスでは利用できない場合があります。

1 「観光地」だけをキーワードにすると、

2 多くの検索結果が表示され、目的の情報を見つけづらくなってしまいます。

3 スペースで区切って「関東」「テーマパーク」をキーワードに加えると、

4 検索結果が絞り込まれました。

Q 263 キーワードのいずれかを含むページを検索したい!

A キーワードの区切りに「OR」か「｜」を入力します

複数のキーワードで検索すると、通常はそのすべてを含むページが検索されます。複数のキーワードのいずれかを含むページを検索したいときは、区切りに半角大文字の「OR」を入力します。このとき、「OR」の前後には半角または全角スペースを入力します。

また、「OR」の代わりに半角の「｜」（パイプ）を入力してキーワードを区切っても、同様の結果になります。

1 「東京タワー 東京スカイツリー」で検索すると、

2 「東京タワー」と「東京スカイツリー」を含むページが検索されます。

3 「東京タワー OR 東京スカイツリー」で検索すると、

4 「東京タワー」あるいは「東京スカイツリー」を含むページが検索されます。

Q 264 特定のキーワードを除いて検索したい!

A 除外するキーワードを指定して検索します

検索によって多くのページがヒットする可能性が高い場合は、除外するキーワードを指定して検索する「マイナス検索」を利用しましょう。マイナス検索では、検索したいキーワードのあとに「‐」（半角のマイナス記号）を入力してから、検索結果から除外したいキーワードを入力します。なお、「‐」の前には半角または全角のスペースを入力しておく必要があります。

1 「ワールドカップ」で検索すると、

2 あらゆる種目のワールドカップに関するページが検索されます。

3 「ワールドカップ ‐サッカー」で検索すると、

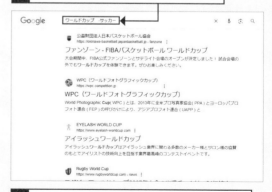

4 サッカー以外のワールドカップに関するページが検索されます。

基本

デスクトップ

キーボード・文字入力

インターネット

メール・連絡先

セキュリティ

アシスタント・AI

写真・動画・音楽

OneDrive・スマホ

印刷・周辺機器

アプリ

インストール・設定

📈 Webページの検索と利用　　　重要度 ★★★

Q265 長いキーワードが自動的に分割されてしまう!

A キーワードの前後を「"」で囲んで検索します

1 長めのキーワードで検索すると、

2 単語ごとに分解されて検索されてしまいます。

検索エンジンでは、複数の言葉で構成されたキーワードは、単語ごとに分解して検索されます。
長めのフレーズそのものを検索したい場合は、そのフレーズを「"」(ダブルクォーテーション)で囲んで検索します。このとき「"」は全角でも半角でもかまいません。このような検索方法を「完全一致検索」といいます。

3 キーワードの前後を「"」で囲んで検索すると、

4 キーワードが分解されずに検索されます。

📝 Webページの検索と利用　　　重要度 ★★★

Q266 キーワードに関する画像を検索したい!

A 検索結果で[画像]をクリックします

検索エンジンでは、キーワードに関するWebページだけでなく、画像も探すことができます。キーワードを入力して検索したあと、検索結果で[画像]をクリックすると、キーワードに関連する画像が一覧で表示されます。画像やWebページ名をクリックすると、その画像が掲載されているWebページにアクセスできます。

1 キーワードを入力して検索し、

2 検索結果で[画像]をクリックすると、

3 キーワードに関する画像が検索されます。

4 クリックすると、画像が掲載されているWebページにアクセスします。

📝 Webページの検索と利用　　　重要度 ★★★

Q267 キーワードに関する地図を検索したい!

A 検索結果で[地図]をクリックします

地名をキーワードとして検索した場合、そのキーワードに関する場所の地図を調べることもできます。検索結果で[地図]をクリックすると、キーワードに当てはまる場所の地図が表示されます。

1 キーワードを入力して検索し、

2 検索結果で[地図]をクリックすると、

3 キーワードに関する場所の地図が表示されます。

ドラッグして地図を動かせます。

マウスのホイールを回転させるか、＋や－をクリックすると、地図を拡大できます。

基本

デスクトップ

キーボード・文字入力

インターネット

メール・連絡先

セキュリティ

AI・アシスタント

写真・動画・音楽

OneDrive・スマホ

印刷・周辺機器

アプリ

インストール・設定

📝 Webページの検索と利用　　　重要度 ★★★

Q 268 言葉の意味を検索したい!

A 「とは」をキーワードの最後に追加します

言葉の意味を具体的に調べたい場合は、キーワードの最後に「とは」を追加しましょう。キーワードの意味を解説しているWebページを見つけやすくなります。

1 キーワードの最後に「とは」を付けて検索すると、

2 キーワードの意味を解説するWebページが検索されやすくなります。

📝 Webページの検索と利用　　　重要度 ★★★

Q 269 電車の乗り換えを調べたい!

A 乗換案内を利用します

Googleには、電車の路線を検索する乗換案内サービスが用意されています。電車の路線を検索するには、キーワードに「(出発駅名)から(到着駅名)」を入力するか、「乗り換え　(出発駅名)(到着駅名)」などと入力して検索すると、検索結果の上部に乗換案内へのリンクが表示されます。また、「路線検索」で検索する方法もあります。

1 キーワードに「(出発駅名)から(到着駅名)」を入力して、

2 ここをクリッククすると、

3 乗換案内の検索結果が上部に表示されます。

4 ここでは、地図をクリックすると、

5 ルートが一覧で表示されます。

地図の上にもルートが表示されます。

📈 Webページの検索と利用　　　重要度 ★★★

Q 270 「○○からのポップアップをブロックしました」と表示された!

A 意図しない広告などを非表示にしたというメッセージです

Edgeの初期設定では、ポップアップブロック機能が有効になっています。ポップアップとは、別ウィンドウで表示されるWebページのことで、意図せずに表示される広告によく使われていました。
ポップアップを検知してブロックすると、アドレスバーにアイコンが表示されます。ポップアップがサービスの利用などに必要な場合は、表示を許可しましょう。

1 アイコンをクリックして、

2 [○○からのポップアップとリダイレクトを常に許可する]をクリックし、

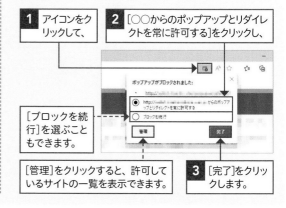

[ブロックを続行]を選ぶこともできます。

[管理]をクリックすると、許可しているサイトの一覧を表示できます。

3 [完了]をクリックします。

基本
デスクトップ
キーボード・文字入力
インターネット
メール・連絡先
セキュリティ
AI・アシスタント
写真・動画・音楽
OneDrive・スマホ
印刷・周辺機器
アプリ
インストール・設定

📈 Webページの検索と利用　　　　重要度 ★ ★ ★

Q271 Webページの動画が再生できない！

A GPUレンダリング機能をオフにしましょう

動画があるWebページをEdgeで開いても再生できない場合は、GPUレンダリング機能の設定を変更してみましょう。GPUレンダリングとは、パソコンに搭載されているGPUというハードウェアを使用して、画像や動画の処理を行うことを指します。GPUレンダリング機能は初期設定では有効になっていますが、この機能を無効にすることにより、改善することがあります。

1 [設定など] … → [設定]をクリックして、

2 [システムとパフォーマンス]をクリックします。

3 [使用可能な場合はグラフィックスアクセラレータを使用する]をクリックしてオフにします。

4 [再起動]をクリックして、Edgeを再起動します。

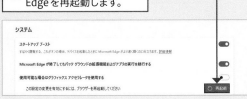

5 Edgeが再起動したら、Webページを開いて動画が再生されるか確認します。

📈 Webページの検索と利用　　　　重要度 ★ ★ ★

Q272 アドレスバーの錠前のアイコンや「証明書」って何？

A 暗号化通信を行っている証明です

アドレスバーの左端（サイト情報の表示）に表示される錠前のアイコン🔒は、暗号化通信が行われていて、クレジットカードの番号や住所といった情報を、通信相手以外に盗み見られないことを示しています。暗号化通信を行うのに必要となるのが、第三者機関が発行する証明書です。Edgeでは証明書の内容を表示して、自分でチェックすることもできます。

1 錠前のアイコン🔒をクリックして、

2 [接続がセキュリティで保護されています]をクリックし、

3 [証明書（発行者:）を表示する]🔲をクリックすると、

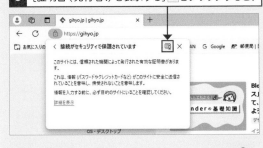

4 証明書が表示されます。

5

Windows 11の
メールと連絡先活用技!

273 ▶▶▶ 283　電子メールの基本

284 ▶▶▶ 302　「Outlook」アプリの基本

303 ▶▶▶ 317　メールの管理と検索

318 ▶▶▶ 321　「連絡先」の利用

基本

デスクトップ

キーボード・文字入力

インターネット

メール・連絡先

セキュリティ

AI アシスタント

写真・動画・音楽

OneDrive・スマホ

印刷・周辺機器

アプリ

インストール・設定

📖 電子メールの基本　　　　　　　重要度 ★ ★ ★

Q 273 電子メールのしくみを知りたい！

A サーバーを経由してメールをやり取りします

電子メールでは、自分の契約しているプロバイダーやメールサービス事業者のサーバーと、相手の契約しているプロバイダーやメールサービス事業者のサーバーを経由してメッセージやファイルをやり取りします。たとえば、メールを送信すると、まず利用しているメールサービスのサーバーにデータが送られます。メールを受け取ったサーバーは、宛先として指定されているメー

ルサービスのサーバーにそのデータを送信します。メールを受け取ったサーバーは、受取人がメールを受け取るまで、サーバー内にデータを保管します。メールの受取人は、利用しているメールサービスのサーバーからメールを受け取ります。

一般的に電子メールの送信にはSMTPという方式が、電子メールの受信にはPOPという方式が使用されています。また、最近ではIMAPという方式を利用するメールサービスも増えています。

なお、携帯電話やスマートフォンの電子メールも、パソコンで利用する電子メールとしくみはほぼ同じです。どの機器を使う場合でも、メールを送受信する時にはインターネットに接続している必要があります。

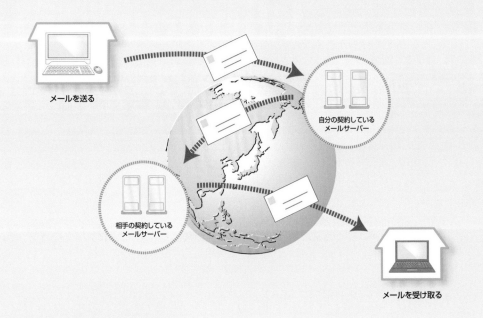

メールを送る

自分の契約しているメールサーバー

相手の契約しているメールサーバー

メールを受け取る

📖 電子メールの基本　　　　　　　重要度 ★ ★ ★

Q 274 電子メールにはどんな種類があるの？

A プロバイダーメールとWebメールがあります

電子メールには、プロバイダーと契約して提供されるメール（プロバイダーメール）と、Webサービス事業者に会員登録してブラウザーから利用するメール（Web

メール）があります。

プロバイダーメールは、パソコンやスマートフォンのメールソフトを利用してメールを送受信するため、メールを確認したいパソコンやスマートフォンごとに設定を行う必要があります。

Webメールは、メールソフトだけでなくブラウザーを利用してメールを送受信できるので、ブラウザーが使える環境であれば、どこからでもメールを送受信することができます。

参照 ▶ Q 276

Q275 メールソフトは何を使えばいいの？

A 電子メールの種類で使い分けましょう

プロバイダーメールを利用するときは、まず「Outlook」アプリを使うとよいでしょう。「Outlook」アプリは

Windows 11に標準搭載されているので、OSとの親和性も高く、メール受信時にデスクトップに通知を表示してくれる機能もあります。また、タッチ操作でも使用しやすいことも利点のひとつです。

Webメールサービスを利用するときは、ブラウザーを使うのが基本です。Windows 11に付属するブラウザー「Edge」のほか、「Google Chrome」、Macに付属するブラウザー「Safari」などからも利用できます。

参照 ▶ Q 201

● 「Outlook」アプリ

「Outlook」アプリは、Windows 11に標準で付属するアプリです。

● ブラウザーの利用

Webメールサービスを利用する場合は、ブラウザーを使うと便利です。

Q276 Webメールにはどのようなものがあるの？

A Outlook.comやGmail、Yahoo!メールなどがあります

Webメールとは、EdgeやGoogle Chromeなどのブラウザーを利用してメールを送受信するサービスのことです。Webメールには、マイクロソフトのOutlook.com、GoogleのGmail、Yahoo! JAPANのYahoo!メールなどがあります。また、プロバイダーの中にもWebメールサービスを提供しているところがあります。

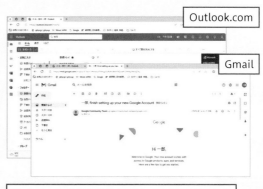

Outlook.com

Gmail

Webメールの代表例としては、マイクロソフトのOutlook.comやGoogleのGmailなどがあります。

基本
デスクトップ
キーボード・文字入力
インターネット
メール・連絡先
セキュリティ
AI・アシスタント
写真・動画・音楽
OneDrive・スマホ
印刷・周辺機器
アプリ
インストール・設定

📖 電子メールの基本　　　重要度 ★★★

Q277 会社のメールを自宅のパソコンでも利用できる？

A 利用可能です

会社で使っている自分のメールアドレスも、自宅のパソコンやスマートフォンなどで利用できます。自分のメールアドレス宛てに届いたメールを読んだり、会社のメールアドレスを差出人としてメールを送ったりできます。

ただし、それが可能なのは、会社のシステム管理者から許可された場合のみです。また、会社で使っている自分のメールアドレスが悪用されないよう、ウイルスや迷惑メールへの対策をしっかり講じておく必要があります。

なお、Windows 11に付属する「Outlook」アプリでは、多くの企業で採用されているMicrosoft Exchangeアカウントを使用できます。参照 ▶ Q331

> アプリに会社のアカウントを設定すれば、会社のメールアドレスが使えます。

📖 電子メールの基本　　　重要度 ★★★

Q278 携帯電話のメールをパソコンでも利用できる？

A 携帯電話やスマートフォンによって異なります

au（@au.com／@ezweb.ne.jp）の場合、携帯電話やスマートフォンのメール設定画面から、メールをパソコン用のメールアドレスに自動転送するように設定できます。
また、パソコンのブラウザーからメールを確認することも可能です。

NTTドコモ（@docomo.ne.jp）の場合、スマートフォン向けのドコモメール（spモード）は、ブラウザーからメールを確認できるほか、パソコン用のメールアドレスにメールを自動転送するように設定することもできます。ただし、i モード向けのドコモメールは転送できません。ソフトバンク（@softbank.ne.jp）の場合、「S! メール（MMS）どこでもアクセス」（有料）を利用します。ソフトバンクのiPhone（@i.softbank.jp）の場合は、パソコンのメールソフトで設定すればメールの送受信ができます。なお、楽天モバイル（@rakumail.jp）の場合、現在パソコンでは利用できません。

💡 電子メールの基本　　　重要度 ★★★

Q279 送ったメールが戻ってきた！

A 宛先のアドレスが間違っている可能性があります

件名が「Delivery Status Notification」「Undelivered Mail Returned to Sender」、差出人が「postmaster@～」というようなメールは、何らかのトラブルでメールを送信できなかったことを知らせるものです。エラーの内容を確認して適宜対処しましょう。

右の例では、送信先メールアドレスが見つからないことが原因のようなので、宛先のメールアドレスが正しいかどうかを確認します。
なお、これらのメールは、メールの設定によっては、自動的に［迷惑メール］フォルダーに入ってしまう場合があります。［迷惑メール］フォルダーの中も適宜確認するとよいでしょう。

Q 280 Gmailを利用したい！

A Googleアカウントを取得しましょう

Gmailは、Googleが無料で提供しているWebメールサービスです。対応するブラウザーとインターネットに接続する環境があれば、パソコンやスマートフォン、タブレットなどからもアクセスできます。

Gmailを利用するには、Googleアカウントを取得してサインインします。Googleアカウントを取得するには、GoogleのWebページ（https://www.google.co.jp/）を表示して［Gmail］をクリックし、画面の指示に従って必要な情報を入力して登録します。ここでは、再設定用のメールアドレスと電話番号の入力は省略しています。

なお、「アカウント」とは、メールアドレスとパスワードなど、個人を識別できる情報の組み合わせのことです。

1 GoogleのWebページ（https://www.google.co.jp/）にアクセスして、

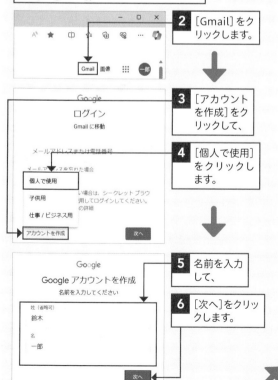

2 ［Gmail］をクリックします。

3 ［アカウントを作成］をクリックして、

4 ［個人で使用］をクリックします。

5 名前を入力して、

6 ［次へ］をクリックします。

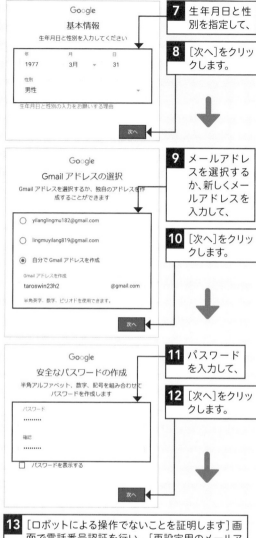

7 生年月日と性別を指定して、

8 ［次へ］をクリックします。

9 メールアドレスを選択するか、新しくメールアドレスを入力して、

10 ［次へ］をクリックします。

11 パスワードを入力して、

12 ［次へ］をクリックします。

13 ［ロボットによる操作でないことを証明します］画面で電話番号認証を行い、［再設定用のメールアドレスの追加］画面で［スキップ］をクリックします。

14 ［アカウント情報の確認］画面では、［次へ］をクリックします。

15 利用規約を確認して画面をスクロールし、

16 ［同意する］をクリックします。

17 Gmailの画面が表示され、利用できるようになります。

基本

デスクトップ

キーボード・
文字入力

インターネット

メール・
連絡先

セキュリティ

AI
アシスタント

写真・動画・
音楽

OneDrive・
スマホ

印刷・
周辺機器

アプリ

インストール・
設定

📖 電子メールの基本　　　重要度 ★ ★ ★

Q 281 Gmailのアカウントの設定方法を知りたい！

A アカウントを追加する必要があります

Gmailのメールアドレスは、Microsoftアカウントとしても使用できますが、Gmailのメールアドレスを使用してWindows 11にサインインしても、「Outlook」アプリのアカウントは自動で設定されません。ローカルアカウントを使用している場合と同様の手順で設定する必要があります。 参照 ▶ Q 288, Q 289

📖 電子メールの基本　　　重要度 ★ ★ ★

Q 282 写真や動画はメールで送れるの？

A 「Outlook」アプリならそのまま送れますが注意が必要です

「Outlook」アプリを使うと、写真や画像といったファイルをメールに「添付」して送信することもできます。ただし、ファイルの大きさには注意する必要があります。
文章のみのメールはデータ量が非常に少ないので、短時間で送受信できます。しかし、メールに写真や動画といった容量の大きいファイルを添付すると、送信に時間がかかるだけでなく、相手の受信にも時間がかかり迷惑となることがあります。
なお、使っているメールサービスによっては、添付できる容量が制限されていることがあります。大きいファイルを送信したいときは、事前にメールサービスのマニュアルページなどで添付可能な容量を確認しておきましょう。

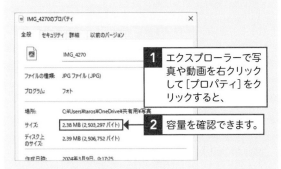

1 エクスプローラーで写真や動画を右クリックして [プロパティ] をクリックすると、

2 容量を確認できます。

📝 電子メールの基本　　　重要度 ★ ★ ★

Q 283 メールに添付する以外のファイルの送り方を知りたい！

A ファイル送信サービスを利用しましょう

大きいファイルを送りたいときは、インターネット上のファイル送信サービスを利用するとよいでしょう。インターネット上には、「firestorage」「ギガファイル便」「データ便」などの無料で利用できるファイル送信サービスが複数あり、サービスによって容量の制限や保管期限などが決まっています。ファイル送信サービスを利用するとダウンロード用のURLが作成されるので、そのURLを送りたい人にメールなどで連絡しましょう。

● 主なファイル送信サービス

名　称	URL
firestorage	https://firestorage.jp/
ギガファイル便	https://gigafile.nu/
データ便	https://www.datadeliver.net/

● ギガファイル便の例

1 ギガファイル便のWebページを開いて、

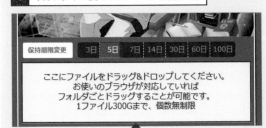

2 送りたいファイルをドラッグ＆ドロップすると、

3 ダウンロード用のURLが作成されます。

Q 284 「Outlook」アプリの設定方法を知りたい!

A アカウントの種類によって設定方法が変わります

「Outlook」アプリを利用するには、Windows 11のスタートメニューで[Outlook]をクリックします。そのあとの操作は、メールアカウントの種類によって異なります。

マイクロソフトのメールサービスが提供しているメールアドレス (@hotmail.com、@hotmail.co.jp、@live.jp、@outlook.jpなど)をMicrosoftアカウントとして使用している場合は、アカウントの設定が自動的に行われます。それ以外の場合は、アカウントの設定が必要です。

参照 ▶ Q 287, Q 288

1 スタートメニューで[Outlook]をクリックすると、

[Outlook]がピン留めされていない場合は、[すべてのアプリ]をクリックして[Outlook]をクリックします。

2 [Outlook] アプリが起動して、[新しいOutlookへようこそ]画面が表示されます。

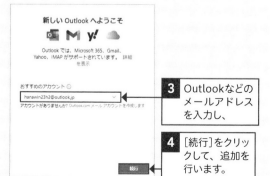

3 Outlookなどのメールアドレスを入力し、

4 [続行]をクリックして、追加を行います。

Q 285 「Outlook」アプリではなく「メール」アプリが起動した!

A 「メール」アプリ画面右上のトグルで切り替えることができます

バージョン23H2以前のWindows 11では、標準のメールアプリが「Outlook」アプリではなく、「メール」アプリでした。「Outlook」アプリを起動したつもりだったのに「メール」アプリが起動してしまったら、画面右上の [新しいOutlookを試してみる]のトグルをクリックすると、「Outlook」アプリに戻すことができます。なお、マイクロソフトは2024年中に「メール」アプリは「Outlook」アプリに置き換わることが発表しているため、近い将来は使えなくなる可能性が高いです。

1 「メール」アプリ画面右上の[新しいOutlookを試してみる]のトグルをクリックします。

2 「Outlook」アプリに切り替わります。

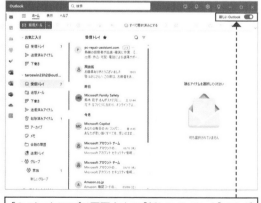

「Outlook」アプリ画面右上の [新しいOutlook]のトグルをオフにすると、「メール」アプリに切り替わります。

Q 286 「Outlook」アプリの 画面の見方を知りたい!

A 下図のようなシンプルな 画面で構成されています

Windows 11の「Outlook」アプリは、シンプルな画面で構成されています。

「Outlook」アプリを起動すると表示される [受信トレイ]画面は、縦に3分割されています。左側にフォルダーの一覧、中央にメールの一覧、右側にプレビュー画面が表示され、はじめて使うユーザーにもわかりやすい画面構成になっています。なお、プレビューウィンドウは、「Outlook」アプリのウィンドウサイズによっては表示されないことがあります。

● [受信トレイ] 画面の構成

	名称	解説
❶	各コマンド	上から「メール」「予定表」「連絡先」「グループ」「To Do」「Word」「Excel」「PowerPoint」「OneDrive」「その他のアプリ」にアクセスできます。
❷	ナビゲーションウィンドウを表示しない／表示する	[新規メール] や [アカウント]、[フォルダー] などの表示／非表示を切り替えます。
❸	新規メール	メールを新規作成します。
❹	メッセージの検索	キーワードでメールを検索します。
❺	設定	「Outlook」アプリの設定を開きます。
❻	削除	メールを削除します。

	名称	解説
❼	アーカイブ	メールを [アーカイブ] フォルダーに移動します。
❽	返信／全員に返信／転送	メールの返信や転送を行います。
❾	フラグを設定／フラグを解除	表示しているメールにフラグを設定します。
❿	その他のオプション	その他のコマンドを表示します。
⓫	アカウント／フォルダー一覧	メールアカウントと、メールが保存されるフォルダーの一覧が表示されます。
⓬	メール一覧	フォルダー内のメールが表示されます。
⓭	プレビューウィンドウ	メール一覧でクリックしたメールの内容が表示されます。

基本　デスクトップ　キーボード・文字入力　インターネット　メール・連絡先　セキュリティ　AIアシスタント　写真・動画・音楽　OneDrive・スマホ　印刷・周辺機器　アプリ　インストール・設定

Q 287 プロバイダーメールのアカウントを「Outlook」アプリで使いたい！

A メールアカウントを追加します

プロバイダーのメールアドレスを「Outlook」アプリで利用するには、[新しいOutlookへようこそ]画面でプロバイダメールのアドレスを入力し、画面の指示に従ってメールアカウントを追加します。

1 「Outlook」アプリを起動すると[新しいOutlookへようこそ]画面が表示されるので、

2 「おすすめのアカウント」にプロバイダーのメールアドレスを入力し、

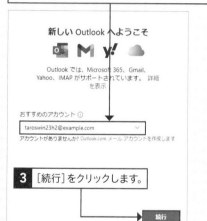

3 [続行]をクリックします。

4 プロバイダーメールのパスワードを入力し、

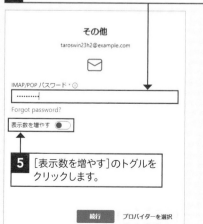

5 [表示数を増やす]のトグルをクリックします。

画面をスクロールすると、項目の続きが表示されます。

6 プロバイダーのWebサイトやプロバイダーから送付された資料を確認し、アカウントの情報を入力して、

7 [続行]をクリックします。

「Outlook（new）」アプリは、現時点でPOPには対応していません。

IMAP アカウントを同期する

✉ taroswin23h2@example.com

IMAP アカウントを Outlook に追加するには、メールを Microsoft Cloud と同期する必要があります。既存の連絡先とイベントは同期されませんが、Outlook で作成したものはすべて Microsoft Cloud に保存されます。　詳細情報

続行　　キャンセル

8 [続行]をクリックし、プロバイダーメールの同期が完了すると、メールアカウントが設定されます。

基本

デスクトップ

キーボード・文字入力

インターネット

メール・連絡先

セキュリティ

AIアシスタント

写真・動画・音楽

OneDrive・スマホ

印刷・周辺機器

アプリ

インストール・設定

📝 「Outlook」アプリの基本　　重要度 ★ ★ ★

Q 288 ローカルアカウントで「Outlook」アプリは使えないの?

A 使えます。メールアカウントを追加して利用します

1 「Outlook」アプリを起動すると、[新しいOutlookへようこそ]画面が表示されます。

2 メールアドレスを入力して、

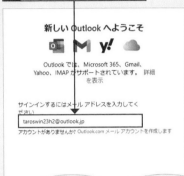

新しい Outlook へようこそ

Outlook では、Microsoft 365、Gmail、Yahoo、IMAP がサポートされています。 詳細を表示

サインインするにはメール アドレスを入力してください

taroswin23h2@outlook.jp

アカウントがありませんか? Outlook.com メール アカウントを作成します

続行

3 [続行]をクリックします。

「Outlook」アプリは、ローカルアカウントでWindows 11にサインインしている場合も利用できます。
「Outlook」アプリを起動すると、アカウントの追加の画面が表示されるので、以下の手順に従ってメールアカウントを追加します。

参照 ▶ Q 543

4 パスワードを入力し、

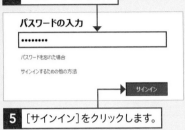

パスワードの入力

●●●●●●●●

パスワードを忘れた場合

サインインするための他の方法

サインイン

5 [サインイン]をクリックします。

6 [Microsoftアプリのみ]をクリックします。

このデバイスではどこでもこのアカウントを使用する

アカウントが Windows に記憶され、アプリや Web サイトへのサインインが簡単になります。[次へ] をクリックすると、紛失したデバイスを見つけたり、他のデバイスと設定を同期したり、Cortana に質問したりできるようになります。

Microsoft アプリのみ

次へ

ここをクリックして、Microsoftアカウントを
Windowsに記憶させることもできます。

📝 「Outlook」アプリの基本　　重要度 ★ ★ ★

Q 289 複数のメールアカウントを利用したい!

A メールアカウントを追加します

「Outlook」アプリでは、プロバイダーメールやWebメールなど、複数のメールアカウント(メールアドレス)を追加して利用することができます。メールアカウントを追加するには、[アカウントを追加]から[すべてのメールアカウントを追加する]を表示し、下の手順に従います。

👥 アカウントを追加　　Microsoft アカウントの...　03/13 (水)
　　　　　　　　　　　　Microsoft アカウント セキュリティ情報...

1 「Outlook」アプリを起動して[アカウントを追加]をクリックし、

2 追加したいメールアドレスを入力し、

おすすめのアカウント ⓘ

taroswin23h2@gmail.com

アカウントがありませんか? Outlook.com メール アカウントを作成します

続行

3 [続行]をクリックします。

4 [続行]をクリックし、画面の指示に従ってメールアカウントと「Outlook」アプリを同期します。

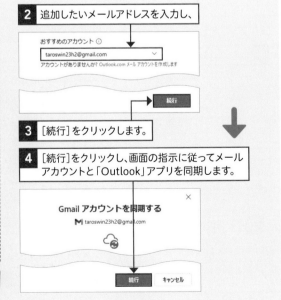

Gmail アカウントを同期する

Ⓜ taroswin23h2@gmail.com

続行　　キャンセル

Q 290 使わないメールアカウントを削除したい！

A [アカウントの管理]から削除します

使わなくなったメールアカウントは、[設定]からアカウントを選択し、表示される画面で削除できます。
アカウントを削除すると、それまでに受信していたメールを読めなくなります。メールに添付されて送られてきた写真など、あとで閲覧する可能性のあるデータは、あらかじめ別の場所にコピーしておきましょう。

1 [設定]をクリックして、

2 削除したいメールアカウントの[管理]をクリックし、

3 [削除]をクリックします。

アカウントを削除

このアカウントを、このデバイスでのみ削除することもできますし、すべてのデバイスから削除することもできます。

◉ このデバイスから削除
◯ すべてのデバイスから削除

4 [このデバイスから削除]をクリックし、

OK　キャンセル

5 [OK]をクリックすると、アカウントが削除されます。

Q 291 受信〔…〕読〔…〕

A 通〔…〕

新〔…〕

〔…〕確認する

〔…〕リックして、

〔…〕通知をクリックすると、

通知　すべてクリア

Outlook (new)

10:54 ∨

横田悟
本日はありがとうございました

3 [受信トレイ]が開きます。

4 受信したメールをクリックすると、

5 メールの内容がプレビューウィンドウに表示されます。

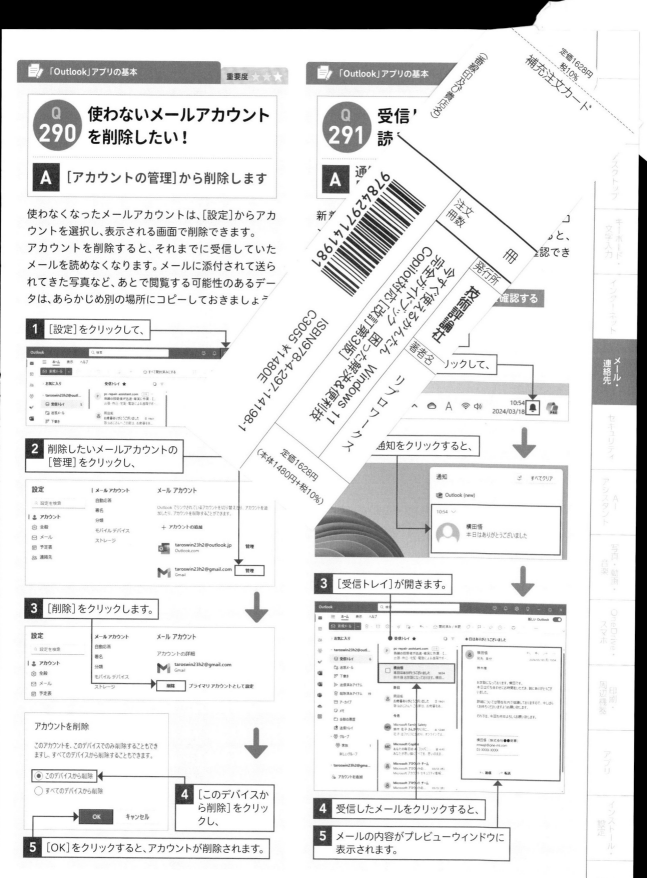

補充注文カード
定価1628円 税10%

9784297141981

ISBN978-4-297-14198-1
C3055 ¥1480E

すぐに使えるかんたん Windows 11
図解〔…〕
2024年〔…〕第3版〕

定価1628円
（本体1480円＋税10%）

Q 292 メールに添付された ファイルを開きたい!

A 添付ファイルをクリックして 開きます

ファイルが添付されたメールには、📎 のマークが表示されます。メールを表示して添付ファイルのサムネイルやアイコンをクリックすると、そのファイルに対応したアプリが自動的に起動して、ファイルが開きます。ただし、パソコンに対応したアプリがない場合は、ファイルを開けません。また、ファイルが圧縮されている場合は、いったんパソコンに保存してからファイルを展開します。

1 添付ファイルのあるメールを表示して、

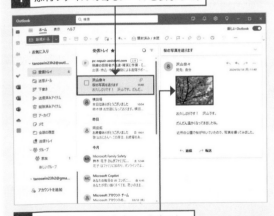

2 開きたいファイルをクリックすると、

3 対応するアプリでファイルが開かれます。

Q 293 添付されたファイルを 保存したい!

A 添付ファイルの ∨ をクリックして、 [ダウンロード]をクリックします

メールの添付ファイルを保存するには、ファイルの右側にある ∨ をクリックして [ダウンロード]をクリックして保存します。
添付ファイルが圧縮されているとそのまま開けないことがあるので、いったんファイルを保存してから展開を行いましょう。

参照 ▶ Q 116

1 ファイルの右側にある ∨ をクリックして、

ここをクリックして、すべてのファイルを一度に保存することもできます。

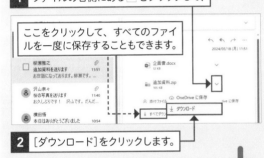

2 [ダウンロード]をクリックします。

3 ファイルがダウンロードされます。

[すべてをOneDriveに保存]をクリックすると、OneDriveへ保存することもできます。

4 [ダウンロード]フォルダーを表示して、ファイルが保存されていることを確認します。

Q 294 メールを送りたい!

A メール作成画面から メールを作成して送信します

メールを送信するには、[新規メール]をクリックして
メールの作成画面を表示します。続いて、[宛先]に送信
先のメールアドレスを入力します。なお、送信先のメー
ルアドレスは「連絡先」から呼び出すこともできます。

参照 ▶ Q 321

1 「Outlook」アプリを起動して、

2 [新規メール]をクリックします。

3 送信相手のメールアドレスを入力して、

4 件名を入力し、

5 メールの本文を入力して、

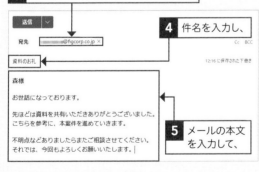

6 [送信]をクリックします。

Q 295 受信したメールに 返信したい!

A [返信]を利用します

受信したメールに返事を出すには、[返信] をクリック
します。返信用メールの作成画面が表示され、[宛先]には
元の送信者のメールアドレスが自動的に入力されます。

1 返信するメールをクリックして、

2 [返信] をクリックします。

3 メッセージを入力して、

4 [送信]をクリックします。

受信したメールの内容が引用されます。

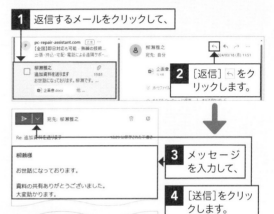

Q 296 「CC」「BCC」って何?

A メールを複数の人に 送るための機能です

「CC」と「BCC」は、「宛先」とは異なるメールアドレスの
入力欄です。CCに入力したアドレスは、メールを受信
した人全員に表示されます。BCCに入力したメールア
ドレスは、受信した人には表示されません。

CCは、メールの内容を社内の人とも共有したいとき
や、取引先のメインの担当者以外にもメールを送ると
きなどに利用します。BCCは、自分だけが面識のある
取引先へメールを送ったことを上司にも知らせておき
たいときや、個人のスマートフォンにもメールを送っ
ておきたいときなどに利用します。

メール・連絡先

基本
デスクトップ
キーボード・文字入力
インターネット
メール・連絡先
セキュリティ
AIアシスタント
写真・動画・音楽
OneDrive・スマホ
印刷・周辺機器
アプリ
インストール・設定

「Outlook」アプリの基本　重要度 ★ ★ ★

Q 297 複数の人に同じメールを送りたい！

A [宛先]に複数の送信先を指定します

複数の人に同じメールを送る場合は、[宛先]欄に送り先全員のメールアドレスを入力します。また、メールによってはCCやBCCを利用します。　参照▶ Q 296

● 宛先欄を利用する

[宛先]に、送り先のメールアドレスを入力し、Enterキーを押します。これを全員分繰り返します。

● CC や BCC を利用する

1 [CC]をクリックすると、

[BCC]をクリックすると、[BCC]欄を表示できます。

2 [CC]欄が表示されます。

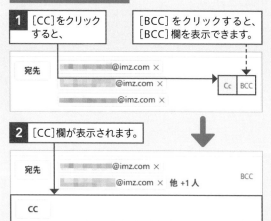

「Outlook」アプリの基本　重要度 ★ ★ ★

Q 299 CCで送られている人にもまとめて返信したい！

A [全員に返信]をクリックします

CCで送られている人も含めてメールを返信したい場合は、[全員に返信]をクリックします。これで、直接

「Outlook」アプリの基本　重要度 ★ ★ ★

Q 298 メールを別の人に転送したい！

A [転送]を利用します

受信したメールをほかの人に転送したい場合は、[転送]をクリックします。転送用メールの作成画面が表示されるので、[宛先]に転送相手のメールアドレスを入力します。

1 転送するメールをクリックして、

2 [転送]をクリックします。

3 [宛先]に転送相手のメールアドレスを入力して、

転送するメールの件名の頭には、転送を示す「FW:」が自動的に付きます。

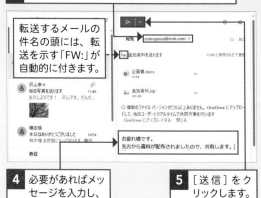

4 必要があればメッセージを入力し、

5 [送信]をクリックします。

の送信者だけでなく、CCに設定されている人にも返信することができます。ただ、BCCに指定されているメールアドレスには返信できません。

1 [全員に返信]をクリックします。

柳瀬雅之
宛先: 自分
2024/03/18 (月) 11:51

Q 300 「メール」画面から簡単に 今日の予定を知りたい!

A 画面右上の [今日の予定] を クリックします。

「Outlook」アプリは、カレンダーとも連携しています。「カレンダー」アプリを起動しなくても「Outlook」アプリだけで予定を一括管理したり、予定をメールで共有したりできるので、とても便利です。　参照 ▶ Q 481

1 画面右上の [今日の予定] をクリックすると、

2 画面右側にカレンダーと予定が表示されます。

[●月、日付の選択画面を展開します] ⌄ をクリックすると、1ヵ月分のカレンダーが表示されます。

Q 301 メールに署名を 入れたい!

A [署名]画面で署名を編集します

署名を作成するには、[署名]画面を表示して、入力欄に署名の名前と内容を入力すると、署名を作成できます。

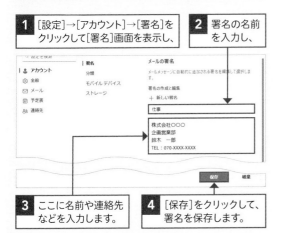

1 [設定]→[アカウント]→[署名]をクリックして[署名]画面を表示し、

2 署名の名前を入力し、

3 ここに名前や連絡先などを入力します。

4 [保存]をクリックして、署名を保存します。

Q 302 メールにファイルを 添付したい!

A [挿入]タブから挿入します

メールには、メッセージだけでなく、文書ファイルや画像データなどを添付して送ることができます。添付できるのはファイルのみで、フォルダーを添付することはできません。なお、ある程度容量の大きなファイルを送る場合はファイル送信サービスやOneDriveを使いましょう。　参照 ▶ Q 283, Q 403

1 メールを作成して、

2 [挿入]をクリックし、

3 [添付ファイル]をクリックして、

4 [このコンピューターから選択]をクリックします。

5 ファイルのある場所を指定して、

6 添付するファイルをクリックして選択し、

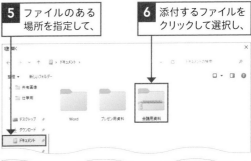

7 [開く]をクリックすると、

8 ファイルが添付されます。

メールの管理と検索　　重要度 ★ ★ ★

Q 303 「メール」画面をもっと見やすくしたい!

A [設定]⚙の[レイアウト]で「メール」画面をカスタマイズできます

「Outlook」アプリの「メール」画面は、[設定]の[レイアウト]から変更することができます。重要なメールを見やすくしたいなら「優先受信トレイ」をオンにしたり、より多くのメールや文字を表示したいなら「テキストのサイズと感覚」を変更したりなど、自分が使いやすいようにカスタマイズしていきましょう。

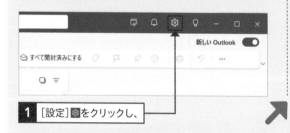

1 [設定]⚙をクリックし、

2 [メール]をクリックして、

3 [レイアウト]をクリックします。

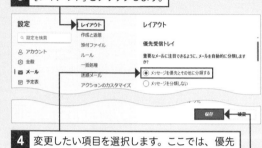

4 変更したい項目を選択します。ここでは、優先受信トレイでメールを自動分類したいので[メッセージを優先とその他に分類する]を選択し、

5 [保存]をクリックすると、変更が反映されます。

メールの管理と検索　　重要度 ★ ★ ★

Q 304 同期してもメールが届いていない!

A [迷惑メール]フォルダーを確認します

メールを同期しても[受信トレイ]に表示されない場合は、[迷惑メール]フォルダーに振り分けられてしまうことがあります。メールが見当たらない場合は[迷惑メール]をクリックし、定期的に確認しておくとよいでしょう。

1 [迷惑メール]をクリックすると、

2 [迷惑メール]フォルダーの中身を確認できます。

メールの管理と検索　　重要度 ★ ★ ★

Q 305 たまったメールをすべて「開封済み」にしたい!

A [すべて開封済みにする]をクリックします

たまった未読のメールを1つずつ確認して既読にしていくのは、時間がかかります。このような場合は画面上部の[すべて開封済みにする]をクリックすると、選択しているフォルダーのすべての未読メールをまとめて開封済みにすることができます。

1 [すべて開封済みにする]をクリックすると、すべてのメールが既読になります。

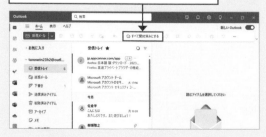

Q306 「アーカイブ」フォルダーに移動して受信フォルダを整理したい！

A メールを選択して [アーカイブ] □ をクリックします

[受信トレイ]にメールがたまってきて見づらくなってきたら、「アーカイブ」フォルダーに移動して整理しましょう。「アーカイブ」とは、メールを削除することなく[受信トレイ]上では非表示にする機能のことです。アーカイブしたメールは、[アーカイブ]フォルダーをクリックすると確認できます。

1 アーカイブしたいメールを選択し、

2 [アーカイブ] □ をクリックすると、「アーカイブ」フォルダーに移動します。

Q308 新しいフォルダーを作成したい！

A [フォルダーの新規作成]から作成します

たくさんのメールをやり取りしていると、目的のメールを探すのが大変になってしまいます。そんなときは、新しいフォルダーを作成してメールを整理しましょう。ただし、使っているメールの種類によっては、フォルダーが作成できない場合があります。　**参照▶ Q 309**

1 フォルダーを追加したいメールアカウントを右クリックして、

2 [フォルダーの新規作成]をクリックします。

Q307 知らないアドレスからメールが来た！

A 知り合いを装うメールなどは迷惑メールとして処理しましょう

受信トレイに自分が応募していないのに当選を知らせるメールや、キャンペーンのお知らせメール、メールアドレスを知らないはずの知人から送られてきたメールがあったら、迷惑メールとして処理しましょう。
迷惑メールに返信したり、メール内のリンクをクリックしたりしてしまうと、迷惑メールの送り手は「メールを送信すると反応のあるアカウント」と認識して、続けてメールを送ってくることがあります。無視し続けるのが、迷惑メールに一番効果的な対策です。　**参照▶ Q 309**

1 [その他の操作] … をクリックして、

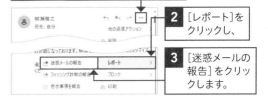

2 [レポート]をクリックし、

3 [迷惑メールの報告]をクリックします。

3 フォルダーの名前を入力し、

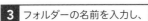

4 [保存]をクリックすると、

5 フォルダーが作成されます。

📝 メールの管理と検索　　重要度 ★★★

Q309 メールを別のフォルダーに移動したい！

A [移動先]を利用します

メールを別のフォルダーに移動するには、[移動先]🗐をクリックし、移動先のフォルダーをクリックします。自動的に迷惑メールとして処理されてしまったメールを、[迷惑メール]フォルダーから[受信トレイ]に移動する場合などにも利用できます。

> **1** 移動したいメールをクリックして、

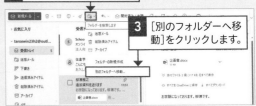

> **2** [移動先]🗐をクリックし、

> **3** [別のフォルダーへ移動]をクリックします。

> **4** 移動先のフォルダーをクリックします。

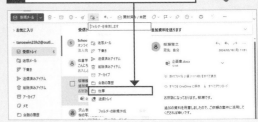

📖 メールの管理と検索　　重要度 ★★★

Q310 「フラグ」って何？

A あとで返信したいメールなどに付けておく目印です

「フラグ」は、読み返したいメールや、あとで返信したいメールといった重要なメールを探しやすくするための目印です。「メール」アプリには、フラグ付きのメールだけを表示する機能もあります。
「フラグ」をメールに設定するには、メールを表示して[フラグを設定]をクリックします。
重要度が下がったメールは、[フラグを解除]をクリックしてフラグを外しましょう。

[フラグを設定]🏳をクリックして、フラグを付けます。

受信トレイなどでこの部分をクリックすると、フラグの付いたメールだけを表示できます。

📝 メールの管理と検索　　重要度 ★★★

Q311 読んだメールを未読に戻したい！

A [開封済み／未読]をクリックします

未読のメールは、メール一覧では送信者名と件名が太字で表示されます。メールをクリックすると開封済みになり、通常の文字の太さで表示されます。
一度開封したメールを未読に戻したいときは、[開封済み／未読]をクリックします。メールを最後まで読み終わっていない場合や、間違って開いてしまった場合などに活用しましょう。

> **1** [開封済み／未読にする]をクリックすると、

> **2** メールが未読の状態に戻ります。

Q 312 複数のメールを素早く選択したい！

A [選択]を利用します

複数のメールをまとめて選択したいときは、[選択] をクリックして「選択モード」に切り替えます。選択モードではメール一覧の各メールにチェックボックスが表示され、クリックしたメールを素早く選択できます。選択モードを終了するときは、再度、[選択] をクリックします。

1 [選択] をクリックし、

ここをクリックして、一覧のメールをすべて選択することもできます。

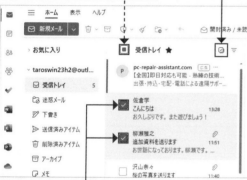

2 クリックしてチェックを付けます。

Q 314 削除したメールを元に戻したい！

A [削除済みアイテム]フォルダーから戻します

削除したメールは、[削除済みアイテム]フォルダーに移動するので、誤って削除した場合でも元に戻すことができます。まずは、[削除済みアイテム]をクリックし、[削除済み]フォルダーを開きます。続いて[元に戻す] をクリックすると、メールが削除前にあった場所へ移動します。

参照 ▶ Q 309

Q 313 メールを削除したい！

A メールをクリックして、[削除]をクリックします

メールを利用していると、[受信トレイ]や[送信済みアイテム]フォルダーにメールが溜まっていきます。不要なメールは削除して、フォルダー内を整理するとよいでしょう。不要なメールを削除するには、メールをクリックして、[削除] をクリックします。削除したメールは、[ごみ箱]フォルダーに移動します。 参照 ▶ Q 315

1 削除するメールをクリックして、

2 どちらかの[削除] をクリックします。

1 [削除済みアイテム]フォルダーを開いて、元に戻すメールをクリックし、

2 [元に戻す] をクリックすると、

3 メールが元の場所に戻ります。

基本

デスクトップ

キーボード・文字入力

インターネット

メール・連絡先

セキュリティ

AIアシスタント

写真・動画・音楽

OneDrive・スマホ

印刷・周辺機器

アプリ

インストール・設定

Q 315 メールを完全に削除したい!

A [削除済みアイテム]フォルダーから削除します

削除したメールは、[削除済みアイテム]フォルダーに移動されます。メールを完全に削除したい場合は、[削除済みアイテム]フォルダーからもう一度削除します。

1 [削除済みアイテム]フォルダーを開いて、完全に削除したいメールをクリックし、

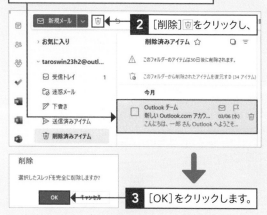

2 [削除]をクリックし、

3 [OK]をクリックします。

Q 316 メールを検索したい!

A 検索機能を利用します

受信トレイに保存したメールが増えてくると、目的のメールが見つけづらくなります。このようなときは、検索機能を使ってメールを探しましょう。

1 [検索]をクリックしてキーワードを入力し、

2 [検索]🔍をクリックすると、

候補をクリックしても、検索結果を表示できます。

3 検索結果が表示されます。

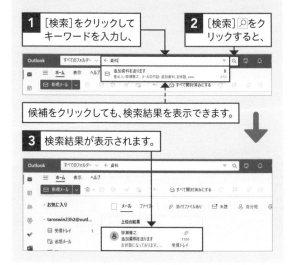

Q 317 メールを印刷したい!

A [印刷]から行います

メールを印刷するには、[印刷]🖶をクリックして[印刷]をクリックします。
印刷するプリンターを選択し、印刷の向きや部数などを設定して[印刷]をクリックすると、印刷がはじまります。

1 [印刷]🖶をクリックし、

2 [印刷]をクリックします。

追加資料を送ります

3 クリックしてプリンターを選択し、

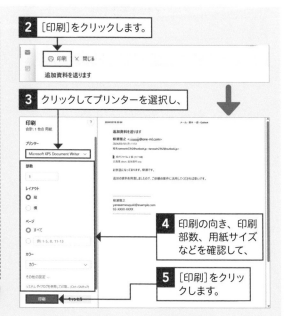

4 印刷の向き、印刷部数、用紙サイズなどを確認して、

5 [印刷]をクリックします。

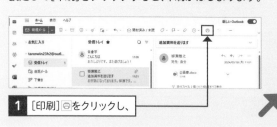

基本

デスクトップ

キーボード・文字入力

インターネット

メール・連絡先

セキュリティ

AIアシスタント

写真・動画・音楽

OneDrive・スマホ

印刷・周辺機器

アプリ

インストール・設定

📖 「連絡先」の利用　　重要度 ★ ★ ★

Q 318 メールアドレスを管理したい！

A 「連絡先」を利用します

「Outlook」アプリには、メールアドレスや電話番号といった連絡先を管理するための機能として「連絡先」が用意されています。「連絡先」では、登録したユーザーの連絡先を確認したり、メールを送ったりすることができます。

また、「Outlook」アプリ内の「予定表」と連携して、連絡先を登録したユーザーに会議出席依頼を送ることもできます。
参照 ▶ Q 481

1 画面左側の［連絡先］ 👥 をクリックすると、

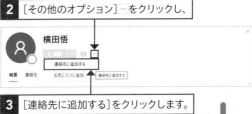

2 ［連絡先］が起動します。

📝 「連絡先」の利用　　重要度 ★ ★ ★

Q 319 「連絡先」に連絡先を登録したい！

A 受信したメールの宛先を［連絡先］に登録できます

メールの差出人などを「連絡先」の連絡先として登録することができます。メールの上部に表示されている送信者をクリックして［連絡先に追加する］から「連絡先」に入力します。

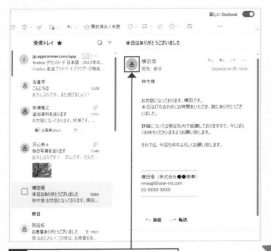

1 送信者のアイコンをクリックして、

2 ［その他のオプション］ … をクリックし、

3 ［連絡先に追加する］をクリックします。

4 「連絡先」が起動します。

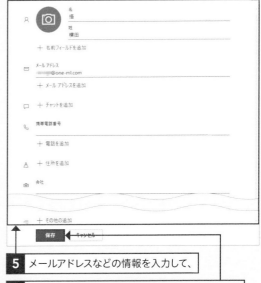

5 メールアドレスなどの情報を入力して、

6 ［保存］をクリックすると、連絡先が登録されます。

基本

デスクトップ

キーボード・文字入力

インターネット

メール・連絡先

セキュリティ

アシスタント　AI

写真・動画・音楽

OneDrive・スマホ

印刷・周辺機器

アプリ

インストール・設定

📄 「連絡先」の利用　　重要度 ★★★

Q 320 登録した連絡先情報を編集したい！

A 「連絡先」の情報の編集画面で行います

「連絡先」に登録した連絡先は、必要に応じて編集することができます。「連絡先」を表示して、以下の手順で編集します。

1 連絡先をクリックして、

2 ［連絡先の編集］をクリックします。

ここでは携帯電話の番号を追加します。

3 「携帯電話番号」の入力欄に携帯電話の番号を入力します。

4 ［保存］をクリックすると、

5 連絡先に携帯電話の番号が追加されます。

🕐 「連絡先」の利用　　重要度 ★★★

Q 321 「連絡先」からメールを作成したい！

A 「連絡先」で連絡先を指定します

「連絡先」に登録した連絡先からは、直接メールを作成・送信できます。「連絡先」を表示して、メールを送信する相手をクリックすれば、連絡先として入力されます。連絡先が多くて相手を探すのが大変な場合は、「Outlook」アプリの画面上部にある検索ボックスから探すこともできます。

1 「連絡先」を表示し、

ここをクリックして名前を入力し、相手を検索することもできます。

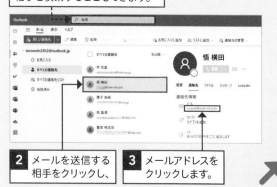

2 メールを送信する相手をクリックし、

3 メールアドレスをクリックします。

4 メールの作成画面が表示され、［宛先］に送信先が入力されます。

6

セキュリティの
疑問解決&便利技!

322 ▶▶▶ 328　インターネットと個人情報

329 ▶▶▶ 335　ウイルス

336 ▶▶▶ 346　Windows 11 のセキュリティ設定

Q 322 パスワードを 忘れてしまった!

A パスワードの再設定を 行います

パスワードを忘れてしまった場合は、パスワードの再設定を行います。サービス提供者によって再設定の方法は異なりますが、基本はログイン（またはサインイン）画面に表示されている、「パスワードを忘れた場合」や「アカウントにアクセスできない場合」といったリンクをクリックするというものです。

パスワードを再設定する際、登録した「秘密の質問と答え」や生年月日、メールアドレスの入力が必要となる場合があります。これらの情報は忘れないようにしましょう。

ここでは、Amazonのパスワードを 忘れた場合を例にします。

1 ［お困りですか?］をクリックして、

2 ［パスワードを忘れた場合］をクリックします。

3 画面の指示に従って操作し、 パスワードをリセットします。

Q 323 Edgeは安全な ブラウザーなの?

A セキュリティ機能があり、 安全です

Edgeには、「Microsoft Defender SmartScreen」という独自のセキュリティ機能が用意されています。有効の状態でフィッシングサイト（個人情報の抜き取りを目的としたWebページ。金融機関や通販サイトなどに似せて作られている）にアクセスした際や、ウイルスが含まれているソフトをダウンロードした際に警告が表示され、パソコンが脅威にさらされるのを防いでくれます。有効になっているかはEdgeの設定画面から確認できます。

参照 ▶ Q 337

1 スタートメニューやタスクバーから ［Edge］を起動して、

2 ［設定など］ … をクリックし、

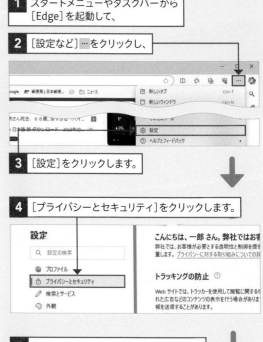

3 ［設定］をクリックします。

4 ［プライバシーとセキュリティ］をクリックします。

5 ［Microsoft Defender SmartScreen］ が有効になっていることを確認します。

紙面版

電脳会議
DENNOUKAIGI

一切無料

今が旬の書籍情報を満載してお送りします!

『電脳会議』は、年6回刊行の無料情報誌です。2023年10月発行のVol.221よりリニューアルし、**A4判・32頁カラー**とボリュームアップ。弊社発行の新刊・近刊書籍や、注目の書籍を担当編集者自らが紹介しています。今後は図書目録はなくなり、『電脳会議』上で弊社書籍ラインナップや最新情報などをご紹介していきます。新しくなった『電脳会議』にご期待下さい。

大幅増ページで **ボリュームアップ!**

◆ 電子書籍・雑誌を 読んでみよう!

| 技術評論社　GDP | | 検　索 |

 で検索、もしくは左のQRコード・下の
URLからアクセスできます。
https://gihyo.jp/dp

1 アカウントを登録後、ログインします。
【外部サービス(Google、Facebook、Yahoo!JAPAN)
でもログイン可能】

2 ラインナップは入門書から専門書、
趣味書まで 3,500点以上!

3 購入したい書籍を 🛒カート に入れます。

4 お支払いは「**PayPal**」にて決済します。

5 さあ、電子書籍の
読書スタートです!

◎**ご利用上のご注意**　当サイトで販売されている電子書籍のご利用にあたっては、以下の点にご留
■**インターネット接続環境**　電子書籍のダウンロードについては、ブロードバンド環境を推奨いたします。
■**閲覧環境**　PDF版については、Adobe ReaderなどのPDFリーダーソフト、EPUB版については、EPU
■**電子書籍の複製**　当サイトで販売されている電子書籍は、購入した個人のご利用を目的としてのみ、閲覧
ご覧いただく人数分をご購入いただきます。
■**改ざん・複製・共有の禁止**　電子書籍の著作権はコンテンツの著作権者にありますので、許可を得ない

Software Design も電子版で読める！

電子版定期購読が お得に楽しめる！

くわしくは、
「Gihyo Digital Publishing」
のトップページをご覧ください。

🎁 電子書籍をプレゼントしよう！

Gihyo Digital Publishing でお買い求めいただける特定の商品と引き替えが可能な、ギフトコードをご購入いただけるようになりました。おすすめの電子書籍や電子雑誌を贈ってみませんか？

こんなシーンで…
- ●ご入学のお祝いに　●新社会人への贈り物に
- ●イベントやコンテストのプレゼントに　………

◉ギフトコードとは？　Gihyo Digital Publishing で販売している商品と引き替えできるクーポンコードです。コードと商品は一対一で結びつけられています。

> **くわしいご利用方法は、「Gihyo Digital Publishing」をご覧ください。**

Q324 保存済みのパスワードの情報を消したい！

A [パスワード]から削除できます

さまざまなWebサービスやショッピングサイトでは、本人の識別のためにメールアドレスやパスワードの入力が求められます。Edgeをはじめとするブラウザーには、このメールアドレスとパスワード、それが入力されたWebページをセットで記憶する機能が搭載され、次回以降そのWebページやサービスを利用する際に、それらの情報を自動入力して、簡単にログインできます。しかし、1台のパソコンを複数の人と共有するような環境では、この機能を悪用して勝手に買い物をされたり、個人情報を盗まれたりしかねません。そのため、こういったパソコンではパスワードは記憶させない、記憶させてしまったらその情報を削除するようにしましょう。

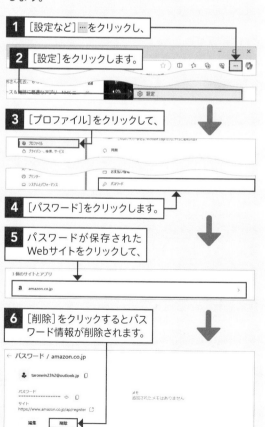

1 [設定など] … をクリックし、

2 [設定]をクリックします。

3 [プロファイル]をクリックして、

4 [パスワード]をクリックします。

5 パスワードが保存されたWebサイトをクリックして、

3個のサイトとアプリ
a　amazon.co.jp

6 [削除]をクリックするとパスワード情報が削除されます。

← パスワード / amazon.co.jp

👤 taroswin23h2@outlook.jp
パスワード ************
サイト https://www.amazon.co.jp/ap/register
メモ 追加されたメモはありません
[編集] [削除]

Q325 InPrivateブラウズって何？

A 履歴を残さずにWebページを閲覧できる機能です

Edgeの「InPrivateブラウズ」は、Webページの閲覧履歴や検索履歴、インターネット一時ファイル、ユーザー名やパスワードの入力履歴などを保存せずにWebページを閲覧できる機能です。InPrivateブラウズを利用すると、共有のパソコンやほかの人のパソコンを借用したときなどに、自分が閲覧した履歴を他人に知られずに済みます。InPrivateブラウズを終了するには、InPrivateブラウズのウィンドウ、あるいはタブを閉じます。

1 [設定など] … をクリックして、

2 [新しいInPrivateウィンドウ]をクリックすると、

3 新しいウィンドウが開き、InPrivateブラウズが有効になります。

InPrivateブラウズが有効なウィンドウは、サインアイコン👤の横に「InPrivate」と表示されます。

4 [閉じる] ✕ をクリックすると、InPrivateブラウズが終了します。

基本

デスクトップ

キーボード・文字入力

インターネット

メール・連絡先

セキュリティ

AIアシスタント

写真・動画・音楽

OneDrive・スマホ

印刷・周辺機器

アプリ

インストール・設定

基本

デスクトップ

キーボード・文字入力

インターネット

メール・連絡先

セキュリティ

AI アシスタント

写真・動画・音楽

OneDrive・スマホ

印刷・周辺機器

アプリ

インストール・設定

📝 インターネットと個人情報　　　重要度 ★★★

Q 326 パソコンを共用している際に気を付けることは？

A 別々のアカウントでサインインしましょう

1台のパソコンを複数の人と共用すると、個人の送受信メールやWebページの履歴、作成した文書ファイルなどをほかの人に見られてしまう可能性があります。大切なファイルを誤って削除されたり、書き換えられてしまうおそれもないとはいえません。
こうしたことを防ぐには、パソコンを利用する人それぞれが別のアカウントでサインインするようにします。こうしておけば、ほかの人に自分のアカウントのデータを見られることはなくなります。　参照▶ Q 011

使用したいアカウントを選択して、サインインします。

鈴木一郎
田中花子

📝 インターネットと個人情報　　　重要度 ★★★

Q 327 閲覧履歴を消したい！

A [履歴]から削除します

ほとんどのブラウザーには、Webページ閲覧の利便性を高めるために、閲覧履歴を一定期間保存する機能が備わっています。しかし、家族や会社の同僚などと1台のパソコンを共有しているような環境では、ほかの人がこの機能を使って閲覧履歴をのぞき見してしまう可能性もあります。
Edgeでは、[設定など]⋯→[設定]→[プライバシーとセキュリティ]→[クリアするデータの選択]をクリックし、[閲覧の履歴]にチェックがついていることを確認して[今すぐクリア]をクリックすると、それまでに閲覧したWebページの履歴をすべて消去できます。
参照▶ Q 245

📖 インターネットと個人情報　　　重要度 ★★★

Q 328 プライバシーポリシーって何？

A 個人情報保護に関する方針のことです

「プライバシーポリシー」は、Webページなどで収集した個人情報をどのように取り扱うかについての取り決めです。「個人情報保護方針」ともいいます。
Webページの「個人情報について」「プライバシーについて」といったページにアクセスすると、Webページの利用でどのような個人情報が収集されるか、収集する目的や使用方法、保管や破棄などについて読むことができます。SNSに登録するなど、個人情報をインターネット上に送信する際は、必ず確認するようにしましょう。多くのWebページでは、「個人情報について」「プライバシーについて」「個人情報保護方針」といった項目からアクセスできます。

1 Edgeの場合は、新しいタブを開き [ページ設定] をクリックして、

2 [プライバシー]をクリックすると、

3 「Microsoftのプライバシーに関する声明」が表示されます。

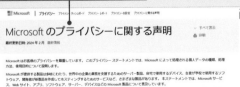

Microsoft のプライバシーに関する声明

基本

デスクトップ

キーボード・文字入力

インターネット

メール・連絡先

セキュリティ

AI アシスタント

写真・動画・音楽

OneDrive・スマホ

印刷・周辺機器

アプリ

インストール・設定

 ウイルス　　　　　　　重要度 ★ ★ ★

Q 329　ウイルスはどこから感染するの？

A インターネットやUSBメモリーなどから感染します

ブラウザーでダウンロードしたファイルにウイルスが含まれていると、パソコンで実行したときにウイルスに感染してしまいます。Webページが改ざんされている場合、Webサービスやショッピングサイトなどにアクセスしただけで感染することもあります。
USBメモリーには、プログラムを自動実行するしくみがあります。このしくみを悪用したウイルスが含まれ

ていると、パソコンに感染する可能性があります。
また、LAN内のほかのパソコンとファイルをやり取りしている場合、そのファイルにウイルスが潜んでいて感染が拡大するというケースもあります。

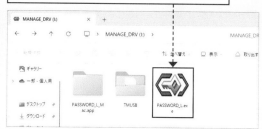

USBメモリーには、プログラムを自動実行するためのファイルが保存されていることがあります。

ウイルス　　　　　　　重要度 ★ ★ ★

Q 330　ウイルスに感染したらどうなるの？

A OSやアプリの動作が不安定になります

ウイルスに感染した場合の代表的な症例には次のものがあります。

・ **OSやアプリの動作が不安定になる**
　ウイルスがOS（WindowsやmacOSなど基本ソフトの総称）のシステムファイルやアプリの動作に必要

なファイルを勝手に削除したり、改変したりして、OSやアプリの動作が不安定になることがあります。最悪の場合は、OSやアプリが起動しなくなることもあります。

・ **自己増殖してほかのパソコンにも感染しようとする**
　ウイルスの種類によっては、パソコンに感染後、自分自身のコピーを自動的に作成し、アドレス帳に登録してある連絡先に、コピーしたウイルスファイルを添付した電子メールを自動送信することがあります。また、同じLANでつながっているほかのパソコンに自身をコピーして感染させようとすることもあります。

 ウイルス　　　　　　　重要度 ★ ★ ★

Q 331　ウイルスに感染しないために必要なことは？

A 次のような予防方法があります

パソコンがウイルスに感染しないように予防するには、次の方法があります。

・ **セキュリティ対策ソフトを導入する**
　セキュリティ対策ソフトをパソコンにインストールします。セキュリティ対策ソフトには、有料のものと無料で利用できるものがあります。

・ **怪しいWebページは見ない**
　不用意にリンクや画像をクリックしたり、ファイルをダウンロードしないようにします。

・ **身に覚えのないメールや添付ファイルは開かない**
　知らない人からのメールやメールに添付されているファイルを開かないようにします。

・ **Windowsを最新の状態にする**
　Windows Update機能を利用して、Windowsを常に最新の状態に保ちます。

・ **所有者がわからないUSBメモリーなどは使わない**
　所有者不明のUSBメモリーやCD／DVDなどは、使用しないようにします。

基本
デスクトップ
キーボード・文字入力
インターネット
メール・連絡先
セキュリティ
AIアシスタント
写真・動画・音楽
OneDrive・スマホ
印刷・周辺機器
アプリ
インストール・設定

ウイルス 重要度 ★★★

Q 332 どんなWebページが危険か教えて！

A URLが本物に似せてあるページは要注意です

大手ショッピングサイトなどのデザインに似せたWebページで、パスワードを入力させ、個人情報を盗むことを目的としたものがフィッシングサイトです。不審なメールなどに記載されたリンクをクリックすると、フィッシングサイトに誘導されます。パスワードの入力が求められるようなWebページでは、必ずURL（そのページ固有の識別文字列）を確認しましょう。

> 正：https://www.amazon.co.jp
> 偽：https://www.amazon.co.jp など

> 上記のようにURLの後半が本物と微妙に違う場合は注意が必要です。うっかりログインすると、個人情報を抜き取られるおそれがあります。

ウイルス 重要度 ★★★

Q 333 ウイルスファイルをダウンロードするとどうなるの？

A ダウンロードがブロックされます

Edgeでは、ウイルスに感染したファイル、あるいはそのおそれのあるファイルをダウンロードしようとすると、通知が表示され、自動的にダウンロードが中止されます。ただし、まれにウイルスに感染していないファイルが検知されることもあるため、ブロックされたファイルが必ずウイルスに感染しているとは断言できません。また、ウイルスをすべてブロックできるとは限らないので、怪しいファイルはダウンロードしないように注意しましょう。

1 ウイルスをダウンロードしようとすると、

2 ダウンロードが自動的にブロックされます。

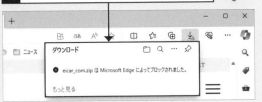

ウイルス 重要度 ★★★

Q 334 ウイルスはパソコンが自動で見つけてくれるの？

A 見つけたら自動で通知を表示してくれます

Windows 11には、ウイルスをはじめとする外部からの攻撃をリアルタイムで監視する機能が備わっています。外部からの攻撃が検知されると、付属のMicrosoft Defenderからの通知が表示され、ウイルスなどの隔離や削除などを自動的に行ってくれます。ただし、効果的に攻撃を検知するには、Windows Updateを使って、Windows 11を常に最新の状態に保っておく必要があります。

参照 ▶ Q 577

1 外部からの攻撃が検知されると、

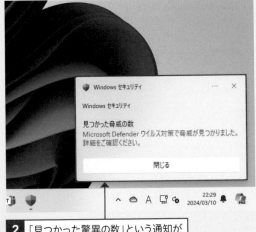

2 「見つかった驚異の数」という通知が表示され、自動対処されます。

Q 335 ウイルスに感染したらどうすればいいの？

A ネットワークから切り離し、ウイルス駆除などを行います

万一ウイルスに感染してしまった場合は、パソコンからLANケーブルを外し、ネットワークから切り離します。ネットワークに接続されていると、パソコン内のデータが外部に送信されたり、ウイルスがネットワークを通じてほかのパソコンに広がったりする可能性があるためです。Wi-Fiも無効にしましょう。

ただしその前に、セキュリティ対策ソフトを起動し、定義ファイルが最新かどうかを確認しておきましょう。もし最新でないと、ウイルスがウイルスとして認識されない可能性があります。セキュリティ対策ソフトは、Windows 11に搭載されている「Windows セキュリティ」を使います。以下の手順に従ってスキャンを行ってください。

それでも処理できない場合は、使用しているセキュリティ対策ソフトのサポートセンターに問い合わせる、専門の業者に依頼するといった方法で、ウイルス駆除を行いましょう。

● 手動でスキャンを実行する

ここでは、Windows 11に標準で搭載されているWindows セキュリティでスキャンを実行します。

1 [スタート]■→[設定]●→[プライバシーとセキュリティ]をクリックして、

2 [Windowsセキュリティ]をクリックします。

3 [ウイルスと脅威の防止]をクリックし、

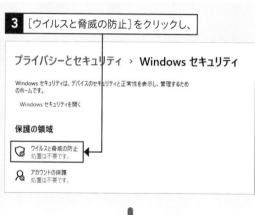

4 定義ファイル(セキュリティインテリジェンス)が最新になっているかどうかを確認し、

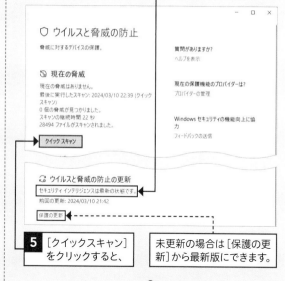

5 [クイックスキャン]をクリックすると、

未更新の場合は[保護の更新]から最新版にできます。

6 スキャンが実行されます(時間がかかります)。

基本

デスクトップ

キーボード・
文字入力

インターネット

メール・
連絡先

セキュリティ

AI
アシスタント

写真・動画・
音楽

OneDrive・
スマホ

印刷・
周辺機器

アプリ

インストール・
設定

📖 Windows 11のセキュリティ設定　　重要度 ★★★

Q 336 絶対に安全な使い方を教えて！

A 外部と接続する限り「絶対に安全」にはなりません

ウイルスやスパイウェアといったパソコンに危害を与えるプログラムは、常に新しい種類が生み出されているため、「この対策をしておけば100%安全」ということはありません。

インターネットに接続していればブラウザーから、USBメモリーを接続すればコピーしたファイルから、現在のウイルス対策ソフトでは発見できないウイルスが侵入してくる可能性があるのです。常に危険と隣り合わせだと認識して、さまざまな対策を怠らないようにしましょう。

📖 Windows 11のセキュリティ設定　　重要度 ★★★

Q 337 Windows 11のセキュリティ機能はどうなっているの？

A セキュリティ機能が改善されています

Windows 11には、以下のセキュリティ機能が搭載されています。

・ファミリーセーフティ
子どもがパソコンを利用する際のインターネットの使用の監視や、特定のWebページのブロックまたは許可、アクセス可能なゲームやアプリの選択などができます。　　　　　　　参照▶Q 209, Q 552

・SmartScreen
フィッシング詐欺や不正なプログラムからユーザーを守る機能です。

・Windows Update
Windowsを常に最新の状態にする機能です。重要な更新が使用可能になったときに、更新プログラムを自動的にダウンロードしてインストールします。
参照▶Q 576

・BitLockerドライブ暗号化
データとデバイスを保護する機能です。パソコンの状態を監視し、保存されているデータやパスワードなどの重要なデータを安全に保護します。Homeより上のProなどのエディションで、［コントロールパネル］→［システムとセキュリティ］→［BitLockerドライブ暗号化］から設定できます。

・Windows セキュリティ
ウイルスやスパイウェア、そのほかの悪質なソフトからパソコンを保護するための機能です。ここからSmartScreenの有効／無効を切り替えられます。

● Microsoft Defender SmartScreen の設定を確認する

1 ［スタート］■→［設定］⚙をクリックして、［プライバシーとセキュリティ］→［Windowsセキュリティ］をクリックし、

2 ［アプリとブラウザーの制御］をクリックします。　　ここをクリックするとWindowsセキュリティの画面が開きます。

3 ［アプリとブラウザーコントロール］▭→［評価ベースの保護設定］をクリックすると、

4 アプリやブラウザーといった項目ごとにMicrosoft Defender SmartScreenの設定を確認・変更できます。

Q 338 Microsoft Defenderの性能はどうなの？

A ほとんどのウイルスを防げます

Microsoft Defenderは、パソコンを複数の対策で保護します。1つ目は、インターネット上で新しいウイルスをほぼ即時に検出して、パソコンでもブロックする保護機能です。2つ目は、ファイルやプログラムを監視して、常時パソコンを守るリアルタイム監視機能です。最後が、プログラムにウイルスについて学習させてウイルスに対抗する機能です。市販の対策ソフトをインストールしなくても、必要十分な効果を期待することができます。

Q 339 Windowsのセキュリティ機能が最新か確認したい！

A コントロールパネルの［コンピューターの状態を確認］で確認できます

セキュリティ機能が最新の状態であるかどうかを確認するには、以下のように操作してコントロールパネルを表示します。　　参照▶Q 337

1 スタートメニューで［すべてのアプリ］→［Windowsツール］→［コントロールパネル］とクリックして、

2 ［コンピューターの状態を確認］をクリックし、

3 ［セキュリティ］をクリックすると、　　**4** セキュリティ機能の状態が一覧表示されます。

5 ［ウイルス対策］の［Windowsセキュリティの表示］をクリックすると、ウイルス対策機能の定義ファイル（セキュリティインテリジェンス）の状態を確認できます。

Q 340 念入りにウイルスチェックしたい！

A フルスキャン、もしくはオフラインスキャンを実行しましょう

Windowsセキュリティによるウイルスなどの有害プログラムの自動検出は通常、「クイックスキャン」というモードで実行されます。クイックスキャンは被害に遭いやすいフォルダーのみを対象に監視して有害プログラムを検出するモードですが、コンピューター内のより広い範囲を監視するモードも用意されています。これが「フルスキャン」と「オフラインスキャン」です。フルスキャンはコンピューター全体を監視し、オフラインスキャンは通常のスキャンでは発見できないような範囲まで監視するモードです。
どちらもクイックスキャンに比べ、完了まで時間がかかります。そのため、クイックスキャンをまずは実行し、それでも不安定な動作が改善しないといった場合に実行するようにしましょう。

1 ［スタート］⊞→［設定］⚙→［プライバシーとセキュリティ］→［Windowsセキュリティ］とクリックして、

2 ［ウイルスと脅威の防止］をクリックし、

3 ［スキャンのオプション］をクリックすると、

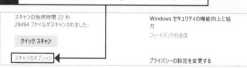

4 スキャンのモードが一覧表示されます。

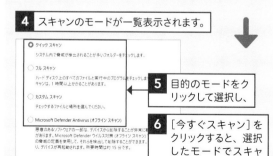

5 目的のモードをクリックして選択し、

6 ［今すぐスキャン］をクリックすると、選択したモードでスキャンが実行されます。

Q 341 素早くウイルスチェックしたい！

A タスクバーの［Windowsセキュリティ］アイコンを利用します

コンピューター内に侵入したウイルスなどの有害なプログラムを検出し、隔離や駆除をするための機能「クイックスキャン」は、パソコンの動作中は定期的に自動実行されます。しかし、ウイルスによる影響でパソコンの動作が不安定になったような場合は、タスクバーの［Windowsセキュリティ］ 🔵 から、クイックスキャンを手動で実行して、その場で駆除してしまうのがよいでしょう。

1 タスクバーに［Windowsセキュリティ］🔵 が表示されていない場合はここをクリックして、

2 ［Windowsセキュリティ］🔵 を右クリックし、

3 ［クイックスキャンの実行］をクリックします。

Q 342 Windowsのセキュリティ機能と他社のウイルス対策ソフトは同時に使えるの？

A 同じ機能を持つソフトの併用はできません

Windows 11に標準で備わるウイルス対策機能のWindowsセキュリティと、マカフィーリブセーフなど、同じ機能を持つ他社製ソフトの併用はできません。他社製ソフトをインストールすると、同時にWindowsセキュリティは無効になります。これはソフト同士で機能が競合し、コンピューターに予期しないトラブルを生じさせることを防ぐためです。

● 有効なソフトを確認する

1 ［スタート］■→［設定］⚙→［プライバシーとセキュリティ］→［Windowsセキュリティ］とクリックし、

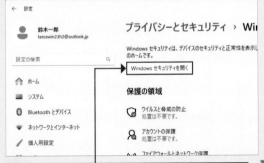

2 ［Windowsセキュリティを開く］をクリックします。

3 ［設定］⚙ をクリックして、

4 ［プロバイダーの管理］をクリックすると、

5 インストールされているセキュリティ機能が一覧表示されます。

6 ［ウイルス対策］に同じ機能を持つものが複数ある場合は、どちらが有効で、どちらが無効か確認できます。

Q 343 「このアプリがデバイスに変更を加えることを許可しますか?」と出た!

A ユーザーアカウント制御で監視されています

アプリをインストールしようとすると、その許可を求めるメッセージが表示されることがあります。このメッセージのことを、「ユーザーアカウント制御」と呼びます。ユーザーアカウント制御は、コンピューターのシステム変更などの際、それがユーザー自身の操作によるものなのかを確認し、ユーザーに身に覚えのない不正な動作を防ぐ機能です。

ユーザーアカウント制御は、アプリのインストールやアンインストール、システムに関わる設定の変更、不明なプログラムの実行、管理者や標準ユーザーといった、ほかのユーザーに影響を与えるようなファイルの操作時に表示されます。その動作を本当に行うか、直前に確認できるため、誤操作を防ぐ機能としても役立ちます。

参照 ▶ Q 553

管理者ユーザーの場合、このようなダイアログボックスが表示されます。[はい]をクリックすると、プログラムの実行や設定の変更ができます。

標準ユーザーの場合は、管理者アカウントのPINやパスワードを求められます。これらを入力しないと、プログラムの実行や設定の変更ができません。

Q 344 「ユーザーアカウント制御」がわずらわしい!

A 基本的には有効にしておくことをおすすめします

ユーザーアカウント制御は、所定の操作を実行しようとしたときに必ず表示されます。表示頻度は通知レベルを引き下げることで減らすことができ、レベルを[通知しない]まで下げると表示されなくなります。しかしその場合、気付かないうちに悪意のあるプログラムなどが実行される可能性が高まってしまいます。通知レベルは[通知しない]より上に設定しておきましょう。

● 通知レベルの設定を変更する

1 スタートメニューで[すべてのアプリ]→[Windowsツール]→[コントロールパネル]をクリックして、[システムとセキュリティ]をクリックし、

2 [ユーザーアカウント制御設定の変更]をクリックします。

3 スライダーをドラッグし、通知レベルを設定します。

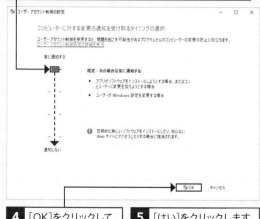

4 [OK]をクリックして、　**5** [はい]をクリックします。

基本

デスクトップ

キーボード・文字入力

インターネット

メール・連絡先

セキュリティ

AI アシスタント

写真・動画・音楽

OneDrive・スマホ

印刷・周辺機器

アプリ

インストール・設定

Q 345 パスキーって何？

A 生体認証やPINで、Webサイトなどにサインインできる機能です

「パスキー」とは、パスワードを使わずにWebサイトやアプリへ簡単にサインインできる認証機能のことです。通常、Webサイトやアプリを使うときにはユーザーを識別するためにパスワード入力が求められます。しかし、パスワードは入力や管理が面倒ですし、漏洩や不正アクセスで悪用されるリスクがあります。一方、パスキーは生体認証やPINだけでサインインできるため、パスワードよりも安全です。Windows 11のバージョン23H2からは、「Windows Hello」と連携し、対応サービスにパスキーでサインインできるようになりました。

1 パスキーを登録したサイトやアプリにアクセスします。ここでは、例としてGoogleアカウントへパスキーでログインします。

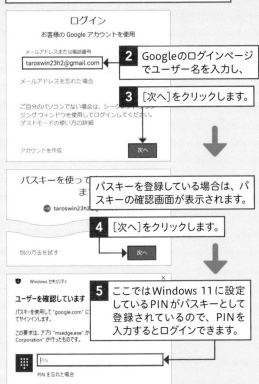

2 Googleのログインページでユーザー名を入力し、

3 [次へ]をクリックします。

パスキーを登録している場合は、パスキーの確認画面が表示されます。

4 [次へ]をクリックします。

5 ここではWindows 11に設定しているPINがパスキーとして登録されているので、PINを入力するとログインできます。

Q 346 パスキーを使いたい！

A 「Windows Hello」に登録してから各サイトに設定しましょう

Q345で解説した「パスキー」を使うには、あらかじめ「Windows Hello」を登録しておく必要があります。Windows 11の初期設定で設定したPINのほかにも、顔認証や指紋認証も設定可能です。
「Windows Hello」の設定が完了したら、対応しているサイトやアプリごとにパスキーを設定します。なお、パスキーの登録方法はサービスによって異なります。ここでは、例としてGoogleアカウントにパスキーを登録する方法を説明します。

1 「Googleアカウントのパスキーの作成」（https://www.google.com/intl/ja/account/about/passkeys/）にアクセスします。

2 [パスキーを設定する]をクリックし、

3 Googleアカウントとパスワードを入力して、

4 [次へ]をクリックします。

5 Windows HelloのPINを入力すると、パスキーが作成されます。

Windows Helloに生体認証を設定している場合は、対応する認証確認を行えばパスキーが作成されます。

基本
デスクトップ
キーボード・文字入力
インターネット
メール・連絡先
セキュリティ
AIアシスタント
写真・動画・音楽
OneDrive・スマホ
印刷・周辺機器
アプリ
インストール・設定

7

AIアシスタントの
活用技！

347 ▸▸▸ 350　Copilot の基本
351 ▸▸▸ 357　Windows での活用

基本
デスクトップ
キーボード・文字入力
インターネット
メール・連絡先
セキュリティ
AI・アシスタント
写真・動画・音楽
OneDrive・スマホ
印刷・周辺機器
アプリ
インストール・設定

📖 Copilotの基本　　　重要度 ★ ★ ★

Q 347　Copilotって何？

A マイクロソフトの対話型AIのことです

「Copilot（コパイロット）」とは、マイクロソフトの対話型AIのことです。対話型AIとは、AIと人間のような自然な会話ができる人工知能の一種です。「Copilot」は対話型AIの先駆者であるChatGPTにも使用されている「GPT-4」と呼ばれる最新の大言語モデル（LLM）が搭載されており、比較的精度の高い回答を返してくれます。ユーザーは、まずプロンプトと呼ばれる命令文や質問をCopilotに送信します。すると、Copilotは大言語モデルにアクセスし、最適な回答を出力するしくみです。

Copilotは、「Microsoft Edge」などのWebブラウザーやスマートフォンアプリなどで利用可能です。さらに、Windows 11のバージョン23H2からは、Windowsのデスクトップで直接Copilotを利用できるようになりました。

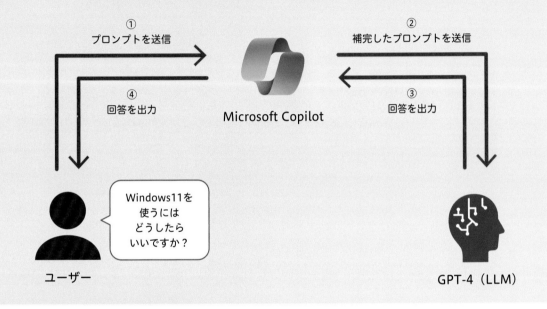

① プロンプトを送信
② 補完したプロンプトを送信
④ 回答を出力
③ 回答を出力
Microsoft Copilot
Windows11を使うにはどうしたらいいですか？
ユーザー
GPT-4（LLM）

📖 Copilotの基本　　　重要度 ★ ★ ★

Q 348　Copilotでできることを知りたい！

A マイクロソフトのサービスとの連携性など、独自機能が豊富にあります

対話型AIは、Copilot以外にもOpenAI社の「ChatGPT（チャットジーピーティー）」、Google社の「Gemini（ジェミニ）」などが有名です。これらの対話型AIは、テキストメッセージ形式のプロンプトでやり取りできることや、多言語に対応していることなど、多くの共通点があります。しかし、Copilotにはこれらの一般的な対話型AIにはない、Microsoftの各種サービスとの連携といった独自の機能も豊富に搭載されています。以下がCopilotでできることの一例です。

●Copilotでできることの一例

- 最新の情報を反映した回答を生成する
- マイクロソフトの各種サービスと連携している
- 会話のスタイルを選択できる
- 画像生成に対応している
- 画像を使って質問できる
- パソコンを操作できる（※デスクトップ版のみ）
- 物語や歌詞を作成する
- プログラムのコードを作成できる
- 数学的な計算ができる

Q 349 Copilotを使ってみたい!

A デスクトップや「Microsoft Edge」で使用できます

Copilotは、Windows 11のバージョン23H2以降のデスクトップや、「Microsoft Edge」アプリから使用できます。デスクトップで利用する場合は、タスクバーの右端にある［Copilot in Windows（preview）］ をクリックしましょう。「Microsoft Edge」アプリで利用する場合は、「bing.com（https://www.bing.com/）」の［Copilot］メニューをクリック、または画面右上の［Copilot］ボタンをクリックすると、Copilotが表示されます。

Copilotのウィンドウが表示されたら、まずは会話のスタイル（文体）を選択します。創造的な回答がほしいなら［より創造的に］、シンプルな回答がほしいなら［より厳密に］、中庸な回答がほしいなら［よりバランスよく］がおすすめです。次に、プロンプト入力欄へCopilotに回答してほしい質問ややってほしいことを日本語で入力しましょう。プロンプトとは、AIとの対話に利用する指示や、質問のことで、具体的かつ詳細に入力するほど精度の高い回答がもらえます。プロンプトを送信すると、Copilotが回答を生成します。

● **デスクトップから起動する**

［Copilot in Windows（preview）］ をクリックします。

● **bing.com から起動する**

1 「Microsoft Edge」などのWebブラウザーを起動し、「bing.com（https://www.bing.com/）」にアクセスします。

2 ［Copilot］をクリックします。

● **Microsoft Edge から起動する**

1 「Microsoft Edge」を起動します。

2 ［Copilot］ をクリックします。

● **Copilot に回答してもらう**

1 デスクトップやMicrosoft Edgeなどで、Copilotを起動します。

2 会話のスタイルをクリックします。

3 入力欄に、質問やしてほしいことを入力し、

4 ［送信］ をクリックするか、キーボードの Enter キーを押して、プロンプトを送信します。

5 Copilotが回答を生成します。

Copilot

Copilotとして、私はさまざまな方法でお手伝いできます。例えば：

- **情報提供**: 最新のニュース、天気予報、スポーツのスコア、一般的な知識など、多岐にわたるトピックについての情報を提供します。
- **学習支援**: 数学、科学、言語学習など、学校や仕事のプロジェクトに役立つ情報やリソースを提供します。
- **エンターテイメント**: 物語、詩、ジョーク、クイズなど、楽しい時間を過ごすためのコンテンツを作成します。
- **日常的なタスクの支援**: リマインダーの設定、スケジュールの管理、リストの作成など、日々の生活を整理するお手伝いをします。
- **クリエイティブなコンテンツ**: ソングライティング、エッセイライティング、コードの生成など、創造的な作業をサポートします。

基本

デスクトップ

キーボード・文字入力

インターネット

メール・連絡先

セキュリティ

AIアシスタント

写真・動画・音楽

OneDrive・スマホ

印刷・周辺機器

アプリ

インストール・設定

📖 Copilotの基本　　　　　　重要度 ★ ★ ★

Q 350 Copilotを使う上で注意すべきことを知りたい!

A 著作権、機密情報の入力、情報の真偽などに注意しましょう。

Copilotは高精度な対話型AIですが、使用する上で3つの注意点があります。

1つ目が著作権です。Copilotの回答は、大言語モデル「GPT-4」とBingのWeb検索を組み合わせたものが生成されます。つまり、質問によっては学習元のWebサイトや書籍の一文を抜き出したものが生成される可能性があるのです。Copilotの回答をそのまま利用すると著作権の侵害になる恐れがあるため、あくまで参考情報として利用するようにしましょう。

2つ目が、機密情報の入力です。一般的な対話型AIはユーザーの入力したプロンプトも学習元になっています。社内秘・社外秘、クレジットカードやパスワード、

本人を特定できるような個人情報などの機密情報が含まれたプロンプトを学習してしまうと、Copilotを使用している第三者にこれらの情報が漏洩してしまう恐れがあります。しかし、Copilotにはプロンプトを学習できないようにする設定はありません。マイクロソフトはプロンプト内の機密情報を第三者の回答に反映することはないと発表していますが、完全に防げるわけではありません。そのため、最初から機密情報を含んだプロンプトは入力しない方がよいでしょう。

3つ目が、情報の真偽です。Copilotは最新情報を反映した比較的精度の高い回答を生成します。しかし、必ずしもこれらの回答が正しいとは限りません。Copilotに限ったことではありませんが、対話型AIは間違った回答を生成してしまうことも少なくありません。そのため、回答の真偽を確かめる必要があります。Copilotは生成した回答の真偽が確かめられるように、参照元のリンクが掲載されています。得られた回答を利用する前に、リンクから情報の真偽を確かめておくことも大切です。

📄 Windowsでの活用　　　　　　重要度 ★ ★ ★

Q 351 Copilotでパソコンを操作したい!

A デスクトップ版Copilotで操作できます

デスクトップ版Copilotは、パソコンを直接操作することもできます。たとえば、音量の調整や通知のオンオフの切り替え、壁紙の変更などの簡単な設定（Q352参照）、特定のアプリを起動することなどが可能です。なお、デスクトップ版のCopilotを利用するには、パソコンにマイクロソフトアカウントでサインインしている必要があります。

1 デスクトップ版Copilotを起動します。

2 Copilotに操作してほしいことを入力します。ここでは、例として特定のアプリを開くよう指示しました。

天気を開いてください change Tap

3 ▶ をクリックして、プロンプトを送信します。

4 Copilotの回答が生成されます。

5 [はい]をクリックします。

6 Copilotに指示したアプリが開きます。

基本

デスクトップ

キーボード・文字入力

インターネット

メール・連絡先

セキュリティ

AI アシスタント

写真・動画・音楽

OneDrive・スマホ

印刷・周辺機器

アプリ

インストール・設定

重要度 ★★★

Q 352 Copilotで音量や通知を操作したい!

A デスクトップ版Copilotで、操作内容を具体的に指示します

Copilotで音量や通知を操作したい場合は、デスクトップ版Copilotを使用します。たとえば、音量を小さくしたい場合は「音量を小さくして」、通知をオフにしたい場合は「通知をオフにして」といったように、操作内容を具体的に指示することが大切です。

1 デスクトップ版Copilotを起動し、操作してほしい内容を送信します。

自分
通知をオフにして

2 操作可能な内容であれば、操作に関連したダイアログボックスが表示されます。

Copilot
✓ 使用中: Windows Settings
応答不可モードをオフにする
応答不可をオフにすると、通知が

3 [はい]をクリックすると、応答不可モードがオンになります。

はい　　　いいえ、結構です
通知をオフにするために、ダイアログボックスで選択肢を選んでください。 1 2
詳細情報　1 🌐 ai.hideharublog.com　2 🟦 microsoft.com　+2 その他

重要度 ★★★

Q 353 Webページの内容を要約したい!

A Microsoft Edge版Copilotで要約を指示します

Copilotは、たとえばニュース記事のようにWebページの内容を要約することが可能です。まずは「Microsoft Edge」で要約してほしいWebページを開き、[Copilot] ◎ をクリックします。次に、「このページを要約して」とプロンプトを送信すれば、開いているWebページの内容を要約してくれます。

1 「Microsoft Edge」で要約したいWebページを開き、[Copilot] ◎ をクリックします。

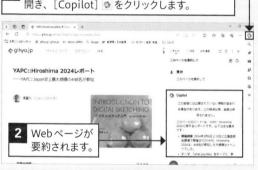

2 Webページが要約されます。

初回のみ、Webページへのアクセス許可が求められます。

重要度 ★★★

Q 354 画像を使って質問したい!

A [画像を追加します] 📷 で画像を添付します

Copilotは、特定の画像に関する質問をすることもできます。Copilotのプロンプト入力欄で [画像を追加します] 📷 をクリックし、特定のURLまたはパソコン内の画像を添付してから質問しましょう。

1 プロンプト入力欄の[画像を追加します] 📷 をクリックして、画像をアップロードします。

2 Copilotが画像を解析し、最適な回答を生成します。

Copilot
✓ 画像を分析しています。プライバシーを保護するために顔がぼやける可能性があります
この美しい吊り橋は、**明石海峡大橋**（Akashi Kaikyō Ōhashi）として知られています。兵庫県神戸市垂水区東舞子町と淡路市岩屋を結ぶ、明石海峡を横断して架けられた吊り橋です。全長は**3,911メートル**で、中央支間は**1,991メートル**です 1 。この吊り橋は、高さ日本有数のバンジージャンプができる場所としても有名です。📷
詳細情報　1 withonline.jp　2 jp.zekkeijapan.com　+13 その他
👍 👎 📋 🔊 ● 8 / 30

何でも聞いてください。

Webページの画像は[画像またはリンクの貼り付け] にURLを入力、パソコン内の画像は[このデバイスからアップロード]をクリック

Windowsでの活用 　重要度 ★★★

Q 355 画像を生成したい!

A プロンプトで生成したい画像を
具体的に指示します

Copilotには画像生成機能もあります。プロンプトで生成したい画像の画風や被写体などを具体的に指示することで、イメージ通りの作品に仕上げてくれます。プロンプトを送信すると、4種類の画像が生成されます。生成した画像は、パソコンに保存することも可能です。なお、Copilotで生成した画像は商用利用できないので注意しましょう。

> アニメ風のタッチで笑顔の女の子と桜の画像を生成してください。|

1 生成してほしい画像を具体的に
指示し、プロンプトを送信します。

2 Copilotが4種類の
画像を生成します。

3 保存したい画像にマウ
スポインタを合わせ、

4 をクリックします。

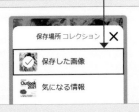

Copilot

I'll try to create that.

● 1 / 30

5 保存したいコレクション(詳細はQ239〜
242参照)のフォルダをクリックします。

保存場所 コレクション ✕

保存した画像

気になる情報

Windowsでの活用 　重要度 ★★★

Q 356 Excelの操作を
教えてもらいたい!

A プロンプトで知りたい
Excel操作を入力します

Copilotは、マイクロソフトの表計算アプリ「Excel」と連携しています。操作がわからなくなったら、プロンプトで知りたい操作内容を具体的に書いて質問してみましょう。Copilotが具体的な操作方法や手順を提案してくれます。

1 知りたいExcelの操作内容を具体的に
記載したプロンプトを送信します。

> Excelで離れた場所にあるセルの合計を計算したい場合は、どうすればいいですか?

2 Copilotが操作方法や
手順を提案します。

Copilot

Excelで離れたセルの合計を計算するには、いくつかの方法があります。以下にその手順を示します。

1. **SUM関数を使用する**: 合計を表示したいセルにカーソルを

Windowsでの活用 　重要度 ★★★

Q 357 Excelで表やデータを
作成してもらいたい!

A Excelで [Copilot]を利用します

「Microsoft Copilot Pro」という有料サブスクリプション (月額3,200円)に加入していれば、Excel上でCopilotを利用できるようになります。なお、Copilotは、OneDrive またはSharePoint に保存されているファイルでのみ機能します。

Microsoft Copilot Proに加入すると、[ホーム]タブの[Copilot]アイコンが表示され、これをクリックすると、画面右側にCopilotのウィンドウが開きます。プロンプトに作成してほしい表やデータの条件を入力して送信すれば、Copilotが直接Excelを操作するためとても便利です。

● **Microsoft Copilot Pro**

> https://www.microsoft.com/
> ja-jp/store/b/copilotpro

8

写真・動画・音楽の活用技!

358 ▶▶▶ 362　カメラでの撮影と取り込み

363 ▶▶▶ 376　「フォト」アプリの利用

377 ▶▶▶ 380　動画の利用

381 ▶▶▶ 387　「Microsoft Clipchamp」アプリの利用

388 ▶▶▶ 396　メディアプレーヤーの利用

Q 358　デジタルカメラやスマホから写真を取り込みたい!

A　[写真とビデオのインポート]を利用します

デジタルカメラやスマートフォンからパソコンに写真を取り込むには、パソコンと各機器をUSBケーブルで接続します。また、パソコンにメモリーカードスロットがあれば、デジタルカメラからメモリーカードを取り出して挿入してもよいでしょう。

はじめて接続したときは、画面の右下に通知メッセージが表示されます。クリックして[写真と動画のインポート]をクリックすると、「フォト」アプリが起動して、デジタルカメラやスマートフォン内の写真をスキャンします。写真を選択して取り込みましょう。なお、通知メッセージが表示されないときは、「フォト」アプリを起動し、画面右上の[インポート] ▣→[接続されているデバイスから]をクリックします。

ここでは、デジタルカメラを例に解説します。

参照 ▶ Q 359

1 デジタルカメラ(またはスマートフォン)とパソコンをUSBケーブルで接続して、デジタルカメラの電源を入れると、

2 通知メッセージが表示されるのでクリックし、

3 [写真と動画のインポート]をクリックします。

4 「フォト」アプリが起動して、インポート元のデバイスにある写真が自動検索されます。

5 インポートする写真をクリックして選択し、

6 [○項目の追加]をクリックします。

ここをクリックすると、下の階層のフォルダーが表示されます。

7 インポート先のフォルダーをクリックして、

8 [インポート]をクリックすると、

9 インポートが開始されます。

10 インポートが終了すると、[すべて完了しました。○アイテムが"○"から"ピクチャ"に正常にインポートされました。]と表示されます。

11 ✕をクリックして、表示を閉じます。

Q359 デジタルカメラやスマホが認識されないときは？

A エクスプローラーを利用します

デジタルカメラやスマートフォンをパソコンと接続しても、通知が表示されない場合は、エクスプローラーを利用して写真を取り込みます。

●データを直接コピーする

1 エクスプローラーを起動して、デジタルカメラかスマートフォンのドライブ（ここでは［USBドライブ（J:）］）をクリックし、

2 写真が保存されているフォルダーをクリックして、

3 ［コピー］🗋 をクリックします。

4 ［ピクチャ］をクリックして、

5 ［貼り付け］🗋 をクリックすると、

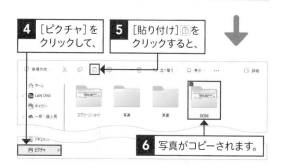

6 写真がコピーされます。

●［画像とビデオのインポート］を利用する

1 デジタルカメラかスマートフォンのドライブ（ここでは「Apple iPhone」）を右クリックします。

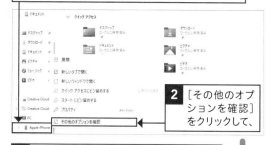

2 ［その他のオプションを確認］をクリックして、

3 ［画像とビデオのインポート］をクリックし、

4 画面の指示に従って写真や動画をインポートします。

Q360 インポートがうまくいかない場合は？

A 画像を開いて直接保存しましょう

Q358やQ359の方法でも画像を取り込めない場合は、画像をアプリで開いて直接保存しましょう。「フォト」アプリで開いた場合は、［もっと見る］⋯→［名前を付けて保存］をクリックし、［ピクチャ］フォルダーなど保存する場所を指定して［保存］をクリックします。

1 Q363を参考に、「フォト」アプリで画像を開いて［もっと見る］⋯をクリックし、［名前を付けて保存］をクリックします。

2 保存するフォルダーをクリックして、

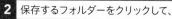

3 ［保存］をクリックします。

基本／デスクトップ／キーボード・文字入力／インターネット／メール・連絡先／セキュリティ／AIアシスタント／写真・動画・音楽／OneDrive・スマホ／印刷・周辺機器／アプリ／インストール・設定

基本

デスクトップ

キーボード・文字入力

インターネット

メール・連絡先

セキュリティ

AI アシスタント

写真・動画・音楽

OneDrive・スマホ

印刷・周辺機器

アプリ

インストール・設定

📖 カメラでの撮影と取り込み　　重要度 ★★★

Q361 取り込んだ画像はどこに保存されるの？

A [ピクチャ]フォルダーに保存されます

デジタルカメラから取り込んだ写真は、[ピクチャ]フォルダーに保存されます。取り込んだすべての写真がここに保存されるので、多数の写真を取り込むとき

は撮影した月などの名前でフォルダーを作成して分類しておくとよいでしょう。

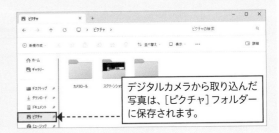

> デジタルカメラから取り込んだ写真は、[ピクチャ]フォルダーに保存されます。

🕐 カメラでの撮影と取り込み　　重要度 ★★★

Q362 デジカメやCDを接続したときの動作を変更したい！

A [自動再生]画面で設定します

デジタルカメラや音楽CDなどをパソコンに接続すると、どのような操作を行うかの通知が表示されます。この通知は初回のみ表示され、以降はこのとき選択した動作が自動的に実行されます。既定の操作に戻したい場合や、設定を変更したい場合は、[自動再生]画面で操作します。

[自動再生]画面は、「設定」アプリで[Bluetoothとデバイス]→[自動再生]をクリックして表示します。ここでは、CDを挿入したときの動作を設定してみましょう。

1 [スタート] ⊞ →[設定] ⚙ をクリックし、

2 [Bluetoothとデバイス]をクリックして、

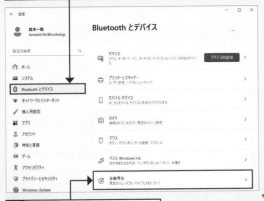

3 [自動再生]をクリックします。

4 CDやUSBメモリーの接続時の動作を変更する場合は[リムーバブルドライブ]のここをクリックし、

5 設定したい動作をクリックして選択します。

6 デジタルカメラや、デジタルカメラのメモリーカードの接続時の動作を変更する場合は、[メモリカード]の動作をクリックして選択します。

Q 363 「フォト」アプリの使い方を知りたい！

A 写真を一覧で見たり拡大して見たりすることができます

Windows 11では、パソコンに保存されている写真はすべて「フォト」アプリで確認できます。スタートメニューで[フォト]をクリックすると起動し、写真（標準では「ピクチャ」フォルダー内）のサムネイルが一覧で表示されます。過去に遡って閲覧したいときは、画面右端のバーを下方向にドラッグしましょう。サムネイルをクリックすると写真が拡大表示され、両端の矢印をクリックすると前後の写真に切り替えられます。

●写真を閲覧する

1 スタートメニューで[フォト]をクリックすると、

「フォト」アプリがピン留めされていない場合は、[すべてのアプリ]をクリックして[フォト]をクリックします。

2 「フォト」アプリが起動し、写真が一覧で表示されます。

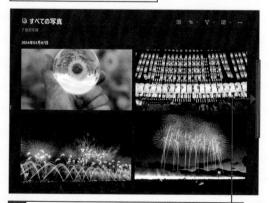

3 マウスのホイールを回したり、タイムラインのバーをドラッグすると、画面が上下に移動します。

4 写真をダブルクリックすると、

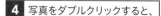

5 写真が拡大表示されます。

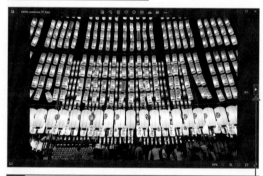

6 矢印をクリックすると、前後の写真が表示されます。

7 をクリックすると、写真の一覧に戻ります。

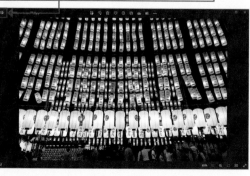

Q 364 写真を削除したい!

A 写真を選択して
[削除]をクリックします

「フォト」アプリで写真を削除するには、対象の写真に
マウスポインターを合わせ、右上に表示されるチェッ
クボックスにチェックを付けます。そのあと [削除] 🗑
をクリックしましょう。すべての写真を削除する場合
は、画面上部のメニュー内の [もっと見る] ・・・ をクリッ
クし、[すべて選択]をクリックして、すべての写真に
チェックを付けます。

1 削除したい写真にマウスポインターを合わせて、
右上のチェックボックスをクリックし、

2 写真が選択されたら、

3 [削除] 🗑 をクリックして、

ここをチェックすると次回から
この画面が表示されません。

4 [削除]をクリックします。

Q 365 動画を再生したい!

A 動画をダブルクリックします

「フォト」アプリでは、取り込んだ動画も再生できます。
対象の動画をダブルクリックすると、動画が再生され
ます。

1 再生したい動画をダブルクリックすると、

動画のサムネイルには、🎬 が表示されています。

2 動画が再生されます。

3 動画にマウスポインターを合わせると、
画面下部にメニューが表示されます。

[再生／一時停止]　　[前にスキップ]　　[リピート]

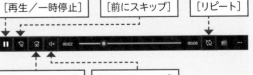

[後ろにスキップ]　　[音量／ミュート]

Q 366 写真だけを表示したい！

A [フィルター]で表示を
絞り込みましょう

「フォト」アプリでは、初期設定では写真と動画の両方が画面に表示されていますが、写真または動画に絞って表示することもできます。[フィルター]をクリックして、[フォト]をクリックすると写真のみ、[動画]をクリックすると動画のみが表示されます。表示を元に戻すには、再び[フィルター]をクリックして、[すべてのメディア]をクリックします。

また、ファイルを取り込んでいるはずなのに「フォト」アプリに表示されない場合は、フィルターで表示が絞り込まれている可能性があります。このようなときは[フィルター]をクリックして、表示を確認しましょう。ここでは、写真のみに絞って表示します。

写真と動画の両方が
表示されています。

1 [フィルター] をクリックし、

2 [フォト]をクリックすると、

[すべてのメディア]をクリックすると、
写真と動画の両方が表示されます。

3 画面上には写真だけが表示されます。

Q 367 写真が見つからない！

A 画面上部の検索欄に
キーワードを入力しましょう

「フォト」アプリでは、画像を保存すると、画像の情報をもとに人物や場所、物事などのカテゴリに分類されます。画像を検索すると、その内容に当てはまる画像が結果に表示されます。「青」「花」といった簡単なキーワードであれば正確に表示されることが多いですが、人物や具体的な場所などの細かいキーワードでは、正しい結果が表示されない場合もあります。

1 「フォト」アプリを起動したあと、
検索欄をクリックして、

2 ファイル名やフォルダー名、連想するキーワードなどを入力します。入力欄の下部に表示される候補をクリックしてもかまいません。

3 Enterを押すと、キーワードに該当する
写真が一覧で表示されます。

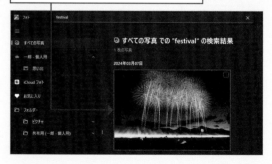

基本
デスクトップ
キーボード・文字入力
インターネット
メール・連絡先
セキュリティ
AI・アシスタント
写真・動画・音楽
OneDrive・スマホ
印刷・周辺機器
アプリ
インストール・設定

Q 368 写真をきれいに修整したい!

A 「フォト」アプリの編集機能を利用します

「フォト」アプリでは、写真の回転やトリミング、赤目の除去などのほか、明るさやコントラスト、色補正といった、さまざまな修整が行えます。フィルターを適用して雰囲気をガラッと変えることも可能です。修整を保存する前なら、画面右上の[キャンセル]→[OK]をクリックすると元に戻せるので、思いどおりの結果になるまで何度でも編集してみるとよいでしょう。

●写真にフィルターを設定する

1 Q363を参考に、「フォト」アプリで写真を大きく表示して、

2 [画像の編集] をクリックすると、

3 編集モードに切り替わります。

4 [フィルター] をクリックし、

5 適用したいフィルターをクリックします。

6 [保存オプション]をクリックし、

7 [コピーとして保存]あるいは[保存]（上書き保存）をクリックします。

バーを左右にドラッグすると、フィルターの効き目を調整できます。

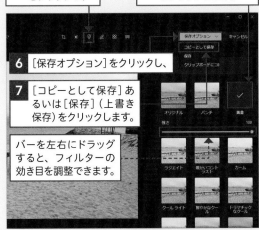

●明るさを調整する

1 編集モードで[調整] をクリックして、

2 [明るさ]のバーをドラッグします。

3 右にドラッグすると明るくなり、

4 左にドラッグすると暗くなります。

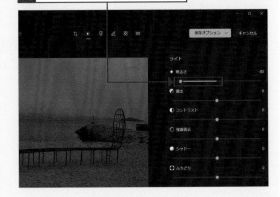

Q369 写真の向きを変えたい！

A 「フォト」アプリの「回転」機能を利用します

デジタルカメラやスマートフォンは縦にも横にも構えて写真を撮れるので、写真の向きを自動補正する機能が搭載されています。しかし、撮影時にこの機能がうまく働かず、写真が意図と異なる向きで表示されることがあります。

写真を正しい向きに修正したい場合は、「フォト」アプリの「回転」機能を使いましょう。[回転]🔄をクリックするごとに、写真が時計回りに90度回転します。

1 Q363を参考に、「フォト」アプリで写真を大きく表示して、

2 [回転]🔄をクリックすると、

3 写真が時計回りに90度回転します。

Q370 写真の一部分だけを切り取りたい！

A 「フォト」アプリのトリミング機能を利用します

写真の一部分だけを切り取りたいときは、「フォト」アプリの編集モードで[トリミングする]を選択して、切り取りたい範囲をドラッグして指定します。

SNSで共有したい写真に不要なものが写っていたときや、アイコンに使う写真を使用したい部分だけ切り取りたいときなどに活用しましょう。

1 Q363を参考に、「フォト」アプリで写真を大きく表示して、

2 [画像の編集]🖼をクリックし、編集モードに切り替えます。

3 [トリミングする]をクリックして、

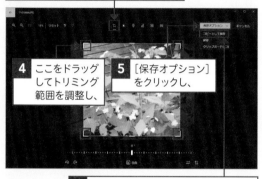

4 ここをドラッグしてトリミング範囲を調整し、

5 [保存オプション]をクリックし、

6 [コピーとして保存]をクリックします。

Q 371 写真に書き込みをしたい！

A 「フォト」アプリの「マークアップ」機能を利用します

「フォト」アプリには、マウスやトラックパッド、専用のペンなどを使って、写真に手描きのメモやイラストなどを添えることができる、「マークアップ」機能が搭載されています。「マークアップ」機能では、2つの［ペン］と［蛍光ペン］で好みの種類と色を選んで、写真上に書き込むことができます。各ツールと色は、編集モードで画面下部に表示されるツールバーから変更します。
書き込みが終わったら、［保存オプション］の［コピーとして保存］をクリックして保存できます。新しい写真ファイルとして保存されるため、書き込み元となった写真には影響がありません。

1 Q363を参考に、「フォト」アプリで写真を大きく表示して、

2 ［画像の編集］🖼をクリックし、

3 ［マークアップ］✏をクリックします。

4 編集モードに切り替わります。

5 ツールバーの［ペン］🖊をクリックして、

6 目的のペンの色や太さを選択します。

7 写真上にマウスやトラックパッドを使って書き込みます。

8 ［保存オプション］をクリックし、

9 ［コピーとして保存］をクリックします。

Q 372 写真の背景をボカしたい！

A 「フォト」アプリの「背景」機能を利用します

一眼レフのように写真の背景をボカして被写体を目立たせたいときは、「フォト」アプリの編集モードで「背景」機能 🖼 を使ってみましょう。
［背景］機能を選択すると、写真の背景が自動的に認識されます。背景が選択された後に「ぼかし」をクリックすると、背景にボカしがかかります。「ぼかし強度」のバーを右方向にドラッグするとボカしが濃くなり、左方向にドラッグするとボカしが薄くなります。

1 Q363を参考に、「フォト」アプリで写真を大きく表示して、

2 ［画像の編集］🖼をクリックし、

3 ［背景］🖼をクリックします。

4 背景が自動的に選択されたら、

5 ［OK］をクリックします。

6 ［ぼかし］をクリックすると、背景にボカしが適用されます。

7 ［ぼかし強度］を左右にドラッグして、ボカしを調整します。

8 ［保存］オプション→［コピーとして保存］をクリックします。

基本
デスクトップ
キーボード・文字入力
インターネット
メール・連絡先
セキュリティ
AI・アシスタント
写真・動画・音楽
OneDrive・スマホ
印刷・周辺機器
アプリ
インストール・設定

Q373 「ピクチャ」以外のフォルダーの写真も読み込みたい！

A 「フォト」アプリで新しくフォルダーを追加します

「フォト」アプリでは、通常、[ピクチャ]フォルダー内の写真以外は表示されません。しかし、写真を[ピクチャ]フォルダーとは別のフォルダーで管理している場合もあるでしょう。その場合は、「フォト」アプリからフォルダーを指定することで、そのフォルダーの写真を「フォト」アプリに表示できます。

1 スタートメニューから「フォト」アプリを起動して、

2 [フォルダー]を右クリックし、

3 [フォルダーの追加]をクリックします。

4 写真が保存されているフォルダーをクリックし、

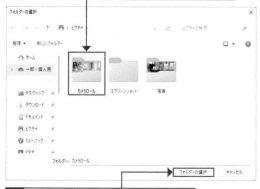

5 [フォルダーの選択]をクリックします。

6 [フォルダー]内に追加したフォルダーが表示され、クリックすると写真を確認できます。

Q374 保存した写真を印刷したい！

A [印刷]をクリックします

「フォト」アプリで写真を拡大表示したあと、画面右上の[印刷] をクリックすれば、サイズや向きなどを指定してお気に入りの写真を印刷できます。

1 Q363を参考に、「フォト」アプリで印刷する写真を大きく表示して、

2 [印刷] をクリックします。

3 使用するプリンターを選択して、

4 印刷の向きを指定し、

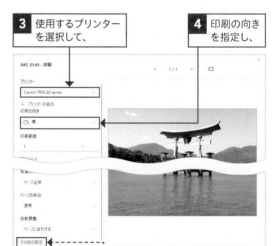

[その他の設定]をクリックすると、より細かい設定ができます。

5 [印刷]をクリックします。

基本

デスクトップ

キーボード・文字入力

インターネット

メール・連絡先

セキュリティ

AI・アシスタント

写真・動画・音楽

OneDrive・スマホ

印刷・周辺機器

アプリ

インストール・設定

Q 375 1枚の用紙に複数の写真を印刷したい！

A エクスプローラーを利用します

複数の写真を1枚の用紙に印刷する機能は、「フォト」アプリには用意されていません。この場合は、下記の方法でエクスプローラーを利用しましょう。

1 エクスプローラーを表示して、Ctrlを押しながら印刷したい写真をクリックし、

2 手順**1**で選択した写真を右クリックして、[その他のオプションを確認]をクリックします。

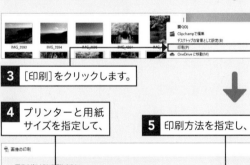

3 [印刷]をクリックします。

4 プリンターと用紙サイズを指定して、

5 印刷方法を指定し、

6 [印刷]をクリックします。

Q 376 写真の周辺が切れてしまう！

A [写真をフレームに合わせる]をオフにします

写真の印刷時に周辺が切れてしまうのは、「写真を印刷範囲に合わせる」設定が有効になっているためです。写真全体を印刷するには、「写真を印刷範囲に合わせる」設定をオフにしましょう。エクスプローラーから画像の印刷を行うときは、[写真をフレームに合わせる]をオフにして印刷します。「フォト」アプリで印刷を行うときは、[縮小して全体を印刷する]を選択し、画像全体が表示された状態で印刷します。

参照 ▶ Q 374, Q 375

● エクスプローラーの場合

1 [画像の印刷]画面で[写真をフレームに合わせる]をオフにすると、

2 写真全体が印刷されます。

● 「フォト」アプリの場合

1 [印刷]画面でここをクリックして[縮小して全体を印刷する]を選択すると、

2 写真全体が印刷されます。

左端の見出し：基本／デスクトップ／キーボード・文字入力／インターネット／メール・連絡先／セキュリティ／AI・アシスタント／写真・動画・音楽／OneDrive・スマホ／印刷・周辺機器／アプリ／インストール・設定

Q 377 デジタルカメラで撮った ビデオ映像を取り込みたい！

A [インポート]を クリックして取り込みます

デジタルカメラで撮影したビデオ映像は、写真と同様に「フォト」アプリを利用して取り込むことができます。取り込んだビデオ映像は、[ピクチャ]フォルダーに取り込みを実行したときの日付で保存されます。
ここでは、「フォト」アプリを起動した状態からビデオ映像の取り込みを実行します。

1 デジタルカメラとパソコンをUSBケーブルで接続して、デジタルカメラの電源を入れます。

2 スタートメニューから「フォト」アプリを起動して、

3 [インポート]→接続しているデバイス名をクリックします。

4 インポートしたいビデオ画像をクリックし、

5 [○項目の追加]をクリックして、

6 画像を保存するフォルダーをクリックし、

7 [インポート]をクリックすると、ビデオ映像が取り込まれます。

Q 378 デジタルカメラで撮った ビデオ映像を再生したい！

A 「フォト」や「映画＆テレビ」アプリなどで再生できます

デジタルカメラから取り込んだビデオ映像は、「フォト」アプリや「メディアプレーヤー」アプリで再生できます。また、動画ファイルを[ビデオ]フォルダーに移動すれば、「映画＆テレビ」アプリでも再生できます。ここでは、「フォト」アプリでの再生方法を解説します。

1 スタートメニューで[フォト]をクリックして、

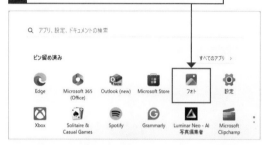

2 「フォト」アプリでインポートしたビデオ映像をダブルクリックすると、

3 ビデオ映像が再生されます。

Q 379 パソコンでテレビは観られるの？

A 最初から観られるパソコンもあります

テレビ放送のチューナーが内蔵されているパソコンを購入すれば、すぐにテレビを観ることができます。4K衛星放送チューナーと4K液晶を搭載したパソコンなら、高画質の衛星放送も楽しめます。

チューナーが内蔵されていないパソコンでテレビ放送を観たい場合は、外付けのチューナーを購入し、パソコンに接続するという方法があります。

また、チューナーが内蔵されているパソコン、外付けのチューナーのどちらも、パソコンに録画する機能を持つものが主流となっています。

● **チューナー内蔵パソコン**

（FMV FH90/H2
富士通クライアントコンピューティング株式会社）

● **パソコン用外付けチューナー**

（nasne NS-N100／バッファロー）

Q 380 パソコンで映画のDVDを観る方法を知りたい！

A 再生用のアプリを導入します

Windows 11は、DVDディスクに保存されているパソコン用の動画は再生できますが、映画やスポーツ映像など、家庭用のDVDプレイヤー向けの動画は再生できません。この場合は、専用の再生アプリが必要です。有料／無料のものがあり、「Microsoft Store」アプリやインターネットから入手できます。ここではおすすめのアプリを2つ紹介します。

● **PowerDVD シリーズ**

https://jp.cyberlink.com/products/
powerdvd-ultra/features_ja_JP.html

有料ですが機能が豊富で、無料体験版も
用意されています。

● **VLC media player**

https://www.videolan.org/

無料で利用でき、パソコンに保存
されている動画も再生できます。

Q 381 動画を編集したい！

A 「Microsoft Clipchamp」アプリで編集できます

Windows 11には、「Microsoft Clipchamp」という動画編集アプリが備わっており、本格的な動画編集を行うことができます。「Microsoft Clipchamp」アプリでは、動画用のテンプレートが最初から用意されているため、それらを利用して動画を簡単に編集できます。また、動画で使用できる無料の音楽素材や映像素材もあり、素材を探す手間も省けるのが特徴です。アプリは無料で利用可能ですが、使用できるフィルターやエフェクトの種類が増える有料プランもあります。

なお、「Microsoft Clipchamp」アプリは、バージョン22H2から標準搭載になったアプリのため、バージョン21H2ではインストールされていません。バージョンを最新バージョンに上げるか、Q495を参考に「Microsoft Store」アプリからインストールしましょう。

●「Microsoft Clipchamp」アプリを起動する

1 スタートメニューにある[Microsoft Clipchamp]をクリックします。

初回のみ、Microsoftアカウントのパスワード入力が求められます。

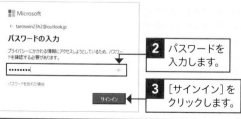

2 パスワードを入力します。

3 [サインイン]をクリックします。

どのような動画を作成したいか質問されたら、該当する回答をクリックします。

4 「Microsoft Clipchamp」アプリが表示されます。

●動画をインポートする

1 [新しいビデオを作成]をクリックします。

2 [メディアのインポート]をクリックします。

3 インポートする動画をクリックして選択し、

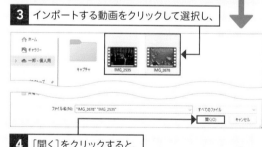

4 [開く]をクリックすると、

5 動画がインポートされます。

Q382を参考に、タイムラインに動画を追加すると、トリミングなどの編集が行えます。

基本

テスクトップ

キーボード・文字入力

インターネット

メール・連絡先

セキュリティ

AIアシスタント

写真・動画・音楽

OneDrive・スマホ

印刷・周辺機器

アプリ

インストール・設定

Q 382 複数の動画を編集したい!

A 動画をタイムラインに追加します

「Microsoft Clipchamp」アプリで動画を編集するには、Q381でインポートした動画を「タイムライン」という場所に配置する必要があります。タイムラインに複数の動画を配置すると、動画をつなげて1つの動画として作成できます。なお、タイムラインの左側に配置した動画から順番に表示されます。

●[タイムラインに追加] から追加する

1 インポートした動画にマウスポインターを合わせて、

2 [タイムラインに追加] をクリックすると、

3 動画がタイムラインに追加されます。

●タイムラインにドラッグして追加する

1 インポートした動画を、タイムラインの追加したい位置にドラッグすると、

2 動画がタイムラインの指定した位置に追加されます。

Q 383 動画に切り替え効果を入れたい!

A 「トランジション」を追加しましょう

「トランジション」とは、動画の切り替えをスムーズに表示させる機能です。動画の切り替えを違和感なく行えるだけでなく、より動画を印象的に見せる効果もあります。なお、⬦ のアイコンが付いているトランジションは、「Microsoft Clipchamp」の有料プランか、Microsoftのオフィス系のサブスクリプション「Microsoft 365」に加入している場合のみ利用できます。

1 タイムライン上で、動画の切れ目にマウスポインターを合わせると表示される、[Add Trandition] ⬦ をクリックします。

2 画面右側の[トランジション]をクリックすると、トランジションの一覧が表示されます。

3 追加したいトランジションをクリックし、

4 [継続時間] のスライダーをドラッグして、トランジションが表示される時間を調整します。

5 プレビュー画面で▶(クリックすると⏸に変化)をクリックすると、

6 動画が再生され、動画の切り替え時にトランジションが表示されていることを確認できます。

基本

デスクトップ

キーボード・文字入力

インターネット

メール・連絡先

セキュリティ

AI アシスタント

写真・音楽・動画・

OneDrive・スマホ

印刷・周辺機器

アプリ

インストール・設定

Q 384 簡単にビデオを作りたい！

A 「自動作成」機能を使いましょう

トランジションでシーンをつなぎ合わせたり（Q383参照）、テキスト（Q385参照）や音楽（Q386参照）を追加したりなど、動画の編集は何かと時間がかかります。もっとかんたんに動画を作りたい場合は、「Microsoft Clipchamp」アプリの「自動作成」機能を使ってみましょう。

「自動作成」機能では、画面の指示に従ってタイトルや写真・動画を追加していくだけで、AIが自動的に高クオリティな動画を作成してくれます。作成した動画は、そのままYouTubeにも投稿できます。

1 [Microsoft Clipchamp]アプリを起動し、

2 [AIでビデオを作成する]をクリックします。

3 動画のタイトルを入力します。

4 [クリックしてメディアを追加～]をクリックします。

5 追加する写真や動画をクリックして選択し、

6 [開く]をクリックして写真や動画を追加したら、

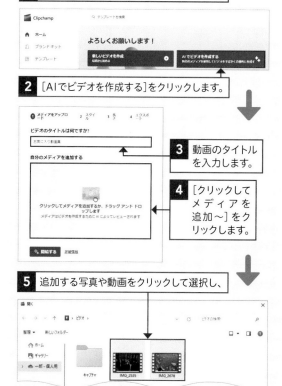

7 [開始する]をクリックします。

8 動画のイメージに最適なスタイル（デザイン）が提案されます。

ほかのスタイルがよい場合は、グッドボタンまたはバッドボタンをクリックしましょう。

9 [次へ]をクリックします。

10 動画の縦横比をクリックします。

追加した動画の再生時間が長い場合は、長さを調節できます。

11 [次へ]をクリックします。

12 再生ボタンをクリックして、プレビューを確認します。

13 [エクスポート]をクリックします。

14 動画のエクスポートがはじまります。

15 エクスポートが完了すると、パソコンの[ダウンロード]フォルダへ自動的に保存されます。

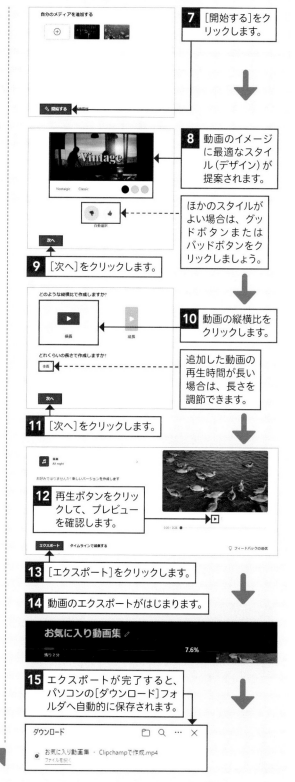

基本

デスクトップ

キーボード・文字入力

インターネット

メール・連絡先

セキュリティ

AI アシスタント

写真・動画・音楽

OneDrive・スマホ

印刷・周辺機器

アプリ

インストール・設定

📝 「Microsoft Clipchamp」アプリの利用　重要度 ★★★

Q385 動画にタイトルやテロップを入れたい!

A [テキスト]で追加しましょう

動画にタイトルやテロップを追加するには、[テキスト]を利用します。左のメニューの[テキスト]をクリックすると、テキストの種類が表示されます。[テキスト][タイトル][2本の線][キャプション][スペシャル][イントロ/アウトロ]の中から、用途に合うテキストを利用しましょう。ここでは、動画にタイトルを追加します。

1 左のメニューで[テキスト]をクリックし、

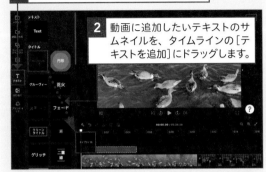

2 動画に追加したいテキストのサムネイルを、タイムラインの[テキストを追加]にドラッグします。

3 Ctrl を押しながらマウスホイールを上に回して、タイムラインの表示を拡大し、

4 両側のハンドルをドラッグして、表示時間を調節します。

5 手順2でタイムラインに追加したテキストをクリックし、

6 右のメニューで[テキスト]をクリックして、

7 テキストやフォント、文字色などを編集します。

📝 「Microsoft Clipchamp」アプリの利用　重要度 ★★★

Q386 動画に音楽を入れたい!

A 音楽ファイルをタイムラインに追加しましょう

動画に音楽を追加するには、まず[メディアのインポート]をクリックして、音楽ファイルを追加します。音楽をタイムラインの下部にドラッグすると、音楽を追加できます。なお、「Microsoft Clipchamp」アプリで推奨しているオーディオ形式はmp3、wav、oggで、これらのファイルであれば動画の編集が素早くできます。

1 [メディアのインポート]をクリックし、

2 動画に追加したい音楽ファイルをクリックして、

3 [開く]をクリックします。

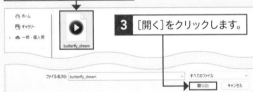

4 音楽ファイルがインポートされます。

5 タイムラインの下部に音楽ファイルをドラッグします。

6 動画に音楽が追加されます。

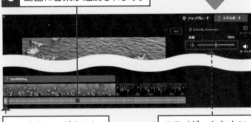

ここをドラッグすると、音楽の開始位置や長さを変更できます。

スライダーを左右にドラッグすると、音量を変更できます。

Q 387 編集した動画を保存したい！

A [エクスポート]で動画を
エクスポートしましょう

動画の編集が終了したら、[エクスポート]をクリックして動画をエクスポート（保存）します。動画の画質は高いほど高画質で保存されますが、エクスポートにかかる時間やファイルの容量が増えるため、用途に合わせて選びましょう。

また、エクスポートした動画はOneDriveに保存したり、YouTubeにアップロードしたりできます。なお、YouTubeには「限定公開」でアップロードされるため、リンクを知っているユーザーしか見ることができません。公開範囲を変更する場合は、動画のリンクをコピーしてブラウザーからアクセスし、[動画の編集]をクリックして、[公開設定]から選択します。

●動画を保存する

ファイル名を変更する場合は、画面左上の入力欄をクリックして新しいファイル名を入力し、Enter を押します。

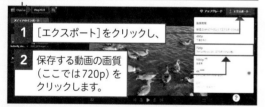

1 [エクスポート]をクリックし、

2 保存する動画の画質
（ここでは720p）を
クリックします。

3 動画のエクスポートがはじまります。

[編集を続行]をクリックすると、エクスポートを中断して動画の編集画面に戻します。

4 動画がエクスポートされます。

エクスポートされた
動画は、[ダウンロード]フォルダーに保存されます。

●動画を OneDrive に保存する

1 動画のエクスポート
画面で［OneDriveへ
保存］をクリックし、

[フォルダーを選択]をクリックすると、保存先のフォルダーを変更できます。

2 [送信]をクリックします。

3 OneDriveに動画が保存されます。

●動画を YouTube にアップロードする

1 動画のエクスポート画面で［YouTube
にアップロード］をクリックし、

2 [YouTubeへ接続]
をクリックします。

3 Edgeが起動するので、画面に沿って操作を
進め、Edgeのウィンドウを閉じます。

4 「Microsoft Clipchamp」アプリに戻ります。

5 ファイル名や説
明などを必要に
応じて変更し、

6 [いいえ、子供向け
に制作されていませ
ん]をクリックして、

7 [アップロード]をクリックします。

8 YouTubeに動画がアップロードされます。

Q 388 メディアプレーヤーで何ができるの？

A 音楽の再生や取り込みを行います

「メディアプレーヤー」は、音楽の再生と管理をするための付属アプリです。音楽CDを再生できるだけでなく、音楽CDから曲を取り込んで、プレイリストで曲を整理することができます。

参照▶Q392

● 音楽CDを再生する

音楽CDをパソコンのドライブにセットするだけで、簡単に音楽を再生できます。音楽CDのジャケット画像も表示されます。

● CDから音楽を取り込む

音楽CDからパソコンに曲を取り込めます。

● 取り込んだ音楽を聴く

パソコンに取り込んだ曲をアーティストやアルバム、曲単位で聴くことができます。

● プレイリストを作成する

好みの曲だけを集めたオリジナルのプレイリストを作成できます。

Q389 メディアプレーヤーの起動方法を知りたい！

A スタートメニューから起動します

メディアプレーヤーを起動するには、スタートメニューを表示して[すべてのアプリ]をクリックし、[メディアプレーヤー]をクリックします。
メディアプレーヤーが起動すると、[ホーム]画面が表示されます。主な操作は左側にあるメニューから行います。画面が狭い場合はアイコンしか表示されていませんが、メニューの左側にある[ナビゲーションを開く]≡をクリックすると、メニューの詳細を確認できます。

1 スタートメニューを表示し、

2 [すべてのアプリ]をクリックして、

3 [メディアプレーヤー]をクリックすると、

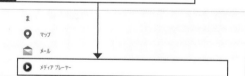

4 メディアプレーヤーが起動します。

Q390 Windows Media Player は使えないの？

A [Windowsツール]から起動できます

メディアプレーヤーと「Windows media Player」は名前も機能もよく似ていますが、別のアプリです。Windows media Playerは、これまでのWindowsで標準で搭載されていた音楽の再生管理アプリで、現在は「Windows Media Player Legacy」という名前に変わっています。このアプリをより見やすく、使いやすく改良したアプリがメディアプレーヤーです。
Windows media Playerを使いたい場合は、スタートメニューを表示して[すべてのアプリ]をクリックし、[Windows ツール]→[Windows media Player Legacy]をクリックします。

1 スタートメニューで[すべてのアプリ]
→[Windowsツール]をクリックし、

2 [Windows Media Player Legacy]をクリックします。

3 [推奨設定]をクリックしてオンにし、

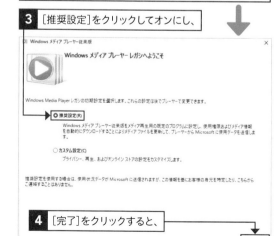

4 [完了]をクリックすると、

5 Windows Media Playerが起動します。

Q 391 音楽CDを再生したい!

A 音楽CDをドライブにセットします

メディアプレーヤーを起動していない状態で音楽CDをドライブにセットすると、画面の右下に通知メッセージが表示されます。通知メッセージをクリックし、表示されたリストの[オーディオCDの再生]をクリックすると、メディアプレーヤーが起動して、再生が始まります。

メディアプレーヤーが起動している状態で音楽CDをドライブにセットした場合は、すぐに曲の再生が始まります。

音楽CDをセットしても自動的に再生されない場合は、エクスプローラーを起動して、CDやDVDドライブをダブルクリックすると、音楽CDが再生されます。

参照 ▶ Q 362

1 音楽CDをドライブにセットすると、通知メッセージが表示されるのでクリックして、

2 [オーディオCDの再生]をクリックすると、

3 メディアプレーヤーが起動して、音楽の再生が始まります。

● 再生コントロールの機能

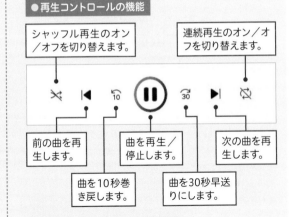

シャッフル再生のオン／オフを切り替えます。

連続再生のオン／オフを切り替えます。

前の曲を再生します。

曲を再生／停止します。

次の曲を再生します。

曲を10秒巻き戻します。

曲を30秒早送りにします。

● 音楽CDの曲の一覧を表示する

1 [ホーム]をクリックすると、

2 [ホーム]画面が表示されます。

3 音楽CD名をクリックすると、

4 音楽CDの情報や曲の一覧が表示されます。

Q 392 音楽CDの曲をパソコンに取り込みたい！

A 取り込みオプションを指定して取り込みます

パソコン内に音楽CDから曲を取り込めば、次回以降は音楽CDをセットしなくても取り込んだ曲を再生できるようになります。[CDの取り込み]をクリックすると、曲の取り込みがすぐに開始されるため、事前に取り込みの設定を確認しておくとよいでしょう。取り込んだ曲の数が増えてきたら、好みの曲だけを集めたオリジナルのプレイリストを作成することも可能です。

参照 ▶ Q 393, Q 394

●取り込みの設定を確認する

1 メディアプレーヤーを起動して、音楽CDをセットします。

2 音楽CD名をクリックし、

3 [もっと見る] … をクリックして、

4 [取り込みの設定]をクリックします。

5 パソコンに保存する音楽の形式や、ビットレート（音質）を変更できます。

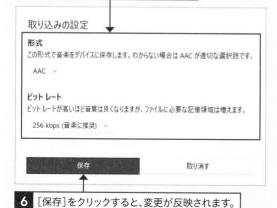

取り込みの設定

形式
この形式で音楽をデバイスに保存します。わからない場合は AAC が適切な選択肢です。

AAC ∨

ビットレート
ビットレートが高いほど音質は良くなりますが、ファイルに必要な記憶領域は増えます。

256 kbps (音楽に推奨) ∨

保存　　　取り消す

6 [保存]をクリックすると、変更が反映されます。

●音楽 CD の曲を取り込む

1 メディアプレーヤーで音楽CD名をクリックし、

2 [もっと見る] … をクリックして、

3 [CDの取り込み]をクリックします。

4 曲の取り込みが開始されます。

どの曲を取り込んでいるかが確認できます。

[もっと見る] … →[取り込みの取り消し]をクリックすると、曲の取り込みを中止します。

5 すべての曲に[取り込み完了]と表示されたら、取り込みは完了しています。

6 音楽CDをドライブから取り出します。

Q 393 取り込んだ曲をメディアプレーヤーで聴きたい！

A 曲を選択して [再生] をクリックします

パソコンに取り込んだ曲を再生するには、メディアプレーヤーを起動して、聴きたい曲を選択します。なお、下の手順では [アルバム] をクリックして曲を選択していますが、[アーティスト] をクリックするとアーティスト別に曲を選択できます。また、[ジャンル] をクリックすると、ジャンルを絞り込んで表示できます。

参照 ▶ Q 392

● 聴きたい曲だけを選択する

1 [音楽ライブラリ] をクリックし、

2 [アルバム] をクリックして、

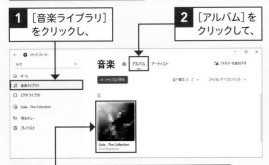

3 再生したいアルバムをダブルクリックすると、

4 アルバム内の曲が表示されます。

5 聴きたい曲にマウスポインターを合わせて □ をクリックし、

6 [再生] をクリックすると、

複数の曲の □ をクリックして選択し、再生することもできます。

1曲だけ再生する場合は、曲をダブルクリックしても再生できます。

7 曲が再生されます。

● アルバム内のすべての曲を聴く

1 [音楽ライブラリ] をクリックし、

2 [アルバム] をクリックして、

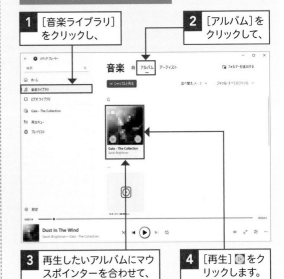

3 再生したいアルバムにマウスポインターを合わせて、

4 [再生] ▷ をクリックします。

● 音楽ライブラリ内の曲をシャッフル再生する

1 [音楽ライブラリ] をクリックして、

2 [曲] をクリックします。

3 [シャッフルと再生] をクリックすると、

4 音楽ライブラリ内の曲がシャッフル再生されます。

Q 394 プレイリストを作成したい!

A [新しいプレイリストの作成]または[新しい再生リスト]をクリックします

「プレイリスト」とは、音楽ファイルのグループのことです。パソコンに取り込んださまざまな曲の中から、お気に入りの曲だけを集めたり、好きな順番で再生した

りできます。「再生リスト」とも呼ばれます。

プレイリストを作成するには、まずメディアプレーヤーで[プレイリスト]をクリックし、[新しいプレイリストの作成]または[新しい再生リスト]をクリックします。プレイリストの名前を入力して[再生リストを作成]をクリックしましょう。この手順を繰り返せば、複数のプレイリストを作成できます。プレイリストには、家族ごとや音楽のジャンル、音楽を聴くシチュエーションなど、目的に応じた名前を付けるとよいでしょう。

---

1 メディアプレイヤーを起動し、

2 [プレイリスト]をクリックして、

プレイリストが1個も作成されていない状態だと、以下の画面が表示されます。

3 [新しいプレイリストの作成]をクリックします。

プレイリストの名前は、初期状態では「無題のプレイリスト」と表示されているので、変更します。

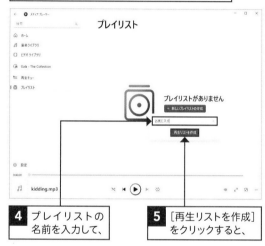

4 プレイリストの名前を入力して、

5 [再生リストを作成]をクリックすると、

6 新しいプレイリストが作成されます。

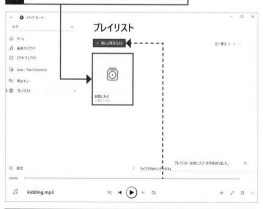

2個目以降のプレイリストを作成する場合は、[新しい再生リスト]をクリックし、手順**4**と手順**5**を行います。

基本

デスクトップ

キーボード・文字入力

インターネット

メール・連絡先

セキュリティ

AI・アシスタント

写真・動画・音楽

OneDrive・スマホ

印刷・周辺機器

アプリ

インストール・設定

Q 395 プレイリストを編集したい!

A 曲の追加や削除、順番の入れ替えなどができます

プレイリストを作成したあとは、曲を追加したり、不要な曲を削除したりできます。また、再生される曲の順番を入れ替えることもできます。

●プレイリストに曲を追加する

| **1** 追加したい曲にマウスポインターを合わせて ☐ をクリックし、 | **2** [追加先]をクリックして、 |

3 追加先のプレイリストをクリックすると、プレイリストに曲が追加されます。

●プレイリストの曲を並べ替える

1 プレイリストを表示し、

2 順番を変更したい曲をドラッグすると、

3 プレイリスト内の曲が並び替わります。

●プレイリストの曲を削除する

| **1** プレイリストを表示し、 | **2** 曲を右クリックして、 |

| **3** [削除]をクリックします。 | 削除された曲は音楽ライブラリには残ります。 |

Q 396 プレイリストを削除したい!

A プレイリストの[その他のオプション]から削除しましょう

1 [プレイリスト]をクリックして、プレイリストの一覧を表示します。

2 削除したいプレイリストにマウスポインターを合わせて、

| **3** [その他のオプション] … をクリックし、 | **4** [削除]をクリックして、 |

プレイリストを削除するには、プレイリストの[その他のオプション]をクリックして、[削除]をクリックします。一度削除したプレイリストは元には戻せないため、確認してから削除しましょう。

なお、プレイリストを削除しても、プレイリストに登録されていた元の曲は、音楽ライブラリに残ります。

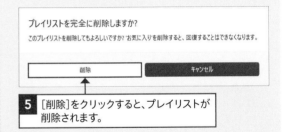

5 [削除]をクリックすると、プレイリストが削除されます。

プレイリストに登録されていた曲は削除されず、[音楽ライブラリ]から再生できます。

基本
デスクトップ
キーボード・文字入力
インターネット
メール・連絡先
セキュリティ
AI・アシスタント
写真・動画・音楽
OneDrive・スマホ
印刷・周辺機器
アプリ
インストール・設定

9

OneDriveと
スマートフォンの便利技!

397 ▸▸▸ 403　**OneDrive の基本**

404 ▸▸▸ 408　**データの共有**

409 ▸▸▸ 416　**OneDrive の活用**

417 ▸▸▸ 427　**スマートフォンとのファイルのやり取り**

428 ▸▸▸ 435　**インターネットの連携**

Q 397 OneDriveは何ができるの？

A インターネット上の専用保存領域にさまざまなデータを保存できます

「OneDrive」は、マイクロソフトが運営するクラウドストレージサービスです。クラウドストレージとは、インターネット上に用意されたユーザー専用の保存領域のことで、OneDriveの場合、Microsoftアカウントを持っているユーザーであれば、無料で5GBまでのデータを保存できます。

OneDriveを使えば、普段は使わない、ファイルサイズの大きいデータを保存して、パソコンの内蔵ドライブの空き容量を増やせます。さらに、同じMicrosoftアカウントでサインインすれば、Windows 11のパソコンだけでなく、スマートフォンやタブレット、Macからも保存されたデータを参照、編集することが可能です。ただし、Windowsのパソコン以外からOneDriveにアクセスする場合は、別途専用のアプリまたはブラウザーが必要です。

また、WindowsではOSそのものにOneDriveが統合されているので、エクスプローラーを使ってパソコンの内蔵ドライブと同じ感覚でファイルやフォルダーをOneDriveとやり取りでき、さらに、OneDriveに保存したデータをほかのユーザーと簡単に共有することもできます。

● OneDriveはオンラインストレージ

OneDriveはインターネット上に用意された外付けドライブのようなもので、パソコンをはじめとするさまざまなデバイスを使って、自由にデータを読み書きできます。

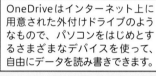

● Windows 11ならエクスプローラーからアクセスできる

Windows 11からはエクスプローラーのナビゲーションバーでOneDriveにアクセスできます。ほかのデバイスではアプリを使ってアクセスします。

● オンラインでOfficeが利用できる

OneDriveにExcelなどで作ったファイルを保存しておけば、ブラウザーでそれを開いて閲覧するだけでなく、データ変更などの編集も可能です。

● 保存したデータを簡単に共有できる

OneDriveに保存したデータはほかのユーザーと共有して、共同で編集することができます。

Q 398 OneDriveに ファイルを追加したい！

A パソコンと同様にコピー あるいは移動できます

Windows 11にはOneDriveが統合されているので、パソコンの内蔵ドライブと同様に、OneDriveとファイルやフォルダーのやり取りができます。はじめてOneDriveにアクセスする際は、Microsoftアカウントによるサインインが必要になる場合があります。

1 タスクバーの[OneDrive]◎をクリックして、

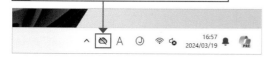

2 [サインイン]をクリックします。

3 Microsoftアカウントのメールアドレスを入力して、

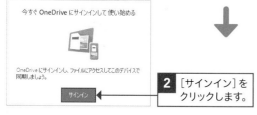

メールアドレス
taroswin23h2@outlook.jp

アカウントを作成　サインイン

4 [サインイン]をクリックし、画面の指示に従ってサインインを完了させます。

5 [OneDrive]フォルダーが[（ユーザー名）- 個人用]という名前に変更されます。

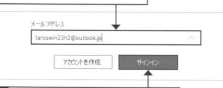

6 OneDriveに追加したいファイルやフォルダーを表示して、選択します。

7 [OneDrive]フォルダーにドラッグすると、OneDriveにファイルがコピーされます。

Q 399 OneDriveに表示される アイコンは何？

A 同期中やダウンロード中など、ファイルの状態を表しています

エクスプローラーで[OneDrive]フォルダーを開くと、ファイルの右側にアイコンが表示されているのを確認できます。これらはそれぞれ「このデバイスで使用可能」「このデバイスで常に使用可能」「オンライン時に使用可能」「同期中」「共有中」の状態を指しています。

ファイルやフォルダーの状態が表示されています。

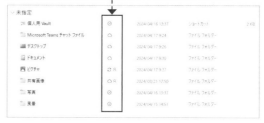

アイコン	名称	解説
⊘	このデバイスで使用可能	ファイルがパソコンの中とWeb版OneDriveの両方に保存されています。右クリックして[空き領域を増やす]をクリックすると、「オンラインのみで使用可能」の状態にできます。なお、ストレージセンサー（Q579参照）で設定した期間を過ぎたあともファイルを開かないと、「オンラインのみで使用可能」の状態に自動的に変更され、パソコン上からはファイルが削除されます。
⊘	このデバイスで常に使用可能	ファイルがパソコンの中とWeb版OneDriveの両方に保存されているため、インターネットに接続しなくても開けます。
☁	オンラインのみで使用可能	ファイル自体はWeb版のOneDriveにあり、パソコンの中には存在しません。そのため、インターネットに接続されていないときはファイルを開くことができません。ファイルを開くと、ファイルがパソコンにダウンロードされます。
⟳	同期中	ファイルをOneDriveにアップロード中か、自分のパソコンにダウンロード中のファイルです。
⨂	共有中	ほかの人と共有しているファイルです。

235

Q 400 ブラウザーでOneDrive を使うには？

A エクスプローラーで［オンラインで 表示］をクリックします

OneDriveはクラウドストレージなので、ブラウザーからもデータにアクセスできます。エクスプローラーでOneDriveのフォルダーを表示し、右クリックメニューの［OneDrive］→［オンラインで表示］をクリックすると、表示しているフォルダーがEdgeで表示されます。

Edgeで直接OneDriveを使いたいときは、アドレスバーに「https://onedrive.live.com/」と入力して[Enter]を押します。ブラウザー上での作業が多い場合は、このURLをEdgeのお気に入りに登録しておくとよいでしょう。　　　　　　　　　　参照 ▶ Q 228

1 エクスプローラーのナビゲーションウィンドウでOneDriveのフォルダーを右クリックして、

2 ［OneDrive］にマウスポインターを合わせて、

3 ［オンラインで表示］をクリックすると、

4 OneDriveのフォルダーがEdgeで表示されます。

Edgeの画面

Q 401 同期が 中断されてしまった！

A データが大きすぎるか、 不正なファイル名になっています

エクスプローラーから［OneDrive］フォルダーにデータを保存すると、パソコンがインターネット接続している間に、オンラインにそのデータが送信されます。この動作を「同期」と呼びます。同期はすべて自動で行われますが、保存するデータによっては、同期が中断されてしまうことがあります。同期が中断されるのは主に以下の理由になります。

・ データのサイズがOneDriveの容量を超えている
・ 単一ファイルのサイズが250GB（zip内のファイルは20GB）を超えている
・ ファイル名やフォルダー名に不正な文字列の組み合わせが使われている

いずれの場合でも、同期が中断された場合は通知が表示されるので、以下のように操作してその理由を確認し、中断の原因となったデータを取り除くようにしましょう。

1 ［OneDrive］ ☁ をクリックすると、

2 OneDriveの同期状況が表示されます。

3 ［OneDriveに○件の同期の問題があります］をクリックすると、

4 同期が中断した理由とその解決方法が表示されます。

5 解決方法に従い、同期が再開されるようにします。

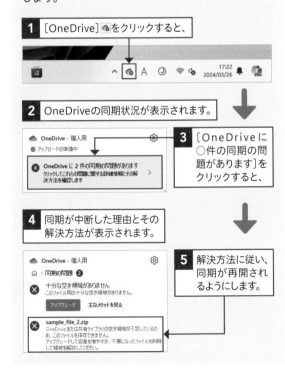

Q402 OneDriveからサインアウトするには？

A [このPCのリンクの解除]を実行します

OneDriveを利用していたパソコンでサインアウトを行うには、OneDriveの設定を開いて［アカウント］をクリックし、［このPCからリンクを解除する］をクリックします。

サインアウトが完了すると、OneDriveのファイルの同期が停止し、オンラインのみのファイルはパソコンから削除され開けなくなります。ただし、［このデバイスで常に使用可能］と［このデバイスで使用可能］に設定しているファイルはパソコンに残るので、ファイルを開けないようにしたい場合は、自分で削除する必要があります。

参照 ▶ Q 399

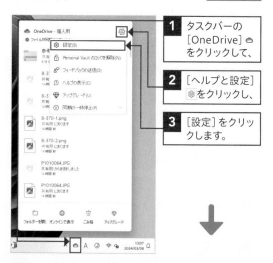

1 タスクバーの［OneDrive］☁ をクリックして、

2 ［ヘルプと設定］⚙ をクリックし、

3 ［設定］をクリックします。

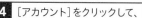

4 ［アカウント］をクリックして、

5 ［このPCからリンクを解除する］をクリックします。

6 ［アカウントのリンク解除］をクリックします。

Q403 大きなファイルをOneDriveで送りたい！

A ファイルの保存場所を送ります

写真や動画のような、容量が大きいファイルをほかのユーザーに送るとき、メールに添付すると送受信に時間がかかり、自分も受け取る相手もストレスを感じてしまいます。

このような大容量のファイルはOneDriveに保存すれば、保存場所（URL）をメールで連絡するだけでよいので便利です。受信した相手は、メールに記載されているURLをクリックしてファイルを表示したあと、ダウンロードして自分のパソコンに保存できます。

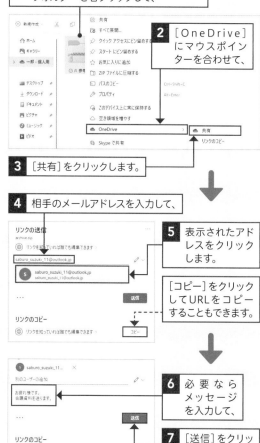

1 OneDriveを開いて送りたいファイルやフォルダーを右クリックして、

2 ［OneDrive］にマウスポインターを合わせて、

3 ［共有］をクリックします。

4 相手のメールアドレスを入力して、

5 表示されたアドレスをクリックします。

［コピー］をクリックしてURLをコピーすることもできます。

6 必要ならメッセージを入力して、

7 ［送信］をクリックします。

Q404 OneDriveでほかの人とデータを共有したい!

A 共有機能を利用します

OneDriveに保存したファイルやフォルダーをほかの
ユーザーと共有するときは、メールアドレスを利用し
ます。

1 EdgeでOneDriveを表示して送りたい
ファイルやフォルダーを選択し、

2 [共有]をクリックして、

3 [リンクを知っていれば誰でも
編集できます]をクリックします。

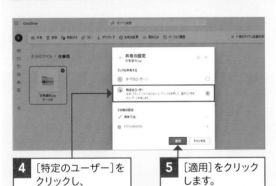

4 [特定のユーザー]を
クリックし、

5 [適用]をクリック
します。

6 相手のメールアドレスを入力し、

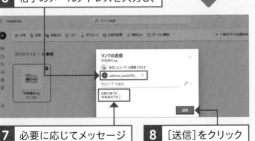

7 必要に応じてメッセージ
を入力して、

8 [送信]をクリック
します。

Q405 共有する人を追加したい!

A 共有オプションで追加できます

すでにほかのユーザーと共有しているOneDrive上の
データに、さらに別のユーザーを追加して共有するこ
とができます。共有相手を追加する場合も、OneDrive
の共有オプションでメールを使って相手を招待しま
す。なお、共有中のファイルやフォルダーは、[共有]を
選択することでまとめて表示できます。参照 ▶ Q404

1 EdgeでOneDriveを表示して、

2 [共有]をクリックします。

3 [自分が共有]をクリックし、

4 共有するユーザーを追加したい
ファイルやフォルダーを選択して、

5 [共有]をクリックします。

6 [リンクを知っていれば誰でも編集
できます]をクリックします。

7 Q404の手順**4**以降を参考に、
共有するユーザーを追加します。

基本

デスクトップ

キーボード・
文字入力

インターネット

メール・
連絡先

セキュリティ

AI
アシスタント

写真・動画・
音楽

OneDrive・
スマホ

印刷・
周辺機器

アプリ

インストール・
設定

Q406 共有を知らせるメールが届いたらどうすればよい?

A リンクをクリックし、必要に応じてファイルをダウンロードします

OneDriveのファイル共有を知らせるメールが届いたら、本文内のリンクをクリックしましょう。OneDriveのWebページが開かれ、共有中のファイルが表示されます。ファイルが必要なら、自分のパソコンにダウンロードできます。

1 ファイルの共有を知らせるメールが届いたら、[開く]やリンクをクリックし、

メールで共有されたファイルが表示されます。

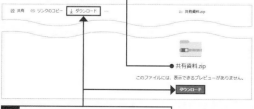

2 [ダウンロード]をクリックすると、

3 ファイルが[ダウンロード]フォルダーに保存されます。

環境によっては、ファイルが自動でダウンロードされます。

Q407 ほかの人との共有を解除したい!

A アクセス許可を取り消します

OneDriveでほかの人と共有したファイルは、OneDriveのWebページから共有を解除できます。まずはブラウザーを起動しておきましょう。　参照▶Q404

1 ブラウザーを起動して「https://onedrive.live.com/」にアクセスします。

2 [共有]をクリックし、　　**3** [自分が共有]をクリックして、

4 共有を停止したいファイルのここをクリックし、　　**5** [アクセス許可の管理]をクリックします。

リンクを共有している場合は[リンク]をクリックし、URLの右の[リンクを削除] 🗑 をクリックします。

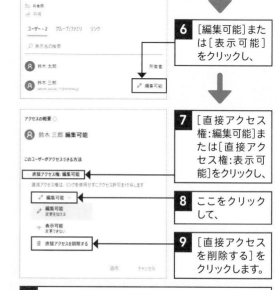

6 [編集可能]または[表示可能]をクリックし、

7 [直接アクセス権:編集可能]または[直接アクセス権:表示可能]をクリックし、

8 ここをクリックして、

9 [直接アクセスを削除する]をクリックします。

10 確認画面が表示されたら、[削除]をクリックします。

基本

デスクトップ

キーボード・文字入力

インターネット

メール・連絡先

セキュリティ

AI・アシスタント

写真・動画・音楽

OneDrive・スマホ

印刷・周辺機器

アプリ

インストール・設定

Q 408 近くのパソコンに簡単にデータを送りたい!

A 近距離共有でデータを共有しましょう

隣のパソコンや、同じ部屋にいる人のパソコンなど、近くにあるパソコンにデータを送りたい場合は、「近距離共有」機能を使うと便利です。この機能を使うには、送る側、受け取る側双方の「設定」アプリで「近距離共有」機能をオンにする必要があります。ほかの人とファイルを共有したい場合は[近くにいるすべてのユーザー]を選択し、自分のパソコンとだけ共有したい場合は[自分のデバイスのみ]を選択しましょう。

なお、「近距離共有」機能は、Windows 10やWindows 11のパソコン同士で利用できます。iPhoneやAndroidスマホ、iPadやAndroidタブレットとはファイルを共有できません。これらの機器とファイルを共有するには、Q416～Q435を参照してください。

●「近距離共有」機能をオンにする

1 [スタート] ■■ →[設定] ● をクリックし、

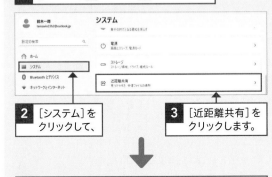

2 [システム]をクリックして、

3 [近距離共有]をクリックします。

4 [近くにいるすべてのユーザー]をクリックすると、「近距離共有」機能で近くにあるパソコンとファイルを共有できるようになります。

[自分のデバイスのみ]をクリックすると、同じMicrosoft アカウントでサインインしているパソコン同士でファイルを共有できるようになります。

[変更]をクリックすると、「近距離共有」機能で送られてきたファイルの保存先を変更できます。

●ファイルを送信する

1 エクスプローラーで、共有したいファイルを選択し、

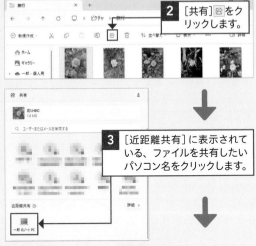

2 [共有] をクリックします。

3 [近距離共有]に表示されている、ファイルを共有したいパソコン名をクリックします。

4 選択したパソコンがファイルの受信を了承すると、ファイルが送信されます。

●ファイルを受信する

1 近距離共有でファイルを受信すると、デスクトップ上に通知が表示されます。

2 [保存]をクリックすると、ファイルの受信がはじまります。

[保存して開く]をクリックすると、ファイルを受信したあと、すぐにファイルが表示されます。

[拒否]をクリックすると、ファイルの受信を拒否できます。

3 ファイルの受信が完了すると、通知が表示されます。

[開く]をクリックすると、ファイルが開きます。

[フォルダーを開く]をクリックすると、ファイルが保存されているフォルダーが開きます。

Q 409 ほかのパソコンから OneDriveにアクセスしたい!

A ブラウザーを利用します

自分のパソコンが使えない外出先などでOneDriveに
アクセスしたい場合は、Web版のOneDriveを利用し
ましょう。ブラウザーを起動してOneDriveにアクセ
スし、Microsoftアカウントとパスワードを入力する
と、保存されているファイルを表示できます。

> **1** ブラウザーを起動して「https://onedrive.
> live.com/」にアクセスし、

> **2** 画面右上の[サインイン] をクリックして、
> Microsoftアカウントでサインインします。

Q 410 OneDrive上のファイル を編集したい!

A ブラウザー上で編集できます

OneDriveのファイルのうち、一部のファイル(テキス
トファイルなど)はブラウザー上で編集できます。出先
のパソコンのブラウザー上でファイルを編集すれば、
いちいちダウンロードする手間を省けます。

> **1** EdgeでOneDriveを表示して、テキスト
> ファイルをクリックして開きます。

> **2** テキストファイルをエディターで
> 編集できます。

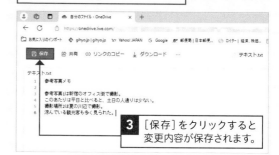

> **3** [保存]をクリックすると
> 変更内容が保存されます。

Q 411 OneDriveからファイル をダウンロードしたい!

A ブラウザーやエクスプローラーで ダウンロードできます

> **1** エクスプローラーでOneDriveの
> ファイルを選択して、

> **2** [コピー] をクリックします。

OneDriveにあるファイルは、ブラウザーでパソコン
にダウンロードできます。また、エクスプローラーで
OneDriveからほかのフォルダーにコピーすること
でも、ダウンロードできます。ここでは、エクスプロー
ラーを使ったダウンロード方法を紹介します。

参照 ▶ Q 400

> **3** ダウンロードしたいフォルダーを選択し、

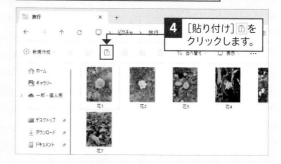

> **4** [貼り付け] を
> クリックします。

Q412 OneDrive上のファイルをOfficeで編集したい！

A オンライン版のOfficeで編集できます

OneDriveにあるOfficeのファイルは、オンライン版のOfficeで編集できます。Officeのファイルをクリックするとブラウザー上でWordやExcelが起動し、すぐに編集を開始できます。変更内容は自動的に保存されます。

1 Edge でOneDriveを表示して、

2 Officeのファイルをクリックすると、

3 ブラウザーでWordやExcelが起動し、ファイルを編集できます。

4 ファイルを変更すると自動的に保存されます。

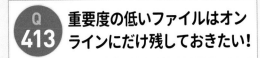

Q413 重要度の低いファイルはオンラインにだけ残しておきたい！

A 「ファイルオンデマンド」を有効にします

利用機会があまりないファイルがたくさんあるときは、OneDriveの「ファイルオンデマンド」機能を利用しましょう。ファイルがWeb版のOneDriveのみに保存され、パソコン側の容量を節約できます。

●「ファイルオンデマンド」を有効にする

1 エクスプローラーで[（ユーザー名）- 個人用]を右クリックし、

2 [OneDrive]にマウスポインターを合わせて、

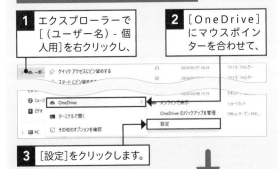

3 [設定]をクリックします。

4 [同期とバックアップ]をクリックし、

5 [詳細設定]をクリックして、

6 [ディスク領域の開放]をクリックします。

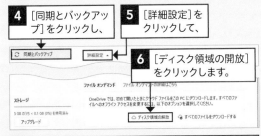

7 確認画面が表示されたら、[続ける]をクリックします。

●ファイルを保存または削除する

1 OneDriveのフォルダーを開いてファイルを右クリックし、

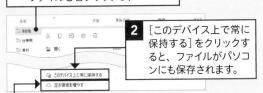

2 [このデバイス上で常に保持する]をクリックすると、ファイルがパソコンにも保存されます。

3 [空き領域を増やす]をクリックすると、ファイルがパソコンから削除されWeb版OneDriveのみに保存されます。

Q414 削除したOneDrive上のファイルを復活させたい！

A [ごみ箱]フォルダーから復元できます

エクスプローラーから[（ユーザー名）- 個人用]内のファイルやフォルダーを削除し、Windows 11の[ごみ箱]からも削除したとします。操作したファイルやフォルダーは完全に削除されたように見えますが、データはOneDrive上に残っています。データはWeb版のOneDriveの[ごみ箱]フォルダーの中に移動しているので、そこから元に戻す（復元する）ことができます。なお、[ごみ箱]フォルダーのデータを再度削除すれば、データは完全に削除され、OneDriveの空き容量を増やすことができます。

1 エクスプローラーを起動して、[（ユーザー名）- 個人用]フォルダーを右クリックし、

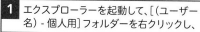

2 [OneDrive]にマウスポインターを合わせて、

3 [オンラインで表示]をクリックすると、

4 Edgeが起動してWeb版のOneDriveが表示されます。

5 [ごみ箱]をクリックすると、

6 [ごみ箱]フォルダーの中身が表示され、削除したファイルが確認できます。

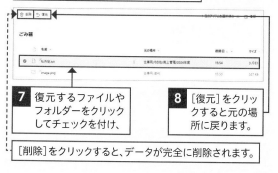

7 復元するファイルやフォルダーをクリックしてチェックを付け、

8 [復元]をクリックすると元の場所に戻ります。

[削除]をクリックすると、データが完全に削除されます。

Q415 OneDriveの容量を増やしたい！

A プランの購入で容量を増やすことができます

OneDriveの容量は、無料で5GBまで利用できますが、写真や動画などのサイズの大きいデータを保存していくと、次第に空き容量が減っていきます。OneDriveの容量が足りないと感じたら、有料のサブスプリクション「Microsoft 365」に加入することで増やせます。Microsoft 365には「基本（260円／月）」、「個人（1,490円／月）」、「家族（2,100円／月）」の3種類のプランがあります。基本では100GBまで、個人では1TBまで、家族では6GB（一人あたり1TB）まで容量が拡張されます。また、Officeアプリの利用権が付属し、プランによって利用できるOffice アプリは異なります。

1 エクスプローラーを起動して、[（ユーザー名）- 個人用]フォルダーを右クリックし、

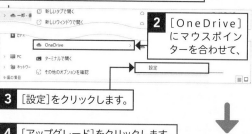

2 [OneDrive]にマウスポインターを合わせて、

3 [設定]をクリックします。

4 [アップグレード]をクリックします。

5 [アップグレード]をクリックします。Microsoft 365のプランが表示されます。

6 目的のプランの[今すぐ購入]をクリックして手続きを進めます。

基本
デスクトップ
キーボード・文字入力
インターネット
メール・連絡先
セキュリティ
AI・アシスタント
写真・動画・音楽
OneDrive・スマホ
印刷・周辺機器
アプリ
インストール・設定

📝 OneDriveの活用 　　　重要度 ★ ★ ★

Q 416 OneDriveをスマートフォンで利用したい!

A 専用のアプリを入手します

スマートフォンでもOneDriveを利用できれば、パソコンとのデータのやり取りがスムーズになることはもちろん、写真などのバックアップをOneDriveにすることで、スマートフォンの内蔵メモリの空き容量を増やすことができます。スマートフォンでOneDriveを使うには、無料で提供されている「Microsoft OneDrive」アプリを入手します。
スマートフォン版アプリで、パソコンと同じMicrosoftアカウントでサインインすれば、保存されたデータの閲覧や、データの保存などができます。

● 専用アプリを入手する

スマートフォン用アプリは、iPhoneならApp Store、AndroidならPlayストアから、それぞれ無料で入手できます。

Microsoft OneDrive
Microsoft Corporation
アプリ内課金あり

アンインストール　　　開く

● スマートフォンからできること

アプリにMicrosoftアカウントでサインインすれば、OneDrive内のデータの閲覧、ダウンロードができるほか、スマートフォンからのアップロードも可能です。

← その他

↓ 昇順

2023年度　　　2024年度
1分前　　　　1分前

📝 スマートフォンとのファイルのやり取り 　　重要度 ★ ★ ★

Q 417 スマートフォンと接続したい!

A パソコンとスマートフォンをケーブルでつなぎます

スマートフォンとパソコン間で写真や音楽、動画などのデータをやり取りしたい場合は、両者をケーブルで接続します。ほとんどのスマートフォンは、パソコンのUSB（あるいはUSB Type-C）ポートでの接続に対応しています。
はじめてスマートフォンを接続すると、通知が表示されたあと、パソコンからスマートフォンを制御するために必要なファイル（デバイスドライバー）が自動でインストールされます。「選択して、このデバイスに対して行う操作を選んでください。」という通知が表示されれば、スマートフォンに接続できています。なお、この動作はiPhoneとAndroidで共通です。

1 スマートフォンの充電／データ通信ポートにケーブルを挿して、

2 ケーブルのもう一方をパソコンのUSB（またはUSB Type-C）ポートに挿します。

3 この通知が表示されたら、接続が完了です。

自動再生 　　　… ×
Pixel 8
選択して、このデバイスに対して行う操作を選んでください。

13:39
2024/03/28

接続解除の方法は、ほかのUSB周辺機器と同じです。

Q 418 ほかの機器のケーブルでも接続できるの？

A データ転送ができるケーブルとできないケーブルがあります

iPhoneではLightningケーブル、AndroidスマートフォンではMicro USB Type-BやUSB Type-Cケーブルを使ってパソコンと接続します。しかしケーブルによっては、機種の規格が合っていたとしても、パソコンにうまく接続できない場合があります。

iPhoneとAndroidスマートフォン用のケーブルには、主に充電専用のケーブルと、データ転送専用のケーブル、充電とデータ転送の両方の機能を備えているケーブルの3種類があります。充電専用のケーブルでは、パソコンに接続してもデータ転送はできず、充電のみが行われます。データ転送専用のケーブルでは、パソコンに接続してデータ転送を行うことはできますが、充電はされません。データ転送を行っていないときに、別のケーブルを使用して充電する必要があります。利便性を考えるならば、充電とデータ転送の両方が行えるケーブルを使用するとよいでしょう。なお、機種によってはパソコンからのアクセスを許可しないと、スマートフォンが認識されない場合があります。

スマートフォン用のケーブルのパッケージには、「充電専用」「充電／データ転送両用」など、利用できる機能が記載されています。ケーブルを購入する際は必ず表示を確認しましょう。 参照 ▶ Q 419, Q 420

●スマートフォン用ケーブルのパッケージの例

MPA-CC13A10NBK／ELECOM

> パッケージの表面や裏面には、そのケーブルで使用できる機能が記載されています。

Q 419 iPhoneが認識されない！

A iPhone側でパソコンからのアクセスを許可します

iPhoneをパソコンに接続しても、パソコン側で何の反応もなく、iPhoneが認識されていないときは、まずiPhoneの画面を点灯させて、充電が行われているかどうか確認してください。充電が行われていない場合は、ケーブルの接触不良などの可能性があるので、一度ケーブルをパソコンとiPhoneの両方から抜き、再度挿してみてください。

充電が行われているのにパソコン側にiPhoneが認識されていない場合は、iPhoneの画面ロックを解除し、画面に表示されるメッセージに従って、パソコンからiPhone内のデータへのアクセスを許可します。

●充電が行われているか確認する

1 iPhoneとパソコンをケーブルでつないで、

2 iPhoneの画面を点灯させ、充電が行われているかどうか確認します。

●パソコンからのアクセスを許可する

1 iPhoneとパソコンをケーブルでつないで、

2 iPhoneのロックを解除し、

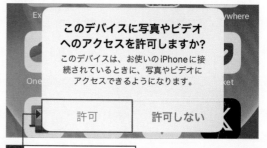

このデバイスに写真やビデオへのアクセスを許可しますか？

このデバイスは、お使いのiPhoneに接続されているときに、写真やビデオにアクセスできるようになります。

許可　　　許可しない

3 [許可]をタップします。

Q 420 Androidスマートフォンが認識されない!

A Androidスマートフォン側でファイル転送モードに切り替えます

Androidスマートフォンをパソコンに接続しても認識されていないときは、まずAndroidスマートフォンで充電が行われているかどうか確認します。充電が行われていない場合は、ケーブルの接触不良などの可能性があるので、一度ケーブルをパソコンとAndroidスマートフォンの両方から抜き、再度挿してみてください。
充電が行われているのにパソコン側にAndroidスマートフォンが認識されていない場合は、下記の手順でファイル転送モードに切り替えます。なお、機種によっては表示が異なることがあります。

● 充電が行われているか確認する

1 Androidスマートフォンとパソコンをケーブルでつないで、

2 Androidスマートフォンの画面を点灯させ、充電が行われているかどうか確認します。

● パソコンからのアクセスを許可する

1 Androidスマートフォンとパソコンをケーブルでつないで、

2 Androidスマートフォンのロックを解除し、

3 [このデバイスをUSBで充電中]の通知をタップし、

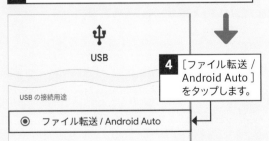

4 [ファイル転送 / Android Auto]をタップします。

Q 421 音楽をiPhoneで再生したい!

A iTunesを使用します

音楽CDからパソコンに取り込んだ曲をiPhoneで聴くためには、「iTunes」というアプリが必要です。iTunesはMicrosoft Storeから無料でダウンロードできます。iTunesをインストールしたら、iTunesに音楽CDから曲を取り込むか、Windows Media Playerなどで取り込んだ曲をiTunesのウィンドウにドラッグします。
曲の準備ができたら、パソコンとiPhoneをケーブルでつなぎ、iTunesを起動します。はじめてiTunesを使った曲の転送をする場合は、iPhone側でファイル転送を許可する必要があります。一度許可をすれば、以降はパソコンとiPhoneをつなぐだけで、自動的にiTunes内の曲がすべて転送されるようになります。参照 ▶ Q 419

1 Microsoft StoreからiTunesをダウンロードして、

2 iTunesに音楽CDなどから曲を取り込みます。

3 パソコンとiPhoneをケーブルで接続します。

4 iTunesからiPhoneへ曲が転送されます。

Q 422　音楽をAndroidスマートフォンで再生したい!

A 音楽ファイルをAndroidスマホにコピーします

Androidスマートフォンに音楽ファイルを転送するには、エクスプローラーでAndroidスマートフォンに音楽ファイルをコピーします。なお、Androidスマートフォンに曲を転送するには、あらかじめUSBの接続モードをファイル転送モードなどに変更しておく必要があります。

参照▶Q 420

1 パソコンにスマートフォンを接続します。

2 エクスプローラーを起動して音楽ファイルのあるフォルダーを開き、

3 スマートフォンに転送したい音楽ファイルやフォルダーを選択して、

4 [コピー]をクリックします。

5 ナビゲーションバーで[PC]をクリックし、

6 スマートフォンの名前をクリックして、

7 [内部共有ストレージ]をクリックし、

8 音楽ファイルが保存されているフォルダー(ここでは[Music])をクリックして表示します。

> スマートフォン内のフォルダーの名前は、機種によって異なる場合があります。

9 [貼り付け]をクリックすると、

10 スマートフォンに曲を転送できます。

Q 423　ワイヤレスで写真をスマートフォンと共有したい!

A Bluetoothファイル転送を利用します

パソコンにBluetoothが搭載されていれば、同様にBluetoothを備えるiPhoneやAndroidスマートフォンとワイヤレスでファイルをやり取りできます。

パソコンからファイルを送信する際は、タスクバーのBluetoothアイコンをクリックすると表示されるメニューから、[ファイルの送信]をクリックします。スマートフォンからファイルを受け取る場合は、同じメニューで[ファイルの受信]をクリックして、スマートフォン側のファイル管理アプリなどを使ってファイルを送信しましょう。

なお、スマートフォンとパソコンは事前にペアリングしておく必要があります。

参照▶Q 458

1 タスクバーのBluetoothアイコンをクリックして、

2 [ファイルの送信]をクリックします。

3 ペアリング済みのスマートフォンが表示されるのでクリックし、

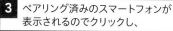

4 [次へ]をクリックします。

5 スマートフォンに送るファイルをクリックし、

6 [開く]をクリックします。

7 ファイルが選択されていることを確認し、

8 [次へ]をクリックすると、ファイルの送信が開始されます。

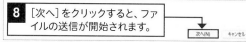

基本
デスクトップ
キーボード・文字入力
インターネット
メール・連絡先
セキュリティ
アカウント
写真・動画・音楽
OneDrive・スマホ
印刷・周辺機器
アプリ
インストール・設定

Q424 iPhoneから写真を取り込みたい!

A 通知をタップして「フォト」アプリに取り込みます

iPhoneで撮影した写真や動画をパソコンに取り込めば、パソコンの大きな画面で鑑賞できます。写真や動画を取り込むにはまず、パソコンとiPhoneをケーブルでつなぎます。パソコンの画面に通知が表示されるので、それをクリックして自動再生の画面を表示します。Windows 11に付属する「フォト」アプリに写真や動画を取り込む場合は、自動再生の画面で［写真と動画のインポート フォト］をクリックします。なお、自動再生の画面で［写真と動画のインポート OneDrive］をクリックすると、OneDriveに写真や動画が取り込まれます。

iPhoneをつないでも通知が表示されない場合や、通知を見逃してしまった場合でも、あとから「フォト」アプリに写真や動画を取り込むことができます。あとから取り込むには、「フォト」アプリの［インポート］ をクリックすると表示される［接続されているデバイス］のデバイス名をクリックして、画面の表示に従って操作します。

1 iPhoneとパソコンをケーブルでつないで、

2 表示された通知をクリックすると、

3 自動再生の画面が表示されます。

4 ［写真と動画のインポート］をクリックすると、

5 「フォト」アプリが起動します。

6 取り込む写真をクリックしてチェックを付け、

7 ［○項目の追加］をクリックします。

8 写真や動画を保存するフォルダーをクリックして、

9 ［インポート］をクリックします。

10 写真と動画の取り込みが開始されます。

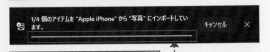

取り込みの経過が表示されます。

11 取り込みが完了すると通知が表示されます。

 すべて完了しました。4アイテムが"Apple iPhone"から"写真"に正常にインポートされました。

Q 425 Androidスマートフォンから写真を取り込みたい！

A 通知をタップして「フォト」アプリに取り込みます

Androidスマートフォンで撮影した写真や動画をパソコンに取り込めば、パソコンの大画面で鑑賞することができます。写真や動画を取り込むにはまず、パソコンとAndroidスマートフォンをケーブルでつなぎます。パソコンの画面に通知が表示されるので、それをクリックして自動再生の画面を表示します。

Windows 11に付属する「フォト」アプリに写真や動画を取り込む場合は、自動再生の画面で［写真と動画のインポート フォト］をクリックします。なお、自動再生の画面で［写真と動画のインポート OneDrive］をクリックすると、OneDriveに写真や動画が取り込まれます。

Androidスマートフォンをつないでも通知が表示されない場合や、通知を見逃してしまった場合でも、あとから「フォト」アプリに写真や動画を取り込むことができます。あとから取り込むには、「フォト」アプリの［インポート］をクリックすると表示される［接続されているデバイス］のデバイス名をクリックして、画面の表示に従って操作します。

1 Androidスマートフォンとパソコンをケーブルでつないで、

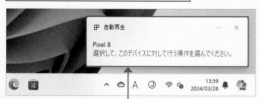

2 表示された通知をクリックすると、

3 自動再生の画面が表示されます。

4 ［写真と動画のインポート］をクリックすると、

5 「フォト」アプリが起動します。

6 取り込む写真をクリックしてチェックを付け、

7 ［○項目の追加］をクリックします。

8 写真や動画を保存するフォルダーをクリックして、

9 ［インポート］をクリックします。

10 写真と動画の取り込みが開始されます。

取り込みの経過が表示されます。

11 取り込みが完了すると通知が表示されます。

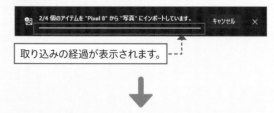

Q 426 スマートフォンの写真を OneDriveで保存したい！

A [カメラのアップロード]を オンにしましょう

スマートフォンの「Microsoft OneDrive」アプリには、撮影した写真などの画像を自動でアップロードする「カメラのアップロード」機能があります。

この機能を使えば、写真をオンラインで管理できて便利です。ただし、スマートフォンで撮影した写真はサイズが大きく、それをアップロードするデータ通信が発生することに注意しましょう。

●iPhone で［カメラのアップロード］をオンにする

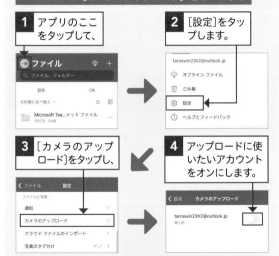

1 アプリのここをタップして、

2 [設定]をタップします。

3 [カメラのアップロード]をタップし、

4 アップロードに使いたいアカウントをオンにします。

●Android スマートフォンで［設定］を表示する

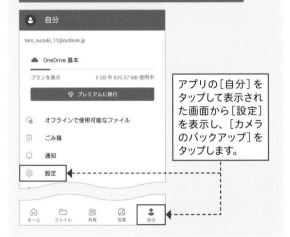

アプリの[自分]をタップして表示された画面から[設定]を表示し、[カメラのバックアップ]をタップします。

Q 427 OneDriveへの自動 アップロードの設定は？

A モバイルネットワークを使うか、動画を含むかなどを設定できます

写真をたくさん撮影する場合、アップロード時のデータ転送量も多くなってしまいます。契約しているプランに大容量のデータ通信が含まれていない場合は、「Microsoft OneDrive」アプリでモバイルネットワークを使わない設定にしておくとよいでしょう。動画もアップロードしたいなら、[動画を含む]をオンに設定しておきます。

なお、iPhone版の[新しいアップロードを整理]では、写真をまとめてアップロードするか、年や月ごとにフォルダーを作成してアップロードするか指定できます。

参照 ▶ Q 416

●iPhone で自動アップロードを設定する

[携帯データネットワークを使用…]をオフにすると、Wi-Fiに接続しているときだけ写真がアップロードされます。

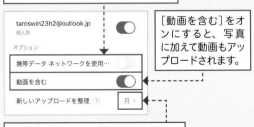

[動画を含む]をオンにすると、写真に加えて動画もアップロードされます。

ここで[年]や[月]を指定すると、写真が年や月のフォルダーで分類されます。

●Android スマートフォンの場合

[動画を含める]をオンにすると、写真に加えて動画もアップロードされます。

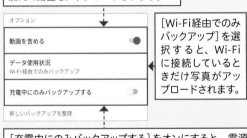

[Wi-Fi経由でのみバックアップ]を選択すると、Wi-Fiに接続しているときだけ写真がアップロードされます。

[充電中にのみバックアップする]をオンにすると、電源に接続されているときだけ写真がアップロードされます。

基本

デスクトップ

キーボード・文字入力

インターネット

メール・連絡先

セキュリティ

AI・アシスタント

写真・動画・音楽

OneDrive・スマホ

印刷・周辺機器

アプリ

インストール・設定

Q428 Edgeはスマートフォンでも使えるの？

A スマートフォンでも使えます

ブラウザーの「Microsoft Edge」は、パソコン版だけでなく、AndroidスマートフォンとiPhone向けにも無償で提供されています。スマートフォンアプリのEdgeは、パソコン版から一部機能が省かれているものの、高速な動作とシンプルな画面構成が共通しており、Webページの閲覧がしやすい点が魅力です。

また、Windows 11と同じMicrosoftアカウントを使ってスマートフォン版Edgeにサインインすることにより、ブックマークや履歴、タブに表示したWebページなどを同期できるのが便利です。

● iPhoneでのEdgeの画面構成

| ページの履歴を行き来します。 | お気に入りや履歴、コレクションのほか、設定などのメニューを表示します。 |

Copilotを起動します。 — タブの追加や切り替えを行います。

● AndroidスマートフォンでのEdgeの画面構成

| ページの履歴を行き来します。 | お気に入りや履歴、コレクションのほか、設定などのメニューを表示します。 |

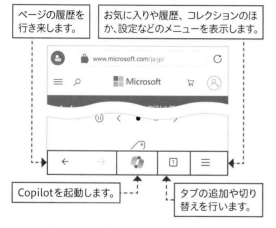

Copilotを起動します。 — タブの追加や切り替えを行います。

Q429 EdgeをiPhoneで使うために必要な設定は？

A App Storeからダウンロードして起動し、初期設定を行います

iPhoneでスマートフォン版Edgeを使うには、まずApp Storeで「Microsoft Edge」を検索してインストールします。インストール後は［開く］をタップするか、ホーム画面の［Edge］のアイコンをタップすると開けます。そのまま使用することもできますが、パソコン版のEdgeで保存したお気に入りなどからWebページを見たい場合は、Microsoftアカウントでサインインしましょう。

参照 ▶ Q 431

1 iPhoneのApp Storeで「Microsoft Edge」を検索して、アプリをインストールします。

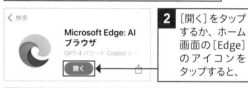

2 ［開く］をタップするか、ホーム画面の［Edge］のアイコンをタップすると、

3 スマートフォン版Edgeが起動します。

4 ［概要をスキップする］→［今は実行しない］をクリックします。

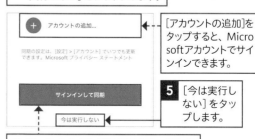

［アカウントの追加］をタップすると、Microsoftアカウントでサインインできます。

5 ［今は実行しない］をタップします。

サインインしたことがある場合や、ほかのMicrosoftのアプリでサインインしている場合は、アカウント名をタップして［サインイン］をタップするとサインインできます。

6 ［今は実行しない］をタップします。

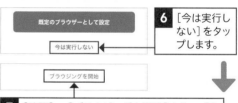

7 ［確認］→［ブラウジングを開始］をタップすると、Edgeのスタートページが表示されます。

基本

デスクトップ

キーボード・文字入力

インターネット

メール・連絡先

セキュリティ

AI・アシスタント

写真・動画・音楽

OneDrive・スマホ

印刷・周辺機器

アプリ

インストール・設定

Q 430 EdgeをAndroidスマートフォンで使うために必要な設定は？

A Play ストアからダウンロードして起動し、初期設定を行います

Androidスマートフォンでスマートフォン版Edgeを使うには、まずPlay ストアで「Microsoft Edge」を検索してインストールします。インストール後は［開く］をタップするか、ホーム画面の［Edge］のアイコンをタップすると開けます。そのまま使用することもできますが、パソコン版のEdgeで保存したお気に入りなどからWebページを見たい場合は、Microsoft アカウントでサインインしましょう。　　参照 ▶ Q 431

1 AndroidスマートフォンのPlay ストアで「Microsoft Edge」を検索して、アプリをインストールします。

Microsoft Edge: AI ブラウザ
Microsoft Corporation
アプリ内課金あり

アンインストール　　開く

2 ［開く］をタップするか、ホーム画面の［Edge］のアイコンをタップすると、

3 スマートフォン版Edgeが起動します。

4 ［概要をスキップする］をタップします。

5 ［今は実行しない］をタップします。

6 ［今は実行しない］→［今は実行しない］をタップします。

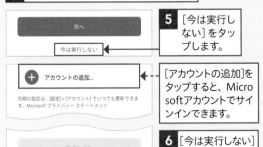

［アカウントの追加］をタップすると、Microsoftアカウントでサインインできます。

サインインしたことがある場合や、ほかのMicrosoftのアプリでサインインしている場合は、アカウント名をタップして［サインインして同期］をタップするとサインインできます。

7 ［確認］→［ブラウジングを開始］をタップすると、Edgeのスタートページが表示されます。

Q 431 パソコン版のEdgeの設定をスマートフォン版にも反映させたい！

A Microsoftアカウントでサインインします

お気に入りや閲覧履歴など、パソコン版のEdge の設定をスマートフォン版のEdge に反映したい場合は、Microsoft アカウントでサインインしましょう。サインイン前に保存したお気に入りや閲覧履歴を残したい場合は［データを統合する］、残さない場合は［データを別個で保持する］をタップして選択し、［確認］をタップします。　　参照 ▶ Q 432

1 Edgeのスタートページで 🖼 をタップして、

2 ［アカウント］をタップし、

サインインしているユーザー

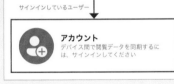

アカウント
デバイス間で閲覧データを同期するには、サインインしてください

3 ［アカウントの追加］をタップします。

アカウントの追加...

4 Microsoftアカウントのメールアドレスを入力して、

サインイン

taro_suzuki_11@outlook.jp

アカウントがない場合 アカウントを作成しましょう

次へ

5 ［次へ］をクリックします。

6 パスワードを入力して［サインイン］をクリックすると、Microsoftアカウントでサインインされます。

Q 432 お気に入りや閲覧履歴をスマートフォンで見たい!

A [お気に入り]や[履歴]をタップします

スマートフォン版のEdgeでも、お気に入りや閲覧履歴、コレクションからWebページを表示できます。お気に入りや履歴、コレクションを表示するには、画面下部の≡(Androidスマートフォンでは…)をタップします。パソコンと同じMicrosoftアカウントでサインインしている場合、お気に入りや履歴、コレクションはパソコン版のEdgeと同期されます。

なお、スマートフォン版のEdgeでWebページをお気に入りに登録するには、≡(Androidスマートフォンでは…)→[お気に入りに追加]をタップします。

1 スマートフォン版Edgeで画面下部にある≡をタップして、

2 [お気に入り]をタップします。

★ お気に入り　🕐 履歴　コレクシ…　↓ ダウンロ…　⚙ 設定

[コレクション]をタップすると、コレクションが表示されます。

3 お気に入りに登録されたWebページが一覧表示されます。

Ⓨ Yahoo! JAPAN
yahoo.co.jp

タップするとWebページが表示されます。

★ お気に入り　🕐 履歴　コレクション　↓ ダウンロード

4 [履歴]をタップすると、

5 Webページの閲覧履歴が表示されます。

🗑 完了

履歴
🔍 検索履歴

iPhoneでは[完了]、Androidスマートフォンでは×をタップすると手順**1**の画面に戻ります。

Q 433 スマートフォンで見ていたWebページをパソコンで見たい!

A Webページの共有機能を使って転送します

スマートフォン版のEdgeで見ているWebページを、もっと大きな画面で見たい場合は、そのWebページのURLをパソコン版Edgeに送信しましょう。スマートフォン版EdgeのWebページの共有機能でURLをワイヤレス送信すれば、パソコンのEdgeが自動的に起動して、そのWebページを開いてくれます。ただし、この機能を利用するには、パソコンの電源を入れてWindows 11とEdgeを起動しておき、スマートフォンとパソコンの両方のEdgeで同じMicrosoftアカウントでサインインしている必要があります。

1 スマートフォン版EdgeでURLを送信するWebページを表示し、

2 画面下部にある≡をタップして、下から出てくるホップアップを左にスライドします。

< 　 > 　🟦 　1 　≡

3 [デバイスに送信]をタップします。

📱 デバイスに送信　　aあ 翻訳　　🔍 ページ内の検索　　AA フォントサイズ

4 同じMicrosoftアカウントでサインインしているパソコンやスマートフォンが表示されるので、

5 URLを送信するパソコン名をタップして、[送信]をタップします。

→ リンクをデバイスに送信

📱 Google 電話
本日アクティブ

💻 DESKTOP-LHAIDF9
本日アクティブ　✓

6 [新しいタブで開く]をクリックすると、スマートフォンから送信したWebページが表示されます。

別のデバイスからの共有ページ
Microsoft – クラウド、コンピューター、アプリ & ゲーム
https://www.microsoft.com
iPhone から共有
新しいタブで開く

Q 434 スマートフォンをどうやってパソコンに連携するの？

A 「スマートフォン連携」アプリを使いましょう

Windows11には、スマートフォンと連携してパソコンからスマートフォンを使用できる機能があります。たとえば、パソコンから電話をかけたり、SMSを送受信したり、スマートフォンの通知をパソコンに表示させたりできます。

ここでは、Androidのスマートフォンとの連携方法を紹介します。なお、「Google Play ストア」から「Windows リンク」アプリをあらかじめダウンロードしておく必要があります。

参照 ▶ Q 501

● パソコンにスマートフォンを連携する

1 [スタート]■→[設定]◎→[Bluetoothとデバイス]→[モバイルデバイス]をクリックして、

2 [スマートフォン連携]のスイッチを[オン]に設定し、

3 [スマートフォン連携を開く]をクリックします。

4 [電話の選択]で[Android]をクリックし、

5 Microsoft アカウントでサインインし[そのまま進む]をクリックし、

6 [Windowsにリンク アプリの準備ができました]にチェックして、

7 [QRコードでペアリング]をクリックします。

8 スマートフォンの「Windowsにリンク」アプリからQRコードを読み取ります。

9 スマートフォン連携を完了させ、[そのまま進む]をクリックすると、パソコンで「スマートフォン連携」アプリが起動します。

Q 435 パソコンからスマホを解除したい！

A 設定からデバイス登録を削除しましょう

パソコンとスマートフォンの連携を解除したいときは、「スマートフォン連携」アプリの右上の[設定]◎を開き、[デバイス]から登録を削除することができます。

新しいスマートフォンを登録したいときは、[新しいデバイスのリンク]をクリックしましょう。

…をクリックし、[削除]をクリックします。

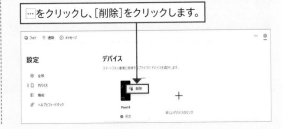

10

印刷と周辺機器の
活用技！

436 ▶▶▶ 448　　印刷

449 ▶▶▶ 465　　周辺機器の接続

466 ▶▶▶ 473　　CD ／ DVD の基本

474 ▶▶▶ 478　　CD ／ DVD への書き込み

Q436 プリンターには どんな種類があるの？

A インクジェットプリンターと レーザープリンターが代表的です

プリンターにはさまざまな機種がありますが、印刷方式の違いから「インクジェットプリンター」と「レーザープリンター」に大きく分けられます。
インクジェットプリンターは、用紙にインクを吹き付けて印刷する方式です。解像度が高く、写真やポスター印刷に適していて、家庭用の機種を中心に普及しています。レーザープリンターは、用紙にトナーを定着させて印刷する方式です。印刷スピードが速く、文書の大量印刷に適していることから、ビジネス用途で普及しています。

インクジェットプリンター	レーザプリンター
一般家庭向き	ビジネス向き
印刷スピードが遅い	印刷スピートが速い
解像度が高い	解像度が低い

Q437 用紙には どんな種類があるの？

A 紙質やサイズなど、 さまざまなものがあります

プリンターの印刷には、普通紙（コピー用紙、PPC用紙）を利用するのが一般的です。用途によっては、コート紙やマット紙、和紙といった、仕上げや製法の違う紙が使われることもあります。これらは、紙の厚さによって薄口、中厚口、厚口などに分類されます。
目的がはっきりしている場合は、写真を印刷するのに適した光沢紙（フォト用紙）や、ラベルを印刷するためのラベル用紙などを利用してもよいでしょう。
用紙のサイズは、家庭用のプリンターではA4サイズが一般的ですが、ビジネス用のプリンターでは、A3やB4、B5なども使います。このほか、写真の印刷に適したはがきサイズやL版なども販売されています。

Q438 プリンターを 使えるようにしたい！

A プリンターとパソコンを接続し、 ドライバーをインストールします

Windows 11でプリンターを使うには、パソコンとプリンターをUSBケーブルでつなぎ、プリンターを起動するための「ドライバー」と呼ばれるファイルをパソコンにインストールする必要があります。
ドライバーのインストールは、通常、パソコンとプリンターを接続するだけで自動的に行われるので、特に操作する必要はありません。ただし、プリンターの機種によっては、プリンターに付属しているCD-ROMやWebページからドライバーを含んだアプリをインストールしなければならない場合もあります。

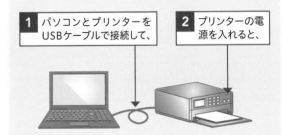

1 パソコンとプリンターをUSBケーブルで接続して、

2 プリンターの電源を入れると、

3 ドライバーが自動的にインストールされ、プリンターが使用できるようになります。

プリンターによっては、付属のCD-ROMやWebページなどからアプリをインストールする必要があります。

https://canon.jp/support/software/os?pr=4768

基本

デスクトップ

キーボード・文字入力

インターネット

メール・連絡先

セキュリティ

AIアシスタント

写真・動画・音楽

OneDrive・スマホ

周辺機器 印刷・

アプリ

インストール・設定

Q 439 写真を印刷するときは どんな用紙を使えばいいの？

A 写真専用の光沢紙がよいでしょう

写真を印刷するときは、耐光性・耐水性に優れた写真専用の光沢紙やフォトマット紙、写真用紙を使うと、き

れいに印刷でき、長期間色あせることなく保存できるでしょう。

また、光沢紙でも高光沢、半光沢、絹目調、厚手や薄手タイプ、極薄タイプなど、メーカーによっていろいろな種類があり、名称も異なります。

どのメーカーの用紙を使うか迷う場合は、使用しているプリンターのメーカーが販売している用紙（純正品）を選択するとよいでしょう。

Q 440 印刷結果を 事前に確認したい！

A [印刷]画面で プレビューを確認します

写真やファイル、Webページの記事を印刷するとき、用紙のサイズに内容が収まっているか、全体のバランスが崩れていないか、使用する用紙の枚数はいくらかなどを確認したいときは、印刷プレビューを見てみましょう。

ここでは、「フォト」アプリを例に解説します。

1 ［もっと見る］■■をクリックして、

2 ［印刷］をクリックすると、

名前を付けて保存　Ctrl+S
印刷　Ctrl+P

3 ［印刷］画面が表示されます。

印刷の向き
　横
印刷部数
　1
用紙トレイ
　自動選択
用紙サイズ

4 印刷プレビューを確認できます。

Q 441 印刷の向きや用紙サイズ、 部数などを変更したい！

A [印刷]画面で変更します

印刷の向きや用紙サイズ、部数などを変更するには、［印刷］画面を利用します。ここでは、「フォト」アプリを例に解説します。なお、表示される画面の内容は、プリンターによって異なります。

1 「フォト」アプリで画面右上の［もっと見る］■■をクリックし、

2 ［印刷］をクリックして、［印刷］画面を表示します。

名前を 印刷 保存　Ctrl+S
印刷　Ctrl+P
画像のサイズ変更
コピー　Ctrl+C

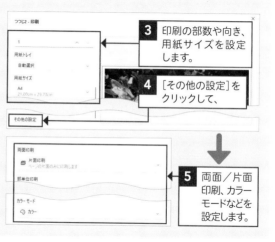

つつじ2 - 印刷

用紙トレイ
自動選択
用紙サイズ
A4
21.00cm×29.70cm

3 印刷の部数や向き、用紙サイズを設定します。

4 ［その他の設定］をクリックして、

その他の設定

両面印刷
片面印刷
ページの片面のみに印刷します
部単位印刷

カラーモード
カラー

5 両面／片面印刷、カラーモードなどを設定します。

基本

デスクトップ

キーボード・文字入力

インターネット

メール・連絡先

セキュリティ

AI・アシスタント

写真・動画・音楽

OneDrive・スマホ

印刷・周辺機器

アプリ

インストール・設定

Q 442 印刷を中止したい!

A 印刷キューで印刷を中止します

印刷を中止するには、通知領域から印刷キュー（プリンターの状態を表示する画面）を表示して、以下の手順に従います。

なお、プリンターによっては、プリンターの状態を確認できるソフトウェアなどが付属しています。その場合、そのソフトウェアを使って印刷を中止できることがあります。詳しくは、プリンターに付属のマニュアルなどを確認してください。

1 タスクバーのここ∧をクリックして、

2 プリンターのアイコンをダブルクリックします。

3 印刷中のデータをクリックして、

4 ［ドキュメント］を右クリックし、

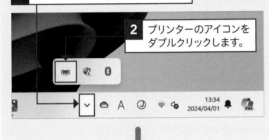

5 ［キャンセル］をクリックします。

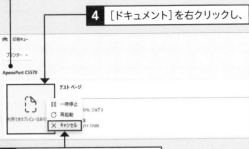

ApeosPort C5570、ジョブ 2

このドキュメントの印刷を取り消しますか?

はい　　いいえ

6 ［はい］をクリックすると、印刷が中止されます。

Q 443 急いでいるのでとにかく早く印刷したい!

A ［高速］や［速度優先］を利用します

文書や写真を短時間で印刷したい場合は、［プリンターのプロパティ］を表示し、印刷品質を［高速］や［速度優先］に切り替えましょう。［高速］や［速度優先］は、インクやトナーを標準品質よりも減らすため、短時間で印刷できます。ただし、高速な分標準品質より画質が低下することには注意が必要です。なお、設定方法はプリンターによって異なり、利用できないものもあります。

参照 ▶ Q 447

1 ［プリンターのプロパティ］を表示して、

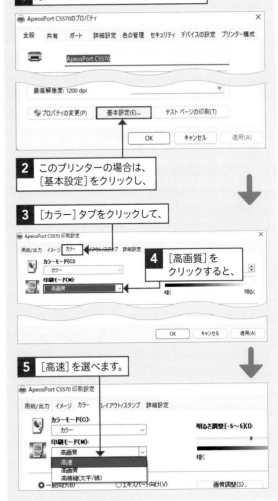

2 このプリンターの場合は、［基本設定］をクリックし、

3 ［カラー］タブをクリックして、

4 ［高画質］をクリックすると、

5 ［高速］を選べます。

基本

デスクトップ

キーボード・文字入力

インターネット

メール・連絡先

セキュリティ

AI・アシスタント

写真・動画・音楽

OneDrive・スマホ

周辺機器 印刷・

アプリ

インストール・設定

印刷　　　　　　重要度 ★★★

Q 444　特定のページだけを印刷したい！

A ページを指定して印刷します

特定のページだけを印刷するには、[印刷]画面で印刷したいページを指定します。Edgeの場合は、[印刷]画面の[ページ]でページ範囲を指定できます。

ページを指定する際に、ページ番号を「1,3,5」のようにカンマ (,) で区切ると、特定のページだけを印刷することができます。「1-3」のようにハイフン (-) で範囲を指定

すると、連続するページ範囲をまとめて指定できます。なお、[印刷]画面右側のプレビュー画面を上下にスクロールすると、プレビューで印刷するページを確認できます。参照 ▶ Q 251

● **Edge** で設定する

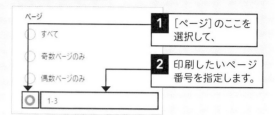

1 [ページ]のここを選択して、

2 印刷したいページ番号を指定します。

印刷　　　　　　重要度 ★★★

Q 445　ページを縮小して印刷したい！

A [縮小して全体を印刷する]や[印刷可能領域に合わせる]を選択します

写真や文書を用紙からはみ出さないように印刷したいときは、[印刷]画面で設定を変更しましょう。「フォト」アプリでは[自動調整]の[ページに合わせる]をクリックして、[縮小して全体を印刷する]を選びます。ブラウザーの場合、Edgeでは[拡大/縮小(%)]で[印刷可能領域に合わせる]をクリックするか、入力欄に数字を入力し、右のプレビュー画面を見ながら倍率を調整します。ここでは、Edgeでの設定例を解説します。

1 [印刷]画面を表示して、[その他の設定]をクリックし、

2 [印刷可能領域に合わせる]をクリックすると、

3 全体が印刷される状態になります。

ここをクリックして数字を入力すると、任意の倍率(パーセント)に設定できます。

印刷　　　　　　重要度 ★★★

Q 446　印刷がかすれてしまう！

A ヘッドのクリーニングを行うと、かすれは解消されます

インク残量があるにもかかわらず、印刷結果がかすれたようになっている場合は、プリンターのヘッドに汚れが生じている可能性があります。ヘッドの汚れは、クリーニングを行えば解消できます。インクジェットプ

リンターにはメンテナンス機能が付いているので、1カ月に1回はクリーニングすることをおすすめします。

多くのプリンターには、ヘッドのクリーニング機能が用意されています。

基本

デスクトップ

キーボード・文字入力

インターネット

メール・連絡先

セキュリティ

AIアシスタント

写真・動画・音楽

OneDrive・スマホ

印刷・周辺機器

アプリ

インストール・設定

印刷　　　重要度 ★ ★ ★

Q 447　インクの残量を確認したい！

A プリンターのプロパティから確認できます

インクの残量が減ってくると、正しい色で印刷されなかったり、印刷自体が不可能になってしまう場合があります。肝心なときにインク切れが起こらないよう、ときどきインク残量の確認を行う必要があります。

1 ［スタート］■→［設定］◉をクリックして、［Bluetoothとデバイス］→［プリンターとスキャナー］をクリックします。

2 確認したいプリンター名をクリックします。

3 ［プリンターのプロパティ］をクリックします。

4 このプリンターの場合は、［全般］→［基本設定］→［用紙／出力］→［プリンターの状態］をクリックすると、

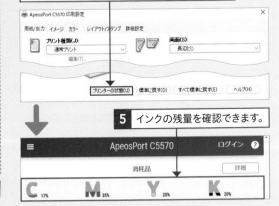

5 インクの残量を確認できます。

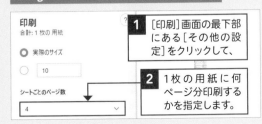

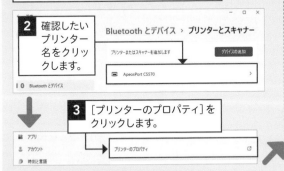

印刷　　　重要度 ★ ★ ★

Q 448　1枚に複数のページを印刷したい！

A ［印刷］画面やプリンターのプロパティで指定します

1枚の用紙に複数ページを印刷したり、はみ出した文章を1枚の用紙に収めて印刷したりする機能は、多くのアプリに搭載されています。たとえば、Edgeの場合は［印刷］画面で、1枚の用紙に印刷するページを指定

します。また、プリンターの詳細設定でもできます。設定方法は、プリンターによって異なります。

● Edge で 1 枚の用紙に印刷する量を設定する

1 ［印刷］画面の最下部にある［その他の設定］をクリックして、

2 1枚の用紙に何ページ分印刷するかを指定します。

周辺機器の接続　　　重要度 ★ ★ ★

Q 449　パソコン外にファイルを保存するにはどうすればいいの？

A USBメモリーや光学ディスク、HDDなどの記録メディアを使います

パソコンにファイルを保存するときには、「記録メディア」を使用します。記録メディアは、ファイルなどのデ

ジタルデータを保存する機器の総称です。パソコンには、ハードディスクやSSDといった記録メディアが搭載されています。

パソコンの外部にファイルを保存するときにも、記録メディアを利用します。パソコンにUSBメモリーや外付けHDDを接続したり、光学ドライブに光学ディスクを挿入したりすることで、パソコン内のファイルを保存できます。

参照 ▶ Q 454, Q 474

Q 450 どこにどのケーブルを差し込むのかわからない！

A コネクターやポートの形で判断します

パソコンに周辺機器を接続するには、ケーブルのコネクター（先端）をパソコン側のポート（端子）に接続し

ます。パソコンにはさまざまな種類のポートがあり、ポートの形や付いているマークなどでどこに何を接続するのかを判断できます。コネクターの形はケーブルにより異なるので、正しいポートに接続する必要があります。規格の異なるポートには差し込めないように作られているので、無理に押し込んで壊さないように注意しましょう。

キーボード／マウスケーブル　　PS/2ポート

PS/2
「PS/2」は、キーボードやマウスを接続するために利用される規格のひとつです。最近はUSBが主流になっており、PS/2を廃止したコンピューターが増えています。

USBケーブル　　USBポート

USB
「USB（ユーエスビー）」は、パソコンと周辺機器とを接続するために利用される規格のひとつです。マウスやキーボード、USBメモリーなど、さまざまな用途に利用されています。

USB Type-Cケーブル　　USB Type-Cポート

USB Type-C
「USB Type-C」はUSBの拡張規格で、USBと同様にさまざまな周辺機器を接続でき、データ転送がより高速です。端子やポートに上下の区別がなく、取り回しのしやすさも特徴です。

ディスプレイケーブル　　ディスプレイポート

ディスプレイケーブル
「ディスプレイケーブル」は、パソコンとディスプレイを接続するために使用するケーブルです。DisplayPortやDVIといったいくつかの規格があり、左図ではDisplayPortのケーブルおよびポートを示しています。

LANケーブル　　LANポート

LANケーブル
「LAN（ラン）ケーブル」は、会社内のネットワークやパソコンとルーターなどを接続するために使用するケーブルです。通信に使われる規格の名前から「イーサネットケーブル」と呼ばれることもあります。

HDMIケーブル　　HDMIポート

HDMI
「HDMI」は、映像と音声を1本のケーブルで伝送できる規格で、最後まで完全なデジタル信号として伝送できるのが特徴です。左図のHDMIのほか、ミニHDMIやマイクロHDMIといったケーブルもあります。

Q451 USBメモリーは何を見て選べばいい？

A 容量を確認して選びます

USBメモリーは、データの読み書きができる記録メディアで、「USBフラッシュメモリー」とも呼ばれます。USBメモリーは、ファイルを保存できる容量で選びます。現在よく使われるUSBメモリーの容量は、16GBから1TBまで幅があり、価格も容量が大きいほど高くなるので、自分の用途に合ったものを選びたいところです。USBメモリーに保存するファイルはどれくらいのサイズなのか、あらかじめ確認してから購入すると、無駄な買い物をせずに済むでしょう。

Q452 USB端子はそのまま抜いてもいいの？

A 抜いてもよい機器とよくない機器があります

USBの仕様では、パソコンの電源を入れたまま機器を抜き差しする「ホットスワップ」（「活線挿抜」ともいいます）が認められています。そのため、マウスやキーボードの場合は、いきなりポートから抜いても問題ありません。しかし、ハードディスクやUSBメモリー、SDカードなどデータを書き込むタイプの製品をいきなり外すと、データが破損する危険性があります。必ず動作の終了を確認するか、下の操作を行ってから取り外します。

1 タスクバーの∧をクリックして、

2 このアイコンをクリックし、

3 ［○○の取り出し］をクリックします。

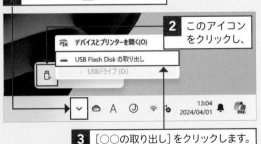

Q453 USBメモリーの中身を表示したい！

A ナビゲーションウィンドウから中身を表示できます

パソコンに接続したUSBメモリーの中身を、エクスプローラーで表示するには、接続直後に表示される通知をクリックして、［フォルダーを開いてファイルを表示］をクリックします。また、エクスプローラーのナビゲーションウィンドウに表示されるUSBメモリーをクリックしても、中身を表示できます。

● 接続したらすぐに中身を表示する

1 USBメモリーをパソコンに接続して、　**2** 表示された通知をクリックし、

3 ［フォルダーを開いてファイルを表示］をクリックすると、

4 USBメモリーの中身が表示されます。

● あとから中身を表示する

1 タスクバーの［エクスプローラー］をクリックして、

2 ナビゲーションウィンドウのUSBメモリー（ここではUSBドライブ）をクリックすると、

3 USBメモリーの中身が表示されます。

Q 454 USBメモリーにファイルを保存する手順を教えて！

A コピー先をUSBメモリーに指定して保存します

USBメモリーをパソコンのUSBポートに接続すると、ファイルをUSBメモリーへコピーしたり、反対にUSBメモリーからパソコンへファイルを取り込んだりできます。USBメモリーも、パソコンの内蔵ストレージと同じようにエクスプローラーを使って、コピーなどのファイル操作を行えます。ここではエクスプローラーの[コピー先]を使ってファイルを保存していますが、通常の[コピー]と[貼り付け]を使って保存することもできます。　参照 ▶ Q 098

1 USBメモリーをパソコンのUSBポートに接続して、

2 表示された通知をクリックし、

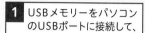

3 [フォルダーを開いてファイルを表示]をクリックします。

4 コピーするファイルのあるフォルダーを開いて、

5 コピーするファイルを選択します。

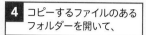

6 選択したファイルを右クリックして、

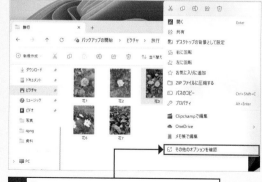

7 [その他のオプションを確認]をクリックし、

8 [送る]にマウスポインターを合わせて、

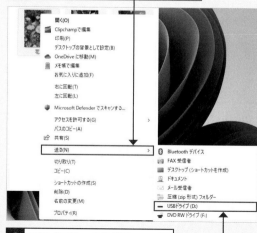

9 USBメモリーの名前（ここではUSBドライブ）をクリックすると、

10 ファイルがUSBメモリーにコピーされます。

Q455 USBメモリーを初期化したい!

A エクスプローラーでフォーマットしましょう

USBメモリーは、エクスプローラーで［フォーマット］を実行することで初期化できます。フォーマットとは、記憶装置をWindowsで読み書きできるようにすることです。フォーマットするとUSBメモリーに保存されていたデータはすべて消えてしまうので、消したくないデータが残っていないか注意しましょう。

1 エクスプローラーを起動して［PC］をクリックし、

2 USBメモリーのアイコンを右クリックして、

3 ［フォーマット］をクリックします。

4 ［開始］をクリックし、

5 ［OK］をクリックするとフォーマットが開始されます。

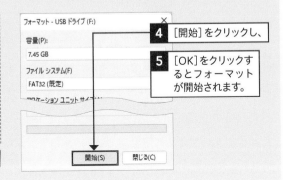

Q456 USBポートの数を増やしたい!

A USBハブを購入します

USBポートはたいていのパソコンに2〜4個程度付いていますが、USB機器が増えてパソコンのUSBポートが足りなくなった場合は、USBハブを接続しましょう。USBハブは、USBポートを拡張するための装置です。USBハブには、電源をパソコン側のUSBポートから供給する「バスパワー」タイプと、電源をACアダプターから供給する「セルフパワー」タイプの2種類があります。前者は、消費電力の少ないマウスやUSBメモリーなどに適しています。後者は、消費電力の大きいプリンターや外付けHDDなどに適しています。

なお、通常USBハブはパソコンに接続すると自動的にドライバーが読み込まれ、使用できるようになります。ドライバーの読み込みが正常に完了したか確認したい場合は、デバイスマネージャーを利用します。

● **USBハブ**

（BSH4U500C1PBK／BUFFALO）

Q457 SDカードを読み込むにはどうしたらいいの?

A パソコンのスロットに差し込むか、カードリーダーなどを利用します

パソコンにSDカードスロットが搭載されている場合は、カードスロットにSDカードを挿入すると、画面の右下に通知が表示されるので、クリックして［フォルダーを開いてファイルを表示］をクリックします。

もし、通知が表示されない場合は、エクスプローラーを開いて、SDカードを挿入したドライブ（リムーバブルディスクドライブ）をクリックすると、読み込むことができます。

パソコンにSDカードスロットがない場合は、カードリーダーなどを別途購入する必要があります。カードリーダーは、SDカード以外のメディアにも対応しているものが多く、USBで接続するのが一般的です。

基本
デスクトップ
キーボード・文字入力
インターネット
メール・連絡先
セキュリティ
AI・アシスタント
写真・動画・音楽
OneDrive・スマホ
印刷・周辺機器
アプリ
インストール・設定

Q 458 Bluetooth機器を接続したい!

A [Bluetoothとデバイス]から設定します

Bluetoothの周辺機器をパソコンに接続するには、以下のように操作します。なお、以下の操作ははじめて接続する際のみ必要なもので、「ペアリング」と呼びます。ペアリングを一度行えば、以降は周辺機器の電源を入れるだけでパソコンに接続されます。

● Bluetooth機器を接続する

1 [スタート] 🔲 → [設定] ⚙ をクリックし、

2 [Bluetoothとデバイス]をクリックして、

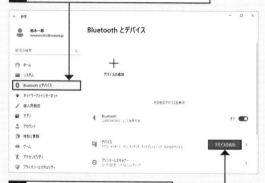

3 [デバイスの追加]をクリックし、

4 接続したいBluetooth機器をペアリングモードにします。

5 [Bluetooth]をクリックし、

6 ペアリング可能なBluetooth機器が表示されるのでクリックすると、

7 Bluetooth機器が接続され、使用できるようになります。

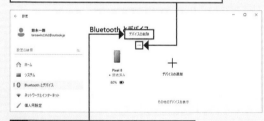

完了

8 [完了]をクリックします。

9 接続を解除したいときは、表示されているBluetooth機器の … をクリックし、

10 [デバイスの削除]をクリックすると、

11 選択したデバイスがパソコンから削除されます。

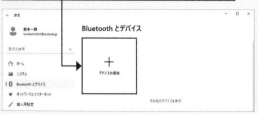

基本
デスクトップ
キーボード・文字入力
インターネット
メール・連絡先
セキュリティ
AI・アシスタント
写真・動画・音楽
OneDrive・スマホ
印刷・周辺機器
アプリ
インストール・設定

周辺機器の接続　重要度 ★ ★ ★

Q459 パソコンがBluetoothに対応しているか確かめたい！

A デバイスマネージャーやタスクバーから確認できます

ワイヤレスでさまざまな周辺機器を接続できる無線規格の一種が、「Bluetooth（ブルートゥース）」です。現在ではマウスやキーボード、ヘッドセットなど、Bluetoothに対応する周辺機器が充実していますが、パソコンが対応していなければこれらの周辺機器を接続できません。パソコンがBluetoothに対応しているかどうかを確認するには、以下のように操作します。

参照 ▶ Q461

● ［設定］で確認する

1 ［スタート］ ⊞ → ［設定］ ⚙ → ［Bluetoothとデバイス］をクリックして、

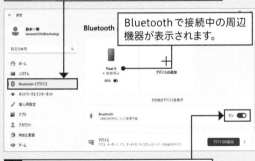

Bluetoothで接続中の周辺機器が表示されます。

2 ［Bluetooth］のスイッチが表示されれば、パソコンがBluetoothに対応しています。

● タスクバーで確認する

1 タスクバーの へ をクリックして、

2 Bluetoothのアイコンが表示されていれば、パソコンがBluetoothに対応しています。

● デバイスマネージャーで確認する

1 スタートボタンを右クリックして、

2 ［デバイスマネージャー］をクリックすると、

3 デバイスマネージャーが表示されます。

4 ［Bluetooth］が表示されていれば、パソコンがBluetoothに対応しています。

Bluetoothで接続されている周辺機器なども確認できます。

周辺機器の接続　重要度 ★ ★ ★

Q460 ワイヤレスのキーボードやマウスを接続したい！

A ほかのBluetooth周辺機器と同様に接続できます

ワイヤレスキーボードやマウスがBluetoothに対応していれば、ほかの周辺機器と同様の操作で、パソコンとワイヤレス接続できます。ただし、キーボードの場合、最初の接続時に所定のPIN（番号）をキーボードで入力して接続する製品もあります。

参照 ▶ Q458

● ワイヤレスキーボードの接続例

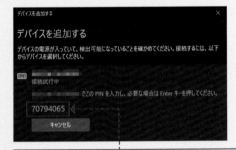

キーボードの機種によっては、初回接続時に表示されるPINをキーボード上で入力する必要があります。

Q 461 あとからBluetoothに対応させることはできないの?

A Bluetoothアダプターで対応させることができます

パソコンがBluetoothに対応していなくても、「Bluetoothアダプター」をパソコンに接続すれば、Bluetooth対応機器を使えるようになります。

BluetoothアダプターはパソコンのUSBポートに接続して、パソコンにBluetooth機能を追加する周辺機器です。

● Bluetoothアダプター

(BSBT4D200BK／BUFFALO)

Q 462 Bluetoothの接続が切れてしまう!

A パソコンが直接見える近い位置で使いましょう

Bluetoothは、近距離でのワイヤレス通信を行うための規格です。パソコンから遠く離れたり、パソコンとBluetooth対応機器の間に壁を挟んだりすると、接続が切れやすくなります。接続を切らさないようにしたい場合は、パソコンと近距離で、パソコンとBluetooth対応機器を遮るものがない位置関係で使いましょう。

Q 463 周辺機器を接続したときの動作を変更したい!

A [自動再生]画面で変更します

周辺機器をパソコンに接続すると、初期状態では通知が表示されます。この通知をクリックすると、接続した周辺機器でどんな操作を行うかを選択できます。次回以降は、この画面で選択した操作が自動的に実行されます。
別の操作を行うようにあとから変更したい場合や、それぞれのメディアごとに動作を設定したい場合は、[自動再生]画面から操作を行いましょう。
なお、[自動再生]画面の「リムーバブルドライブ」ではCDやUSBメモリーを接続したときの動作を、「メモリカード」ではデジカメやデジカメのメモリーカードを接続したときの動作を、それぞれ設定できます。そのほか、接続したことのある周辺機器がある場合は、その機器を接続したときの動作も設定できます。機器や使用用途に応じて変更しましょう。

1 [スタート] ⊞ →[設定] ⚙ をクリックして、

2 [Bluetoothとデバイス]をクリックし、

3 [自動再生]をクリックします。

4 ここがオンになっていることを確認します。

5 ここをクリックし、

6 周辺機器を接続したときの動作をクリックします。

Q 464 ハードディスクの容量がいっぱいになってしまった!

A 外付けのハードディスクを接続しデータやアプリを保存しましょう

パソコン内のハードディスクがいっぱいになってしまった場合は、外付けのハードディスクを利用しましょう。最も一般的なのはUSBポートに接続するタイプで、ケーブルをつなぐだけですぐに使えます。

外付けのハードディスクを接続したら、データの保存先やアプリのインストール先を外付けのハードディスクに変更しておきましょう。ここでは [ドキュメント] フォルダーの変更方法を紹介しますが、[ピクチャ] フォルダーなども同様の方法で変更可能です。

●[ドキュメント] フォルダーを移動する

1 エクスプローラーで [ドキュメント] を右クリックし、

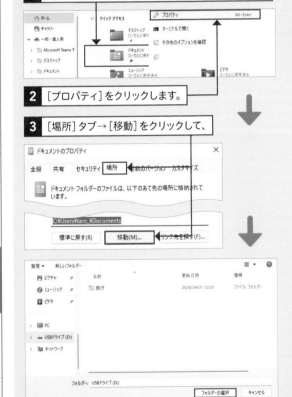

2 [プロパティ]をクリックします。

3 [場所] タブ→ [移動] をクリックして、

4 外付けのハードディスクのフォルダーを表示して [フォルダーの選択] をクリックします。

5 [適用] をクリックすると、[ドキュメント] フォルダーが指定した場所に移動されます。

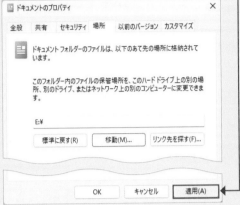

「元の場所のすべてのファイルを、〜」というメッセージで [はい] をクリックすると、今まで保存したファイルも外付けのハードディスクに移されます。

●アプリのインストール先を変更する

1 [スタート] ■→ [設定] ◎をクリックして、[システム]→[ストレージ]→[ストレージの詳細設定]→[新しいコンテンツの保存先]をクリックし、

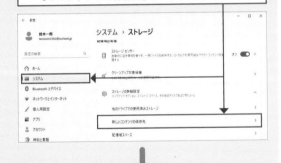

2 「新しいアプリの保存先」で外付けのハードディスクを選択して [適用] をクリックすると、これ以降アプリは外付けのハードディスクにインストールされます。

Q 465 バックアップって どうすればいいの？

A ファイル履歴機能を利用します

大切なファイルをパソコン内だけに保存しておくと、万一パソコンが故障したときに、ファイルを開けなくなってしまいます。ファイルはUSBメモリーや外付けのハードディスクに、定期的にバックアップしておくとよいでしょう。

そこで役立つのが、「ファイル履歴」機能です。「ファイル履歴」機能は初期設定ではオフになっていますが、「設定」アプリからオンに切り替えると[ドキュメント][ミュージック][ピクチャ][ビデオ]とデスクトップにあるファイルが自動的にバックアップされます。利用するときは、事前にUSBメモリーか外付けハードディスクをパソコンに接続しておきましょう。

1 スタートメニューで[すべてのアプリ]→[Windowsツール]をクリックし、

2 [コントロールパネル]をクリックします。

3 「表示方法:」が[大きいアイコン]または[小さいアイコン]になっている場合はここをクリックして、

4 [カテゴリ]を選択します。

5 [ファイル履歴でファイルのバックアップコピーを保存]をクリックし、

6 [オンにする]をクリックすると、

7 「ファイル履歴はオンになっています」と表示され、ファイル履歴機能がオンになります。

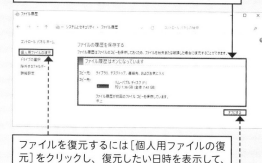

ファイルを復元するには[個人用ファイルの復元]をクリックし、復元したい日時を表示して、復元したいファイルやフォルダーを選択します。

[オフにする]をクリックすると、ファイル履歴機能がオフになります。

基本

デスクトップ

キーボード・文字入力

インターネット

メール・連絡先

セキュリティ

AI・アシスタント

写真・動画・音楽

OneDrive・スマホ

印刷・周辺機器

アプリ

インストール・設定

📖 CD／DVDの基本　　重要度 ★★★

Q 466 ディスクの分類と用途を知りたい！

A CD、DVD、BDをコンテンツ配布やデータの保存といった用途で使います

パソコンで扱うディスク（光学式メディア）は、主に CD、DVD、Blu-rayディスク（BD）の3種類で、容量が大きく異なります。また、CD、DVD、BDのそれぞれに、コンテンツ配布用の読み込み専用メディア、データ保存用の1回だけ書き込めるメディアと繰り返し書き込めるメディアがあります。パソコンで読み書きするには、それぞれのメディアに対応するドライブが必要です。

● **DVD と BD の違い**

DVD

DVD10枚分がBlu-ray1枚に収まります。

Blu-rayディスク

1枚：片面1層　4.7GB

1枚：片面2層　50GB

📝 CD／DVDの基本　　重要度 ★★★

Q 467 ディスクを入れても何の反応もない！

A エクスプローラーでディスクの項目をクリックします

パソコンのドライブにDVDなどのディスクをセットしても何も表示されない場合は、エクスプローラーの画面左側にあるディスクの項目をクリックするとディスクの中身が表示されます。空のディスクをセットした場合は、書き込み形式を選択する画面が表示されます。

参照 ▶ Q 094, Q 474

● **ディスクの中身を表示する**

1 ディスクをパソコンのドライブにセットして、エクスプローラーを起動し、

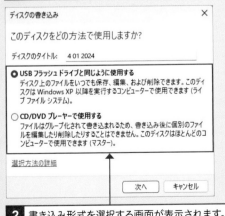

2 ディスクの項目（ここでは［DVD RWドライブ］）をクリックすると、

3 ディスクの中身が表示されます。

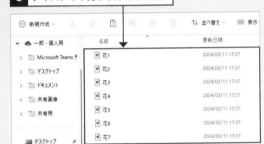

● **ディスクの書き込み形式を選択する**

1 空のディスクをセットして同様の手順を行うと、

ディスクの書き込み　　　　　　　　　　　　×

このディスクをどの方法で使用しますか？

ディスクのタイトル：　4 01 2024

● **USB フラッシュ ドライブと同じように使用する**
ディスク上のファイルをいつでも保存、編集、および削除できます。このディスクは Windows XP 以降を実行するコンピューターで使用できます（ライブ ファイル システム）。

○ **CD/DVD プレーヤーで使用する**
ファイルはグループ化されて書き込まれるため、書き込み後に個別のファイルを編集したり削除したりすることはできません。このディスクはほとんどのコンピューターで使用できます（マスター）。

選択方法の詳細

次へ　　キャンセル

2 書き込み形式を選択する画面が表示されます。

基本
デスクトップ
キーボード・文字入力
インターネット
メール・連絡先
セキュリティ
AI・アシスタント
写真・動画・音楽
OneDrive・スマホ
印刷・周辺機器
アプリ
インストール・設定

CD／DVDの基本　重要度 ★★★

Q 468 自分のパソコンで使える メディアがわからない！

A 取扱説明書やドライブに表示 されているロゴを確認しましょう

使用しているパソコンのドライブで、どのメディアが使えるのか判断がつかない場合は、取扱説明書の「仕様」を確認するか、光学式ドライブに付いているロゴマークを見てみましょう。

●ロゴマークとメディア

ロゴ	メディア
DVD R/RW	DVD-R、DVD-RW
DVD MULTI RECORDER	DVD-R、DVD-RW、DVD-RAM
RW DVD+ReWritable	DVD+R、DVD+RW
Blu-ray Disc	Blu-rayディスク

CD／DVDの基本　重要度 ★★★

Q 469 ディスクを入れると 表示される通知は何？

A データに応じた処理方法を 選択する画面です

パソコンのドライブにディスクをセットすると、初期状態では、画面下に通知が表示されます。この通知をクリックすると、セットしたディスクの種類に応じて、データの書き込みなどパソコンでの処理方法を選択するメニューが表示されます。

参照▶Q 475, Q 478

1 パソコンにディスクをセットすると、

2 通知が表示されるのでクリックします。

3 ディスクに対して行う操作を選択する画面が表示されます。

ディスクにデータを書き込む場合は、[ファイルをディスクに書き込む]をクリックします。

CD／DVDの基本　重要度 ★★★

Q 470 どのメディアを使えば いいかわからない！

A 用途と書き込むファイルの 大きさで選びます

メディアを選ぶときは、まず書き込む回数を考えて、どのタイプを使うかを決めます。メディアにファイルを書き込んでそのまま保存しておきたいなら、1回だけ書き込めるグループを選びます。書き込んだファイルを変更したり、あとで削除したりした場合は、消去可能なグループを選ぶとよいでしょう。
続いて書き込みたいファイルの大きさがわかると、CD／DVD／BDのいずれを選べばよいかわかります。ディスクの種類は、以下の表も参考にしてください。

●ディスクの種類と特徴

ディスクの種類	容量	特徴
CD-ROM	650～700MB	読み込み専用。音楽、映画などコンテンツの配布に利用される。
DVD-ROM	4.7GB～9.4GB	
BD-ROM	25GB～50GB	
CD-R	650～700MB	1回だけ書き込み可能。音楽や録画した映画、ホームビデオの保存などに使える。
DVD-R	4.7GB～9.4GB	
BD-R	25GB～50GB	
BD-R XL	100～128GB	
CD-RW	650～700MB	書き込みと消去が可能。パソコンのデータや編集途中の映像などをバックアップできる。
DVD-RW	4.7GB～9.4GB	
BD-RE	25GB～50GB	
BD-RE XL	100～128GB	

基本

デスクトップ

キーボード・
文字入力

インターネット

メール・
連絡先

セキュリティ

AI
アシスタント

写真・動画・
音楽

OneDrive・
スマホ

印刷・
周辺機器

アプリ

インストール・
設定

📖 CD／DVDの基本　　　重要度 ★★★

Q 471 ドライブからディスクが取り出せない!

A パソコンを再起動して再度取り出してみるか、強制排出します

光学式ドライブのイジェクトボタンを押しても、セットしたディスクが取り出せない場合は、一度パソコンを再起動してから、再度イジェクトボタンを押してみましょう。

それでもディスクが取り出せない場合は、光学式ドライブの強制排出スイッチを押します。強制排出スイッ

チは、多くの光学式ドライブに備えられており、針金などの先の細いもので突く方式になっています。ノートパソコンの場合も同様です。

それでも解決できない場合は、パソコンの製造元のメーカーに問い合わせましょう。無理に力を加えて中のディスクを取り出そうとすると、パソコンが破損してしまうおそれがあります。

強制排出スイッチを針金などで押してみます。

📖 CD／DVDの基本　　　重要度 ★★★

Q 472 パソコンにディスクドライブがない!

A 外付けの光学式ドライブを利用しましょう

パソコンの薄型化、軽量化ニーズの高まりから、近年では光学式ドライブを搭載しない機種が増えてきました。そのようなパソコンで光学式メディアのデータを読み込んだり、パソコンからデータを書き込んだりするには、外付けの光学式ドライブを別途用意します。外付け光学式ドライブのほとんどは、USBでパソコン

と接続できるようになっており、CD、DVD、BDに対応する製品が販売されています。購入の際には、対応メディアだけでなく、機器の光学式ドライブがデータの読み込みのみに対応するのか、書き込みにも対応するのかもチェックするようにしましょう。

● パソコン用外付け光学式ドライブ

（DVRP-UB8H／アイ・オー・データ機器）

📖 CD／DVDの基本　　　重要度 ★★★

Q 473 Blu-rayディスクを読み込めるようにしたい!

A 外付けのBlu-rayドライブを利用します

パソコンの光学式ドライブがBlu-rayディスク（BD）に対応していない場合は、BDの読み込みや書き込みができる外付けのBlu-rayドライブを購入して接続しましょう。多くの外付けBlu-rayドライブは、USBに対応しています。USB2.0対応でも十分ですが、可能であればUSB3.0対応のものを選ぶとよいでしょう。

ただし、Windows 11のWindows Media Playerでは、BDを再生できません。メーカー製のパソコンにあらかじめ付属しているアプリを使用するか、購入したBlu-rayドライブに付属しているアプリをインストールして利用します。どちらもない場合はインターネット上からダウンロードしましょう。参照 ▶ Q 472

● 外付けのBlu-ray ドライブ

（BRD-UC16X／アイ・オー・データ機器）

Q 474 CD／DVDに書き込みたい!

A 2種類の書き込み形式があります

CDやDVDにデータを書き込む際は、書き込み形式を選択します。書き込み形式には、USBメモリーと同じように使用するための「ライブファイルシステム」と、CD／DVDプレイヤーなどで使用するメディアを作成するための「マスター」の2種類があります。それぞれの特徴をまとめると、下の表のようになります。

参照 ▶ Q 475, Q 478

・ USBフラッシュドライブと同じように使用する（ライブファイルシステム）

既定では、この形式が選択されています。ファイルを個別に追加したり、いつでも編集や削除ができたりと、USBメモリーと同じ感覚で利用できます。何度も追記できるので、ディスクをドライブに入れたままにして、必要なときにファイルをコピーする場合に便利です。ただし、ほかのパソコンや機器ではデータを読み込めない場合があるので注意が必要です。なお、CD-R、DVD-Rなどの場合はファイルを消すことはできますが、空き容量は増えません。

・ CD／DVDプレイヤーで使用する（マスター）

ディスクにコピーするファイルをすべて選択してから、それらのファイルを一度に書き込む必要があります。また、書き込み後にファイルを個別に編集・削除することはできません（追記は可能です）。CD／DVDプレイヤー、Blu-rayディスクプレイヤーなどの家庭用機器と互換性があります。

● ライブファイルシステムとマスターの特長

書き込み形式	メリット	デメリット
ライブファイルシステム	手軽に扱えるので、ファイルを頻繁に書き込む場合に便利。書き込み後にファイルの追加、編集、削除も可能。	使用前にフォーマットが必要。
マスター	長期間保存するデータ向け。使用前にフォーマットをする必要がない。パソコン以外の機器にも対応している。	作成までの手順が多い。作成後にファイルの編集や削除ができない。

Q 475 ライブファイルシステムで書き込む手順を知りたい!

A 以下の手順で書き込むことができます

CD／DVDにデータを書き込むには、まずパソコンのドライブに空のCD／DVDを挿入します。最初に書き込み方式を選択して、フォーマットを実行すると、自動的にエクスプローラーが起動して、CD／DVDドライブが開きます。続いて、書き込みたいファイルやフォルダーをドライブの項目にドラッグ＆ドロップして書き込みを行います。

なお、下の手順では空のCD／DVDをドライブに挿入したあとに通知が表示されていますが、通知が表示されず、すぐに［ディスクの書き込み］ダイアログボックスが表示される場合もあります。

1 空のCD／DVDをドライブに挿入して、

2 表示された通知をクリックし、

3 ［ファイルをディスクに書き込む］をクリックします。

基本

デスクトップ

キーボード・文字入力

インターネット

メール・連絡先

セキュリティ

AI・アシスタント

写真・動画・音楽

OneDrive・スマホ

印刷・周辺機器

アプリ

インストール・設定

4 ディスクのタイトルを必要に応じて入力し、

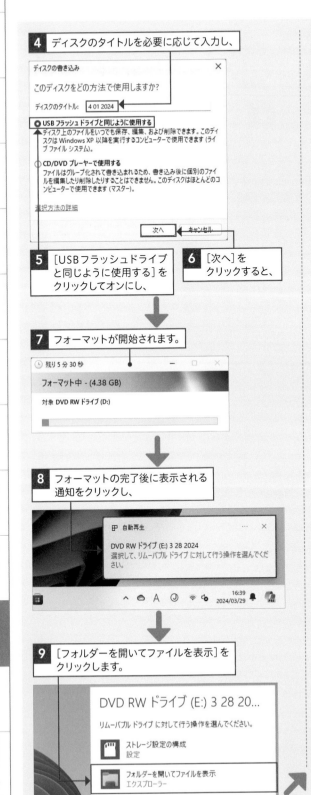

ディスクの書き込み

このディスクをどの方法で使用しますか?

ディスクのタイトル: 4 01 2024

● USB フラッシュドライブと同じように使用する
ディスク上のファイルをいつでも保存、編集、および削除できます。このディスクは Windows XP 以降を実行するコンピューターで使用できます (ライブファイルシステム)。

○ CD/DVD プレーヤーで使用する
ファイルはグループ化されて書き込まれるため、書き込み後に個別のファイルを編集したり削除したりすることはできません。このディスクはほとんどのコンピューターで使用できます (マスター)。

選択方法の詳細

次へ　　キャンセル

5 [USBフラッシュドライブと同じように使用する]をクリックしてオンにし、

6 [次へ]をクリックすると、

7 フォーマットが開始されます。

残り 5 分 30 秒

フォーマット中 - (4.38 GB)

対象 DVD RW ドライブ (D:)

8 フォーマットの完了後に表示される通知をクリックし、

自動再生

DVD RW ドライブ (E:) 3 28 2024
選択して、リムーバブル ドライブ に対して行う操作を選んでください。

∧ ○ A ② 🔊 🕩 　16:39　🔔　　
　　　　　　　　　 2024/03/29

9 [フォルダーを開いてファイルを表示]をクリックします。

DVD RW ドライブ (E:) 3 28 20...

リムーバブル ドライブ に対して行う操作を選んでください。

ストレージ設定の構成
設定

フォルダーを開いてファイルを表示
エクスプローラー

10 エクスプローラーが表示されます。

11 書き込みたいファイルやフォルダーを表示して、クリックします。

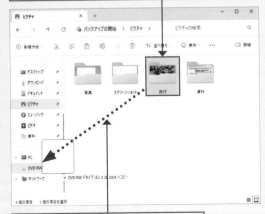

12 CD／DVDドライブにドラッグすると、

13 ファイルがコピーされます。

17% 完了

8 個の項目をコピー中: ピクチャ から DVD RW ドライブ (E:) 3 28 2024
17% 完了

∨ 詳細情報

14 CD／DVDドライブをクリックすると、

15 ファイルが書き込まれていることを確認できます。

Q 476 書き込んだファイルを削除したい！

A エクスプローラーで削除できます

CDやDVDに書き込んだファイルを削除したいときは、エクスプローラーで [削除] を実行します。ただし、CD-RやDVD-Rに書き込んだファイルを削除しても、空き容量が増えることはありません。また、削除したファイルはごみ箱には入らず、完全に削除されることにも注意しましょう。

1 削除したいファイルやフォルダーを選択して、

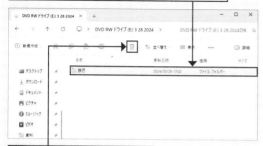

2 [削除] 🗑 をクリックします。

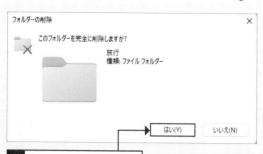

3 [はい] をクリックすると、

4 選択したファイルやフォルダーが削除されます。

Q 477 書き込み済みのCD／DVDにファイルを追加できる？

A 空き領域があれば可能です

CD／DVDに空き領域があれば、あとからデータを追加して書き込むこと（追記）ができます。ファイルを追加するには、目的のファイルのアイコンをドライブのアイコンの上にドラッグします。

ここでは、「ライブファイルシステム」形式で書き込んだディスクに、あとからファイルを追記する方法を紹介します。

参照 ▶ Q 474

1 追加したいファイルを選択して、

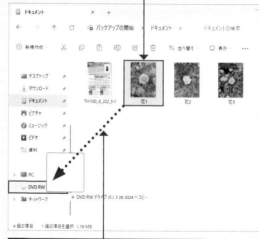

2 CD／DVDドライブにドラッグすると、

3 ファイルが書き込まれます。

基本

デスクトップ

キーボード・文字入力

インターネット

メール・連絡先

セキュリティ

AI アシスタント

写真・動画・音楽

OneDrive・スマホ

印刷・周辺機器

アプリ

インストール・設定

Q 478 マスターで書き込む手順を知りたい！

A 以下の手順で書き込むことができます

CDやDVDにデータを書き込む形式には、「ライブファイルシステム」と「マスター」の2種類があります。CD／DVDプレイヤーなどで読み出せる形式でディスクを作成したい場合は、マスターで書き込みを行いましょう。
なお、下の手順のように通知が表示されずに、すぐに[ディスクの書き込み]ダイアログボックスが表示される場合もあります。　参照 ▶ Q 475

1 空のCD／DVDをドライブに挿入したあとに通知をクリックし、[ファイルをディスクに書き込む]をクリックして、

2 ディスクのタイトルを必要に応じて入力し、

3 [CD／DVDプレイヤーで使用する]をクリックしてオンにして、

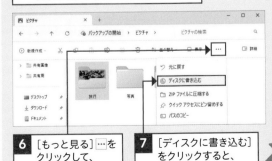

ディスクの書き込み

このディスクをどの方法で使用しますか？

ディスクのタイトル： 4 01 2024

○ USB フラッシュ ドライブと同じように使用する
ディスク上のファイルをいつでも保存、編集、および削除できます。このディスクは Windows XP 以降を実行するコンピューターで使用できます（ライブ ファイル システム）。

● CD/DVD プレーヤーで使用する
ファイルはグループ化されて書き込まれるため、書き込み後に個別のファイルを編集したり削除したりすることはできません。このディスクはほとんどのコンピューターで使用できます（マスター）。

選択方法の詳細

4 [次へ]をクリックします。

次へ　キャンセル

5 書き込みたいファイルやフォルダーを表示して、クリックします。

6 [もっと見る]…をクリックして、

7 [ディスクに書き込む]をクリックすると、

8 書き込む準備ができたファイル名が表示されます。

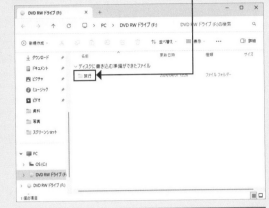

続けてファイルを書き込む場合は、手順 **5** ～手順 **8** の手順で、書き込みたいファイルやフォルダーを追加します。

9 [もっと見る]…をクリックして、

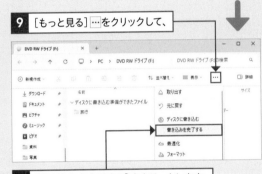

10 [書き込みを完了する]をクリックします。

11 [次へ]をクリックすると、ディスクへの書き込みが開始されます。

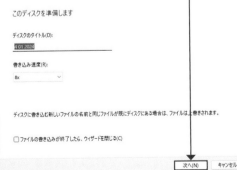

ディスクへの書き込み

このディスクを準備します

ディスクのタイトル(D):
4 01 2024

書き込み速度(R):
8x

ディスクに書き込む新しいファイルの名前と同じファイルが既にディスクにある場合は、ファイルは上書きされます。

□ ファイルの書き込みが終了したら、ウィザードを閉じる(C)

次へ(N)　キャンセル

12 書き込みが終わったら、[完了]をクリックします。

11

おすすめアプリの
便利技！

479 ▶▶▶ 494　便利なプリインストールアプリ

495 ▶▶▶ 500　アプリのインストールと削除

501　スマートフォン連携

502 ▶▶▶ 513　チャットツール

514 ▶▶▶ 531　ビデオ会議

基本

デスクトップ

キーボード・文字入力

インターネット

メール・連絡先

セキュリティ

AI アシスタント

写真・動画・音楽

OneDrive・スマホ

印刷・周辺機器

アプリ

インストール・設定

便利なプリインストールアプリ　　重要度 ★★★

Q479 Windows 11に入っているアプリにはどんなものがあるの?

A 主要なアプリは、以下の表のとおりです

Windows 11にはたくさんのアプリがあらかじめインストールされています。ただし、中には起動時にMicrosoftアカウントでサインインが必要なアプリや、インターネットに接続していないと利用できないアプリがあります。ここでは、スタートメニューから起動できる代表的なアプリを簡単に紹介します。

アイコン	アプリ名	解説
ペイント	ペイント	イラストや図形を作成できます。
メモ帳	メモ帳	テキストの文章を書いたり表示したりできます。
To Do	To Do	やるべきことをリスト化して表示できます。
Microsoft 365 (Office)	Microsoft365 (Office)	「Word」や「Excel」のほかに「PowerPoint」などを起動することができます。
Outlook (new)	Outlook(new)	メールや予定表を作成したり閲覧できます。
映画 & テレビ	映画&テレビ	映画などのレンタル/購入ができます。

アイコン	アプリ名	解説
クロック	クロック	タイマーやアラーム、ストップウォッチなどの機能を利用できます。
Microsoft Store	Microsoft Store	アプリや映画をダウンロード/購入できます。
天気	天気	世界中の天気を表示できます。
電卓	電卓	計算ができます。
フォト	フォト	写真の閲覧や編集ができます。
マップ	マップ	世界中の地図を表示できます。

便利なプリインストールアプリ　　重要度 ★★★

Q480 Skypeやペイント3Dはなくなってしまったの?

A 標準ではインストールされていません

Windows 10にインストールされていた標準のアプリのうち、「Skype」や「ペイント3D」など一部のアプリは、Windows 11ではインストールされていません。ただし、「Microsoft Store」アプリで扱っているアプリであれば、「Microsoft Store」アプリからインストールして使用できます。インストールされていないアプリをWindows 11でも使いたい場合は、「Microsoft Store」アプリで検索してインストールしましょう。

参照 ▶ Q 495

Windows 11にインストールされていないアプリは、「Microsoft Store」アプリから追加できます。

Q 481 カレンダーに予定を入力したい！

A 「Outlook」アプリの予定表から予定を入力します

ここでは「Outlook」アプリの予定表機能を利用します。起動して［予定表］をクリックすると、今月のカレンダーが表示されます。予定を入力するには［新しいイベント］をクリックし、件名や場所、日付などを入力したら、［保存］をクリックしましょう。

1 ［Outlook］を起動して、［予定表］をクリックし、

3 件名や場所、日付などを入力し、

2 ［新しいイベント］をクリックします。

4 ［保存］をクリックします。

Q 482 予定を確認、修正したい！

A 対象の予定をクリックします

設定した予定を確認したり、修正したいときは、対象の予定をクリックします。編集画面が表示されるので、必要に応じて修正したら、［保存］をクリックします。

1 予定をクリックして、

2 ［編集］をクリックします。

3 予定の編集画面が表示されるので、必要に応じて修正を行い、

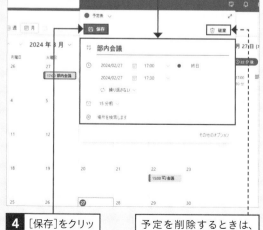

4 ［保存］をクリックします。

予定を削除するときは、［破棄］をクリックします。

左側のナビゲーション: 基本 / デスクトップ / キーボード・文字入力 / インターネット / メール・連絡先 / セキュリティ / AI・アシスタント / 写真・動画・音楽 / OneDrive・スマホ / 印刷・周辺機器 / アプリ / インストール・設定

Q 483 予定の通知パターンやアラームを設定したい!

A 予定の詳細画面で設定します

通知パターン (公開方法) を設定すると、予定の週表示などの模様が変更され、ほかの予定と区別しやすくなります。予定の通知パターンは、[空き時間][他の場所で仕事中][仮の予定][予定あり][不在]から選択できます。

このときアラームもあわせて設定すれば、予定の開始時間の前に通知音とともに通知メッセージを表示してくれます。

●公開方法を設定する

1 [新しいイベント]から新規予定を作成し、

2 ここをクリックし、

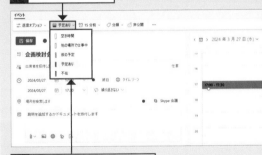

3 公開方法をクリックします。

●アラームを設定する

1 ここをクリックして、

2 アラームを鳴らすタイミングをクリックし、

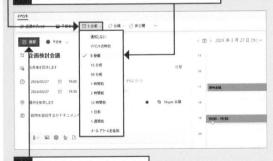

3 [保存]をクリックします。

Q 484 カレンダーに祝日を表示したい!

A [休日カレンダー]から [日本]を追加します

予定表には、世界各国の休日カレンダーが用意されており、表示させたい国のカレンダーを選んで追加できます。日本の祝日を表示したいときは、[予定表の追加]をクリックして、[祝日]のリストにある [日本]をクリックします。

1 [予定表を追加]をクリックして、

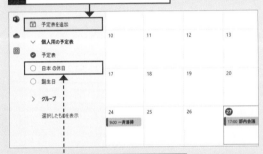

Outlookカレンダーに [日本の休日] が表示されている場合は、クリックしてオンにすると日本の休日が表示されます。

2 [祝日]をクリックし、　**3** [日本]をクリックします。

4 ×をクリックすると、

5 カレンダーに日本の休日が表示されます。

Q 485 現在地の天気を知りたい！

A 「天気」アプリで地域を設定します

「天気」アプリでは、インターネットを介して入手した天気情報が表示されます。スタートメニューからはじめて起動したときは、位置情報へのアクセスを許可するかどうかの画面が表示されます。[はい]をクリックすると、現在地の向こう1週間の天気を確認できます。

1 スタートメニューで[すべてのアプリ]をクリックし、

2 [天気] をクリックします。

3 「天気」アプリをはじめて起動したときは、以下の画面が表示されます。

4 [はい]をクリックすると、

5 現在地の天気情報が表示されます。

Q 486 「天気」アプリの地域を変更したい！

A 目的の地域を検索します

「天気」アプリに表示される地域を変更したい場合は、検索ボックスに目的の地域を入力します。起動時に表示される地域は左下の[設定] ⚙ で指定します。

1 右上の検索ボックスに目的の地域名を入力して、

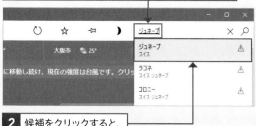

2 候補をクリックすると、

3 その地域の天気情報が表示されます。

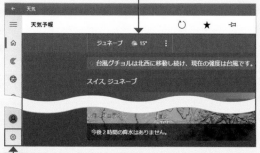

4 [設定] ⚙ をクリックして、

5 [スタートページに設定された場所]をクリックし、

6 地域を入力すると、「天気」アプリを起動したときに表示される地域を設定できます。

基本
デスクトップ
キーボード・文字入力
インターネット
メール・連絡先
セキュリティ
AI・アシスタント
写真・動画・音楽
OneDrive・スマホ
印刷・周辺機器
アプリ
インストール・設定

Q 487 「マップ」アプリの使い方を知りたい!

A 拡大・縮小したり、ドラッグして地図を移動します

「マップ」アプリを起動するには、スタートメニューで[マップ]📍をクリックします。「マップ」アプリをはじめて起動したときは、位置情報へのアクセスを許可するかどうかの画面が表示されます。[はい]をクリックすると、Wi-FiやGPS、IPアドレスなどから取得した位置情報をもとに、現在地周辺の地図が表示されます。地図は拡大・縮小したり、ドラッグして移動したりできます。

1 スタートメニューで[マップ]📍をクリックします。

2 「マップ」アプリをはじめて起動したときは以下の画面が表示されます。

マップ が詳しい位置情報にアクセスすることを許可しますか?

マップ が詳しい位置情報にアクセスすることを許可しますか?

後で変更する場合は、設定アプリを使ってください。

| はい | いいえ |

3 [はい]をクリックすると、

↓

4 現在地周辺の地図が表示されます。

5 画面をドラッグすると、表示位置を移動できます。

ここをクリックすると、場所の検索ができます。

6 [拡大]➕/[縮小]➖をクリックすると、地図を拡大/縮小表示できます。

Q 488 「マップ」アプリでルート検索をしたい!

A [ルート案内]を利用します

「マップ」アプリでは、目的の場所を検索するほかに、現在地から目的地までのルートも検索できます。遠方へ外出するときなどに利用しましょう。

1 [ルート案内]◈をクリックして、

2 移動方法を選択し、

3 出発地と目的地を入力して、

4 [ルート案内]をクリックします。

↓

ここをクリックすると、移動手段や出発時刻を設定できます。

5 表示される所要時間をクリックします。

↓

6 目的地までの時間やルートが詳しく表示されます。

基本
デスクトップ
キーボード・文字入力
インターネット
メール・連絡先
セキュリティ
AI・アシスタント
写真・動画・音楽
OneDrive・スマホ
印刷・周辺機器
アプリ
インストール・設定

Q 489 忘れてはいけないことを画面に表示しておきたい！

A 「付箋」アプリで画面に付箋を貼りましょう

「付箋」アプリは、画面にメモ書きを貼り付けておける
アプリです。Microsoftアカウントでサインインする
ことで、ほかのパソコンでも同じメモを確認できます。
また、Microsoftアカウントでサインインすれば、
Outlookの［メール］→［メモ］から保存したメモにア
クセスすることが可能です。

1 スタートメニューから「付箋」をクリックすると、
アプリのウィンドウと付箋が表示されるので、

［新しいメモ］＋をクリック
すると、付箋を増やせます。

2 覚えておきたいこ
とを書き留めます。

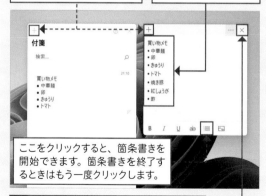

ここをクリックすると、箇条書きを
開始できます。箇条書きを終了す
るときはもう一度クリックします。

3 メモの表示を終了したいときは、［メモを
閉じる］をクリックします。

● 「Outlook」アプリからメモを参照する

1 「Outlook」を開き、メール一覧から
［メモ］をクリックします。

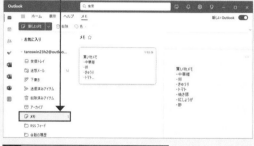

2 画面右側にメモが表示されます。

Q 490 ウィジェットって何？

A 天気やニュースなどをタスクバーから確認できる機能です

ウィジェットとは、タスクバーから天気やニュースと
いった情報を確認できる機能です。Windows 10の
「ニュースと関心事項」機能を改良しており、情報がよ
り見やすくなっています。複数のアプリを起動するこ
となく、1つの画面で情報が確認できるため便利です。
ウィジェットを表示するには、タスクバーの左端にあ
る気温と天気の情報にマウスポインターを合わせま
す。ウィジェットには、初期設定では天気やスポーツ、
OneDriveに保存している写真や株価といった情報が
表示されます。画面を下にスクロールすると、最新の
ニュースを確認できます。ウィジェットを閉じるには、
デスクトップの何もないところをクリックするか、再び
気温と天気の情報にマウスポインターを合わせます。

1 タスクバーで天気にマウスポインターを合わせます。

2 ウィジェットが表示されます。

Q 491 ウィジェットをピン留めして目立たせたい!

A [その他のオプション]から変更できます

よく確認するウィジェットはピン留めすることで一番上に固定して表示することができます。またピン留めしたウィジェットは[その他のオプション]⋯をクリックし、[小][中][大]をクリックすると、対応したサイズになります。なお、ウィジェットによってはピン留めできないものもあります。

● ウィジェットをピン留めして大きさを変更する

1 ウィジェットの[その他のオプション]⋯をクリックし、

2 [ウェジェットをピン留め]をクリックすると、

3 ウィジェットが一番上に固定されて表示されます。

4 [その他のオプション]⋯をクリックして、

5 [小]をクリックすると、

6 ウィジェットのサイズが小さくなります。

Q 492 ウィジェットを追加したい!

A [ウィジェットを追加]をクリックします

初期設定では「天気」「ウォッチリスト」「写真」「企業ごとのニュース」などのウィジェット(パソコンの環境によって異なる場合があります)が表示されていますが、新たに表示するウィジェットを追加することもできます。ウィジェットを追加するには、[ウィジェットを追加]をクリックし、追加したいウィジェットをクリックし、[ピン留めする]をクリックします。

1 [ウィジェットを追加]＋をクリックし、

2 追加したいウィジェットをクリックし、

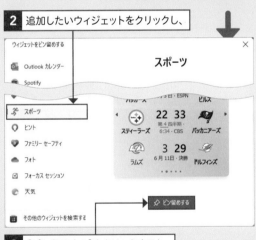

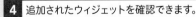

3 [ピン留めする]をクリックすると、

4 追加されたウィジェットを確認できます。

基本

デスクトップ

キーボード・文字入力

インターネット

メール・連絡先

セキュリティ

AI・アシスタント

写真・動画・音楽

OneDrive・スマホ

印刷・周辺機器

アプリ

インストール・設定

Q 493 ウィジェットのピン留めを外したい!

A [その他のオプション]で[ウィジェットのピン留めを外す]をクリックします

ピン留めが多くなると見づらくなるので不要なものはピン留めを外しましょう。ウィジェットの[その他のオプション]…をクリックして[ピン留めを外す]をクリックすると、ピン留めが外れます。

1 ウィジェット内の[その他のオプション]…をクリックし、

2 [ウィジェットのピン留めを外す]をクリックすると、

3 ウィジェットのピン留めが外れます。

Q 494 Windows 11でゲームを楽しみたい!

A 付属のゲームを楽しむか、新しくダウンロードします

Windows 11でゲームを楽しむには、Windows 11に付属しているゲームをプレイする方法と、「Microsoft Store」アプリから有料または無料のゲームをダウンロードする方法があります。ここでは、Windows 11に付属する「Solitaire & Casual Games」を例に紹介します。　参照▶ Q 495, Q 496

●「Solitaire & Casual Games」にサインインする

1 スタートメニューで[Solitaire & Casual Games]　をクリックして、

2 [サインイン]をクリックして、

Microsoftアカウントでサインインしていて、はじめて起動した場合は、このように表示されます。

3 ゲーム内で使用する名前を入力し、

ここから名前を選択することもできます。

4 [アカウントを作成]をクリックすると、

5 サインインして、ゲームが遊べるようになります。

6 クリックすると、ゲームがはじまります。

●「Solitaire & Casual Games」からサインアウトする

1 ここをクリックして、

2 表示された画面で[サインアウト]をクリックします。

Q 495 Windows 11にアプリを追加したい!

A 「Microsoft Store」アプリからインストールします

Windows 11にアプリを追加したいときは、「Microsoft Store」アプリを利用しましょう。有料、無料を問わず、さまざまなアプリが用意されています。なお、アプリをインストールするにはMicrosoftアカウントにサインインする必要があります。

1 スタートメニューかタスクバーで[Microsoft Store] ▣をクリックして、「Microsoft Store」アプリを起動し、

> ウィンドウの大きさによって、メニューの位置や内容の表示が異なる場合があります。

2 [アプリ]をクリックします。

3 追加したいアプリをクリックし、

4 [入手]をクリックすると、アプリが追加されます。

> 有料のアプリでは金額が表示され、クリックするとMicrosoftアカウントのパスワードの入力画面が表示されます。パスワードを入力すると購入の確認画面に進みます。

Q 496 アプリの探し方がわからない!

A 検索機能を利用します

「Microsoft Store」アプリでは、「アプリ」「ゲーム」「映画＆テレビ」といったカテゴリからアプリやコンテンツを探せます。それでも目的のアプリがなかなか見つからなかったり、アプリ名を知っている場合は、検索機能を利用するとよいでしょう。

1 画面上部にある[アプリ、ゲーム、映画などを検索する] (検索欄)をクリックして、探したいアプリの名前やキーワードを入力し、

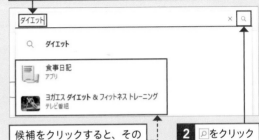

> 候補をクリックすると、そのアプリのページに移動します。

2 🔍をクリックすると、

3 検索結果が表示されます。

4 [アプリ]をクリックすると、

5 アプリの検索結果のみが表示されます。

基本　デスクトップ　キーボード・文字入力　インターネット　メール・連絡先　セキュリティ　AI・アシスタント　写真・動画・音楽　OneDrive・スマホ　印刷・周辺機器　アプリ　インストール・設定

重要度 ★★★

Q 497 有料アプリの 「無料体験版」って何？

A 有料アプリを一定期間無料で 試せるものです

Microsoft Storeでは、無料のものだけでなく、有料の アプリも販売されています。購入前に有料アプリの使 い勝手を試してみたい場合は、右の画面のように操作 して、無料体験版をインストールするとよいでしょう。 ただし、有料アプリの中には無料体験版が用意されて いないものもあります。

1 有料アプリのページを開いて、

2 ［無料体験版］をクリックすると、無料で 利用できるアプリがインストールされます。

アプリのインストールと削除

重要度 ★★★

Q 498 有料のアプリを 購入するには？

A 支払い方法の登録が必要です

「Microsoft Store」アプリで有料のアプリを購入する 場合は、Microsoftアカウントに支払い方法を登録す る必要があります。支払いには、クレジットカードまた はPayPalを利用できます。支払い方法は、有料アプリ をはじめて購入するときにも登録できますが、あらか じめ登録しておくことも可能です。ここでは後者の方 法を紹介します。

1 「Microsoft Store」アプリを起動して、 アカウントのアイコンをクリックします。

2 ［お支払い方法］をクリックします。

Microsoftアカウントにサインインしていない場合は、 ［サインイン］をクリックしてサインインします。

3 Edgeが起動するのでMicrosoft アカウントのパスワードを入力し、

> Microsoft
> taroswin23h2@outlook.jp
> **パスワードを入力する**
> ＿＿＿＿＿＿＿＿
> パスワードを忘れた場合
> その他のサインイン方法
> 別のMicrosoftアカウントでサインインする
> サインイン

4 ［サインイン］を クリックします。

5 ［新しい支払方法を追加する］をクリックし、

> お支払い方法
> ＋
> 新しい支払い方法を追加する

6 購入地を選択して、

> 支払い方法の選択
> 購入：
> 日本
> クレジットカードまたはデ VISA
> ビットカード
> eWallet

7 支払い方法を選択し、情報を登録します。

Q 499 アプリをアップデートしたい！

A 自動的にダウンロードして更新されます

Windows 11に標準でインストールされているアプリやMicrosoft Storeで入手できるアプリは、アップデートがあると自動的に更新が行われます。自動更新をしたくない場合は、設定を変更しましょう。ただし、設定を変更できるのは、管理者権限を持つユーザーのみです。自動更新をオフにすると、以降は「Microsoft Store」アプリの画面右上にアップデートの通知が表示され、クリックして好きなときに更新できます。

参照 ▶ Q 553

●アプリの自動更新をオフにする

1 「Microsoft Store」アプリを起動してアカウントのアイコンをクリックし、

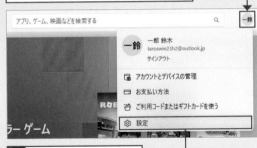

2 [設定]をクリックします。

3 [アプリ更新]のスイッチを[オフ]に設定します。

4 以降は、アップデートが配信されると、アプリの右上に更新プログラムの情報が表示されるようになります。

Q 500 アプリをアンインストールしたい！

A 「設定」アプリで操作します

インストールしたものの使わなくなったアプリは、「設定」アプリからアンインストール（削除）できます。

1 [スタート]■→[設定]◉をクリックし、

2 [アプリ]をクリックして、

3 [インストールされているアプリ]をクリックします。

4 アンインストールしたいアプリの…をクリックし、

5 [アンインストール]をクリックします。

6 [アンインストール]をクリックすると、アンインストールが実行されます。

基本
デスクトップ
キーボード・文字入力
インターネット
メール・連絡先
セキュリティ
AI アシスタント
写真・動画・音楽
OneDrive・スマホ
印刷・周辺機器
アプリ
インストール・設定

Q 501 Windowsでスマホを操作したい！

A 「スマートフォン連携」アプリから利用できます

「スマートフォン連携」アプリを使うと、スマートフォンと連携して簡単にパソコンからスマートフォンを使用できます。ここでは、SMSの送受信、写真の共有、通話機能、通知の表示といった4つの機能について紹介します。ほかにも、スマートフォンをパソコンのWebカメラとして使用できるの新機能もリリースされています。なお、「スマートフォン連携」アプリのパソコンとスマートフォンの接続方法は、Q434を確認してください。

参照▶ Q 434, Q 435

●メッセージ機能

パソコンでスマートフォンの「メッセージ」アプリを利用できます。スマートフォンに登録された連絡先にSMSを送受信することができます。

1 ［メッセージ］をクリックし、
2 ［新しいメッセージ］をクリックし、
3 ［宛先］に連絡先を入力して、
4 メッセージを入力し、
5 ［送信］をクリックします。

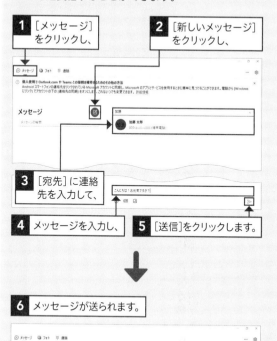

6 メッセージが送られます。

●フォト機能

スマートフォン内の写真をパソコンから閲覧したり保存したりすることができます。パソコン内の写真をスマートフォンに共有することはできません。

● 名前を付けて保存する方法

1 ［フォト］をクリックし、
2 写真をクリックします。

3 ［名前を付けて保存］をクリックすると、パソコンに写真を保存できます。

● ドラッグ＆ドロップで保存する方法

1 ［フォト］をクリックし、

2 保存したい写真をエクスプローラー内の保存したいフォルダにドラッグ＆ドロップすると、

3 写真が保存されます。

基本

デスクトップ

キーボード・文字入力

インターネット

メール・連絡先

セキュリティ

AI アシスタント

写真・音楽・動画・

OneDrive・スマホ

印刷・周辺機器

アプリ

インストール・設定

● 通話機能

パソコンから電話の発着信ができます。通話機能を利用するには、パソコンとスマートフォンのBluetooth機能を有効にしておきましょう。

1 [通話]をクリックし、

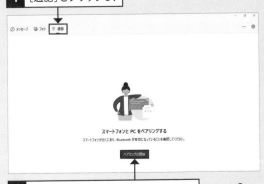

2 [ペアリングの開始]をクリックします。

スマートフォンで「Windowsにリンク」アプリを開き、パソコンと同じコードが表示されていることを確認し、[連絡先と通話履歴〜]をオンにし、[ペア設定する]をタップします。

3 スマートフォンに表示されているPINと一致したら[はい]をクリックします。

4 [そのまま進む]をクリックすると、

5 通話機能が利用できるようになります。

● 通知機能

パソコンでスマートフォンの通知にアクセスできるようになります。

1 [設定]→[機能]をクリックし、

2 [通知]をクリックしてオンにすると、

3 スマートフォンの通知が表示されます。

Q502 Skypeのような通話やメッセージのやり取りはどうすればいいの?

A チャットツールやビデオ会議用のアプリを使いましょう

Windows 10では音声通話やメッセージのやり取りが行える「Skype」がプリインストールされていました

が、Windows 11ではインストールされていません。Windows 11では、Skype の代わりに標準でインストールされている「Teams」アプリを使いましょう。なお、Mictosoft StoreからSkypeをインストールすれば、Windows 11でも使用できます。

また、WebサイトやMictosoft Storeからチャットやビデオ会議用のアプリをインストールして、通話やメッセージのやり取りを行うこともできます。

●「Teams」アプリ

Windows11に標準で搭載されているツールです。マイクロソフトが提供しており、マイクロソフトアカウントにサインインすれば各種サービスと提携できます。ビデオ会議は最大1000人まで参加できます。

● Slack

https://slack.com/intl/ja-jp/

チャットで使える機能が充実しているコミュニケーションアプリです。ビデオ会議は無料プランでは1対1のみ利用可能ですが、有料プランでは最大50人まで参加できます。

● Zoom

https://explore.zoom.us/ja/products/meetings/

ビジネスに特化した機能を備えているビデオ会議用のアプリです。ビデオ会議は最大100人(有料プランは最大1000人)まで参加できます。

● Google Meet

https://meet.google.com

Googleが提供しているビデオ会議用のアプリで、Googleの各種サービスと連携しやすいのが特徴です。ビデオ会議は最大100人(有料プランは最大100人)まで参加できます。

Q503 メールとチャットは何が違うの?

A 文章の長さやレスポンスの早さが異なります

メールとチャットでは、テキスト文章で相手とやり取りする点は同じですが、使われ方が異なります。

メールではある程度まとまった量の文章を書いて送信します。相手がすぐにメールを返信できる状況かどう

かはわからないため、すぐに返信がなくても差し支えない場合などに使用します。また、メールは「フラグ」や「スター」などの機能で内容のラベリングができるため、記録として残したい場合はメールが適しています。チャットは主に短い文章を書いて送信するため、気軽にやり取りを行えます。チャットツールには相手の現在の状況を表す機能があるため、すぐに返事が欲しい場合はチャットのほうが向いています。また、大勢の人と簡単にメッセージを共有でき、同時に発言することも可能なので、複数人と一度にやり取りをしたい場合にも適しています。

基本

デスクトップ

キーボード・
文字入力

インターネット

メール・
連絡先

セキュリティ

AI・
アシスタント

写真・動画・
音楽

OneDrive・
スマホ

印刷・
周辺機器

アプリ

インストール・
設定

📖 チャットツール　　　　重要度 ★ ★ ★

Q 504 通話やチャットは お金がかかるの？

A 通話料はかかりませんが、 通信量は増えます

チャットツールやビデオ会議用のアプリでメッセージのやり取りや通話を行う場合、電話のように通話料はかかりませんが、データの通信量は増えます。特に音声通話やビデオ会議は、メールやチャットよりもデータの伝送量が多くなります。データの使用量に応じて料金が変わる料金プランを契約している場合、料金が高額になったり、すぐに既定の使用量を超過して通信速度が制限されてしまう可能性があるため、注意しましょう。テレワークなどで定期的に音声通話やビデオ会議を行う場合は、データの使用量にかかわらず決まった金額に設定されている料金プランをおすすめします。

📖 チャットツール　　　　重要度 ★ ★ ★

Q 505 Windows 11でも チャットはできるの？

A 「Teams」アプリから利用できます

Windows 11では、Q502で紹介したアプリをインストールするほか、「Teams」アプリを使ってチャットを行うことができます。「Teams」アプリはWindows 11に最初から備わっているため、すぐに使うことができます。本書では「Teams」アプリでのチャット方法を紹介しています。

📖 チャットツール　　　　重要度 ★ ★ ★

Q 506 Teamsでできることは？

A チャットやビデオ会議、ファイルの 送受信が行えます

「Teams」アプリでは、チャットのほか、音声通話やビデオ会議の作成と参加もできます。また、チャット上で文書や画像などのファイルを送ったり受け取ったりすることも可能です。

● チャット

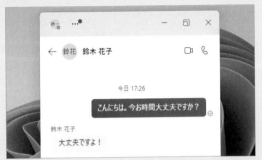

1対1または複数人と同時にチャットを行えます。

● ビデオ会議

音声通話やビデオ会議で、相手の顔を見ながら話すことができます。

● ファイルの送信／受信

仕事の資料などのファイルを、チャット上から送ったり受け取ったりできます。

Q 507 Teamsを使うにはどうすればいい？

A タスクバーの [Microsoft Teams] をクリックします

「Teams」アプリを使うには、タスクバーにある [Microsoft Teams] をクリックします。はじめて起動したときは、現在サインインしているMicrosoftアカウントが表示されるので、確認してから [続行]をクリックします。

また、現在 Windows 11にサインインしているMicrosoft アカウントとは異なるアカウントを使用することもできます。ほかのMicrosoftアカウントを使いたい場合は、[別のアカウントを使用]をクリックして、使用したいMicrosoftアカウントでサインインしましょう。

参照 ▶ Q 067

1 タスクバーの[Microsoft Teams] をクリックして、

2 現在サインインしているMicrosoftアカウントが表示されるので、クリックします。

Teams へようこそ

1 つのアプリでチャットとコラボレーションを行います。

アカウントを選ぶ

花鈴　花子 鈴木
suzuki_hanako2024@outlook.jp

一鈴　一郎 鈴木
taroswin23h2@outlook.jp

別のアカウントを使用

Microsoft Teams (職場または学校) を入手する

[別のアカウントを使用] をクリックすると、現在サインインしている Microsoft アカウントとは異なるアカウントを使用して「Teams」アプリを利用できます。

3 Teamsが表示されます。

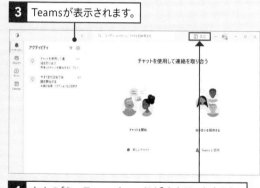

チャットを使用して連絡を取り合う

チャットを開始　　知り合いを招待する

新しいチャット　　Teams に招待

4 右上の[ミニTeamsウィンドウ]をクリックすると、

5 小さなウィンドウサイズの [ミニTeams ウィンドウ」が開きます。

ミーティン...　　チャット　　People

ユーザーとメッセージを検索

Teams での Android SMS メッセージ

スマートフォンをリンクさせて、Teams で SMS メッセージを送受信できます。

Android スマートフォンとリンク

Q 508 Teamsの画面の見方が知りたい！

A チャットは[チャット]、ビデオ会議は[ミーティング]をクリックします

「Teams」アプリにはミニTeamsウィンドウがあり、この画面を使えばアプリの基本的な機能を簡単に使用することができます。「Teams」アプリでは、ボタンは[ミーティング]と[チャット]と[People]の3種類のみで、シンプルな表示の画面になっています。ビデオ会議を行う場合は[ミーティング]、チャットを行う場合は[チャット]をクリックします。なお、ここでは[People]の機能には触れません。　参照▶Q 509, Q 519

参照▶Q 509, Q 519

［ミーティング］
ビデオ会議を開始したり、ビデオ会議のスケジュールを設定したりできます。

［チャット］
新しいチャットを始めることができます。

［詳細ウィンドウを開く］
詳細ウィンドウを開きます。一部の操作は、詳細ウィンドウ上で行うことがあります。

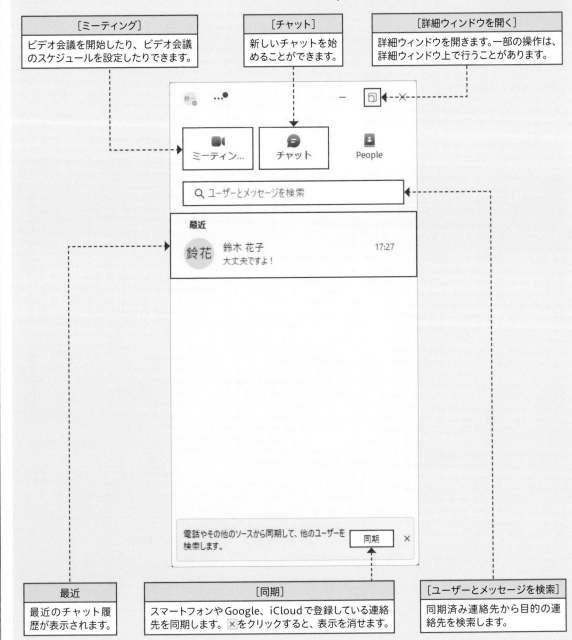

最近
最近のチャット履歴が表示されます。

［同期］
スマートフォンやGoogle、iCloudで登録している連絡先を同期します。⊠をクリックすると、表示を消せます。

［ユーザーとメッセージを検索］
同期済み連絡先から目的の連絡先を検索します。

基本
デスクトップ
キーボード・文字入力
インターネット
メール・連絡先
セキュリティ
AI アシスタント
写真・動画・音楽
OneDrive・スマホ
印刷・周辺機器
アプリ
インストール・設定

Q 509 友達を誘ってチャットをしてみたい!

A [チャット]から始めます

チャットを始めるには、「Teams」アプリの[チャット]をクリックし、チャットをしたいユーザーのMicrosoftアカウント名かメールアドレスを入力します。候補が表示されたら名前を選択し、[メッセージを入力]をクリックしてメッセージを入力しましょう。[送信]をクリックすると、相手にメッセージが送信されます。

1 [チャット]をクリックします。

過去にチャットしたことがある人は、名前をクリックしてチャットを始めることができます。

2 [新規作成]をクリックし、相手のMicrosoftアカウント名かメールアドレスを入力して、

3 候補の名前をクリックします。

4 ここをクリックしてメッセージを入力し、

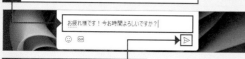

5 [送信]▷をクリックすると、

6 メッセージが送信されます。

相手からのメッセージは左側に表示されます。

Q 510 チャットに誘われたらどうすればいいの?

A 相手とのチャットを許可します

相手からはじめてメッセージが送られてくると、チャットの[最近]に、相手からメッセージが届いていることが通知されます。相手の名前をクリックすると、相手とのチャットを許可するかどうか表示されます。[許可]をクリックすると、相手からのメッセージが表示され、チャットができるようになります。知らないユーザーからメッセージが届いた場合は、[ブロック]をクリックするとチャットを拒否できます。

1 チャットの送信相手の名前をクリックし、

2 [許可]をクリックすると、

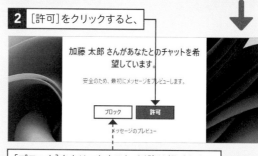

[ブロック]をクリックすると、以降は相手からのメッセージが表示されなくなります。

3 [チャット]画面が開き、相手からのメッセージが表示されます。

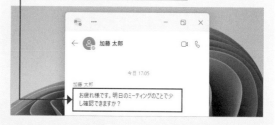

基本

デスクトップ

キーボード・文字入力

インターネット

メール・連絡先

セキュリティ

AI・アシスタント

写真・動画・音楽

OneDrive・スマホ

印刷・周辺機器

アプリ

インストール・設定

チャットツール　　　重要度 ★ ★ ★

Q 511 複数の友達とチャットをしたい!

A 同じチャットに招待しましょう

複数のユーザーと同時にチャットを行うには、[新しいチャット]画面でチャットを行いたいユーザーを追加します。Q509の手順でユーザーを追加したあと、続けてほかのMicrosoftアカウント名やメールアドレスを入力することで、新たにユーザーを追加できます。メッセージを入力して送信すると、追加したユーザーにメッセージが表示されます。

1 チャットを行いたいユーザーを追加して、

2 [メッセージを入力]をクリックします。

3 メッセージを入力して、

4 [送信]をクリックすると、

5 追加したユーザーにメッセージが送信されます。

チャットツール　　　重要度 ★ ★ ★

Q 512 Teamsでファイルをやり取りしたい!

A [ファイルを添付]をクリックしてファイルをアップロードします

チャットツールでは、画像など、さまざまなファイルをアップロードしてやり取りすることができます。ファイルをアップロードするには、詳細ウィンドウを開き、チャット上で[ファイルを添付]🖉→[このデバイスからアップロード]をクリックします。アップロードするファイルを選択して[開く]をクリックすると、ファイルが入力欄に表示されます。[送信]▶をクリックすると、ファイルをチャット上にアップロードできます。

1 🗗をクリックして、詳細ウィンドウを開き、

2 [ファイルを添付]🖉をクリックして、

3 [このデバイスからアップロード]をクリックします。

4 アップロードしたいファイルを選択して、[開く]をクリックします。

5 ファイルが入力欄に表示されます。

6 必要に応じてメッセージを入力し、

7 [送信]▶をクリックすると、

8 ファイルがチャット上にアップロードされます。

基本

デスクトップ

キーボード・文字入力

インターネット

メール・連絡先

セキュリティ

アシスタント

AI

写真・動画・音楽

OneDrive・スマホ

印刷・周辺機器

アプリ

インストール・設定

チャットツール 重要度 ★★★

Q 513 Teamsで受け取ったファイルの場所がわからなくなった!

A Teamsを開いて、チャットで[ファイル]をクリックします

チャットで話がはずむとメッセージが増えるため、以前アップロードされたファイルをダウンロードしたくても、チャットのどこにあるのかわかりにくくなります。アップロードされたファイルを確認するには、Q512の手順で「Teams」アプリの詳細ウィンドウを開き、[チャット]をクリックして対象のチャットを選択し、[ファイル]をクリックします。なお、[ファイル]からダウンロードしたファイルは、パソコンの [ダウンロード]フォルダーに保存されます。

| **1** Teamsを起動し、 | **2** [チャット]をクリックして、 |

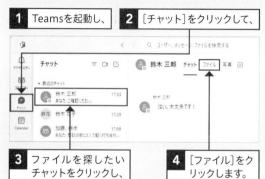

| **3** ファイルを探したいチャットをクリックし、 | **4** [ファイル]をクリックします。 |

5 チャット上にアップロードされたファイルが表示されます。

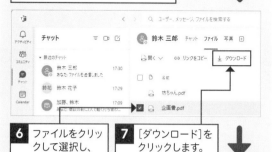

| **6** ファイルをクリックして選択し、 | **7** [ダウンロード]をクリックします。 |

8 ダウンロードが完了すると、右上に表示が出るので[ファイルを開く]をクリックするとファイルを開けます。

ビデオ会議 重要度 ★★★

Q 514 映像付きで通話をしたい!

A ビデオ会議を行いましょう

ビデオ会議を行うには、「Teams」アプリやビデオ会議用のアプリを利用します。ビデオ会議では、離れた場所にいる相手とも、音声とビデオ映像を通じて話ができ、1対1のほかに複数人と同時に会話することも可能です。仕事の打ち合わせや、遠い場所に住んでいる友達との世間話など、公私問わずに利用できます。ビデオ会議用のアプリの多くは無料で使えますが、有料プランを利用すると、制限時間を無くしたり参加人数を増やしたりできます。本書では、「Teams」アプリでビデオ会議を行う方法を解説します。 **参照 ▶ Q 502, Q 508**

ビデオ会議 重要度 ★★★

Q 515 ビデオ会議をするうえで気を付けることは?

A カメラに映る範囲や周囲の環境、話し方に気を付けましょう

ビデオ会議をする際は、対面での会議とまた異なった注意点があります。

ビデオ会議では、カメラで自分とその背景が映ります。事前にカメラの位置や角度を調整して背景に余計なものが映り込まないようにし、自分の姿がはっきり映る状態にしておきましょう。ビデオ会議用のアプリによっては好きな背景を設定できる機能もあります。背景が気になる場合は利用してみましょう。

また、相手の顔を見ながら話しているつもりでも、カメラの位置によってはそう見えず、違う方向に視線が向いているように見える場合があります。カメラのほうを向き、カメラを見て話すようにしましょう。

なお、マイクとスピーカーの位置や設定によっては、ハウリングが起こる可能性があります。ビデオ会議の前に調整しておきましょう。回線の状況によっては、ビデオ会議の映像や音が途切れてしまったり、途中で退出してしまうことがあります。できる限り通信環境のよい場所で行いましょう。 **参照 ▶ Q 516, Q 517**

Q 516 ビデオ会議を行うには何が必要なの？

A カメラやマイク、イヤホンやヘッドホンなどが必要です

ビデオ会議には、自分の姿を映すカメラ、音声を伝えるマイク、会話を聞き取るためのイヤホンやヘッドホンまたはスピーカーが必要です。

カメラやマイク、スピーカーは大抵のノートパソコンでは標準で搭載されています。一方、多くのデスクトップパソコンでは標準では搭載されていないため、別に揃える必要があります。なお、スピーカーフォンやヘッドセットなど、複数の機能を備えているものを使用すると、揃える機器が最小限で済みます。

● ビデオ会議に使えるスピーカーフォン

（HS-SP02BK／ELECOM）

● ビデオ会議に使えるヘッドセット

（HS-HP30UBK／ELECOM）

Q 517 パソコンにカメラが付いていない！

A Webカメラを取り付けましょう

パソコンにカメラが搭載されていない場合は、外付けのWebカメラを接続する必要があります。Webカメラによってはマイクが内蔵されているため、マイクを別に接続しなくても済みます。また、画角（カメラで撮影したときに画面に写る範囲）が広いWebカメラであれば、複数人をカメラに収めることもできるので、参加人数が多い場合は検討してみましょう。

● Webカメラ

（BSW508MBK／BUFFALO）

Q 518 Webカメラやマイクの使い方がわからない！

A 対応するポートにケーブルのコネクターを接続しましょう

Webカメラやマイクを使用するには、パソコンのポートに、Webカメラやマイクのケーブルのコネクターを差し込みます。どのコネクターがどのポートに対応しているかは、Q450や、パソコンと機器の説明書を確認しましょう。正しいポートにコネクターを接続していれば、これらの機器が認識されてドライバーが必要に応じて自動的にインストールされ、パソコンで使えるようになります。

基本
デスクトップ
キーボード・文字入力
インターネット
メール・連絡先
セキュリティ
AI・アシスタント
写真・動画・音楽
OneDrive・スマホ
印刷・周辺機器
アプリ
インストール・設定

Q 519 ビデオ会議の始め方を知りたい！

A [ミーティング]をクリックします

ビデオ会議を開始するには、「Teams」アプリで [ミーティング]→[会議を開始]をクリックします。
[会議への参加を求めるユーザーを招待してください]画面では、ビデオ会議への招待方法を選択できます。[会議のリンクをコピー]をクリックすると、ビデオ会議にアクセスできるリンクがクリップボードにコピーされるので、チャットなどに貼り付けて相手に知らせましょう。
[既定のメールによる共有]をクリックすると、既定のメールアプリが起動して自動的にメールが作成されるので、参加してほしいユーザーにメールアドレスを入力して送信しましょう。ここでは、[既定のメールによる共有]で会議に招待する場合の手順を紹介します。

1 「Teams」アプリで[ミーティング]をクリックし、

2 [会議を開始]をクリックします。

3 ビデオ会議に招待する方法（ここでは[既定のメールによる送信]）をクリックします。

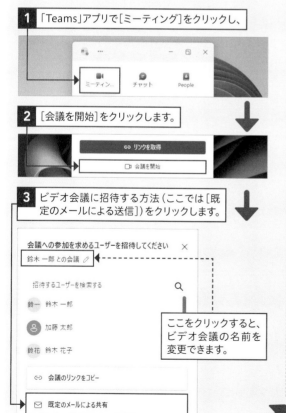

ここをクリックすると、ビデオ会議の名前を変更できます。

4 招待メールが自動的に作成されます。

5 会議に招待するユーザーを宛先に追加して、

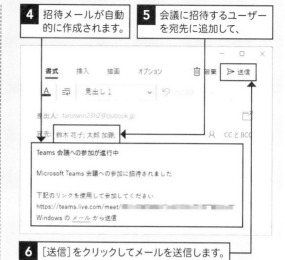

6 [送信]をクリックしてメールを送信します。

7 招待したユーザーが参加を表明すると、ユーザー名と「ロビーで待機しています」という通知が表示されます。

8 [参加許可]をクリックします。

9 許可されたユーザーがビデオ会議に参加し、会話できるようになります。

重要度 ★★★

Q520 ビデオ会議に誘われたらどうすればいい？

A ビデオ会議のリンクをクリックします

ビデオ会議への参加の仕方は、招待された方法によって少し異なります。チャットやメールでビデオ会議のURLが送られてきた場合は、URLをクリックします。OutlookカレンダーやGoogleカレンダーを通して招待された場合は、招待メールや登録されている予定に記載されている[会議に参加するにはここをクリックしてください]をクリックします。

これらのリンクをクリックする前に、自分を招待したユーザーが知り合いかどうか確認しましょう。全く知らないユーザーや招待される予定のない会議からの招待メールは、詐欺を目的とした迷惑メールである可能性があるため、注意が必要です。

また、ビデオ会議中に直接招待された場合は、画面の右下に通知が表示されます。[承諾]をクリックすると、ビデオ会議に参加できます。

●メールで招待された場合

1 招待メールに記載されているリンクをクリックし、

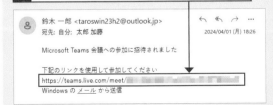

2 マイクとカメラのスイッチがオンになっていることを確認して、

3 [今すぐ参加]をクリックします。

4 ビデオ会議の管理者が、参加を許可するまで待ちます。

5 参加が許可されると、参加者の映像が映り、ビデオ会議で会話できるようになります。

●チャットなどでURLを送られた場合

URLをクリックすると、手順**2**の画面が表示されます。

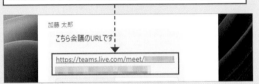

●Outlookカレンダーで共有された場合

[参加]をクリックすると、手順**2**の画面が表示されます。

●Googleカレンダーで共有された場合

[参加 Microsoft Teams Meeting]をクリックすると、手順**2**の画面が表示されます。

Q 521 ビデオ会議の画面の見方を知りたい！

A 主な操作は上部のアイコンから行います

「Teams」アプリのビデオ会議画面では、参加者の映像が大きく表示され、右下に自分の映像が小さくされます。また、メニューはアイコンで表示されており、それぞれクリックすると対応する操作や設定を行えます。

[参加者]
ビデオ会議の参加者を確認できます。[名前を入力]でユーザー名を入力したり、[招待を共有]をクリックすると、新たにユーザーを招待できます。

[リアクションする]
画面上に自分の気持ちを表す絵文字を表示できます。

[手を挙げる]
ビデオ通話中に「手を挙げる」リアクションを表示できます。

[その他]
デバイスの設定や会議のオプション、背景効果の適用などを行えます。

[表示]
参加者映像の配置などの表示画面の設定ができます。

[ミュート／ミュート解除]
マイクのミュート状態を切り替えます。

[カメラをオフ／オンにする]
カメラのオフとオンを切り替えます。

[共有]
表示している画面やアプリを共有して、参加者に見せることができます。

[チャット]
[会議チャット]画面で、ビデオ通話をしながらチャットを行えます。

参加者の映像
ビデオ会議の参加者の映像が表示されます。

自分の映像
自分の映像が表示されます。

[退出]
ビデオ会議から退出します。

Q 522 ビデオ会議を終了するには？

A [退出]をクリックします

ビデオ会議を終了するには、方法が2つあります。自分だけが会議から退出し、ほかの参加者でビデオ会議を続ける場合は、[退出]をクリックします。自分を含めた参加者全員を退出させてビデオ会議を終了する場合は、[退出]の右にある ⌄ をクリックし、[会議を終了]→[終了]をクリックします。

● 自分のみ会議から退出する

1 [退出]をクリックします。

2 ビデオ会議から退出し、画面が閉じます。

● 参加者を退出させて会議を終了する

1 ここ ⌄ をクリックして、

2 [会議を終了]をクリックし、

↓

3 [終了]をクリックします。

会議を終了しますか？
すべてのユーザーの会議を終了します。

キャンセル　　**終了**

4 ビデオ会議が終了し、画面が閉じます。

Q 523 事前にマイクやカメラの設定を確認したい！

A 会議の参加画面で確認できます

会議画面で自分の姿が映らない、自分の声が聞こえないといった原因の1つに、カメラやマイクがオフだった、使用する機器が違っていたということがあります。会議中に慌てないように、カメラやマイクが正しく設定されているか、参加前に確認しておきましょう。
なお、はじめてビデオ会議を行うときはマイクとカメラのアクセスの許可を求められます。アクセスを許可しないとマイクやカメラを使用できないため、マイクとカメラのアクセスを許可しておきましょう。

参照 ▶ Q 518

1 会議の参加画面を表示します。

2 カメラがオフになっている場合は、ここをクリックしてオンにします。

3 マイクがオフになっている場合は、ここをクリックしてオンにします。

4 [デバイス設定を開く] ⚙ をクリックすると、

↓

5 カメラやマイク、スピーカーの設定が確認できます。

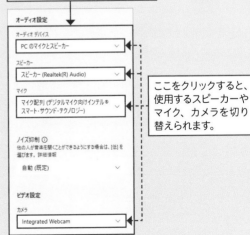

ここをクリックすると、使用するスピーカーやマイク、カメラを切り替えられます。

基本

デスクトップ

キーボード・文字入力

インターネット

メール・連絡先

セキュリティ

AI アシスタント

写真・動画・音楽

OneDrive・スマホ

印刷・周辺機器

アプリ

インストール・設定

Q 524 ビデオ会議中にマイクやカメラの設定を確認したい！

A [その他の操作]から確認できます

ビデオ会議中にカメラやマイクの設定を変更したい場合は、[その他] … をクリックし、[設定]をクリックして、さらに[デバイスの設定]をクリックします。[デバイスの設定]が表示され、現在使用しているスピーカーやカメラ、マイクが表示されます。機器の調子が悪いなどの理由で、会議中に別のカメラやマイクに切り替えるときは、この画面で使用している機器を確認し、機器名をクリックして切り替えましょう。

| 1 | ツールバーの[その他] … をクリックし、 |
| 2 | [設定]をクリックして、 |

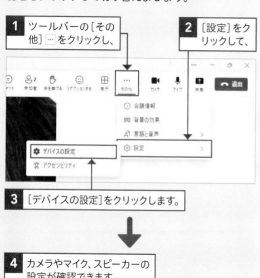

3　[デバイスの設定]をクリックします。

4　カメラやマイク、スピーカーの設定が確認できます。

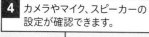

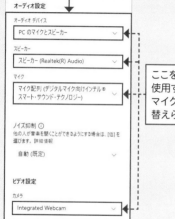

> ここをクリックすると、使用するスピーカーやマイク、カメラを切り替えられます。

Q 525 カメラやマイクを一時的にオフにしたい！

A [カメラをオフにする]や [ミュート]をクリックします

[カメラをオフにする] ■ をクリックするとカメラがオフ ■ になり、自分の映像がビデオ会議の画面に表示されなくなります。[ミュート] ● をクリックするとマイクがオフ ● になり、ビデオ会議の参加者には自分の音声が全く聞こえなくなります。それぞれのアイコンをもう一度クリックすると、オンになります。席を離れるため映像を映したくないときや、ほかの参加者の発言時に音が入らないようにするときなどに有効です。なお、再びクリックするまでオフの状態のままなので、一時的に変更した場合は、再びクリックしてオンの状態に戻しておきましょう。

> ここをクリックすると、カメラのオンとオフが切り替えられます。

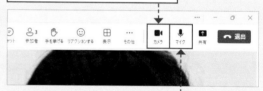

> ここをクリックすると、マイクのオンとオフ（ミュート）が切り替えられます。

● **カメラとマイクがオフになっている状態**

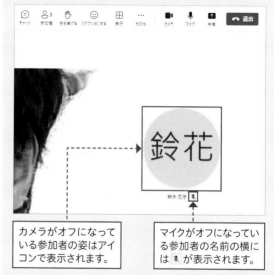

> カメラがオフになっている参加者の姿はアイコンで表示されます。

> マイクがオフになっている参加者の名前の横には ● が表示されます。

Q 526 ビデオ会議中に耳障りな音が入ってしまう！

A ハウリングが発生しています

ビデオ会議中、「キーン」とした大きな音（ノイズ）が入ってしまうことがあります。このような耳障りな音が出ることを「ハウリング」といいます。

ハウリングは、マイクがスピーカーから出力される音を広い、さらにその音をスピーカーが出力してしまうことが繰り返されて発生します。

ハウリングの原因には、次の要素が考えられます。

- マイクやスピーカーが正しく接続されていない
- マイクとスピーカーの位置が近すぎる
- マイクやスピーカーの音量が大きすぎる
- 複数のマイクを使っている
- ハウリングが起きやすい位置にマイクが設置されている

特に、マイクとスピーカーの位置や音量を確認しましょう。位置が近すぎたり音量が大きすぎたりすると、マイクがスピーカーの音を拾いやすくなり、ハウリングを起こしやすくなります。

また、同じ音が反響し、自分の声が遅れて聞こえてくる現象を「エコー」といいます。エコーもハウリングと同じく、マイクがスピーカーから出力される音を拾い、さらにその音をスピーカーが出力してしまうことで発生します。

ノイズキャンセリング機能やエコーキャンセリング機能を搭載したマイクを使用すると、ノイズやエコーを防げるため、頻繁に発生する場合は検討してみましょう。

● エコーキャンセリング機能付きのマイク

（MM-MCU05BK／サンワサプライ）

Q 527 画面に映っている自分の顔が暗い！

A 顔に光が当たるように照明を追加したり、パソコンの位置を変えてみましょう

ビデオ会議中、画面に映っている自分の顔が暗くなってしまうことがあります。これは背後に照明や窓などがあるこよによって起こる「逆光」が原因です。

逆光の状態では、部屋や背景が明るくても顔に光が当たっていないため、画面上では顔が暗く映ります。顔をできるだけ明るく映すには、ビデオ会議を行う場所やパソコン（またはカメラ）の位置を移動し、自分の顔に光が当たる「順光」の状態にしましょう。

ビデオ会議の場所やパソコンの位置を変えられないときは、デスクライトなどの小さな照明を自分の顔に当たるように設置すると、顔を明るく映すことができます。窓が近くにあるときはカーテンを閉めて背後を暗くしたり、外が明るい日は窓のほうを向いて顔に光が当たるようにすることで、画面に映る顔の明るさが改善できます。

● 顔が暗く映っている状態

● 顔が明るく映っている状態

基本

デスクトップ

キーボード・文字入力

インターネット

メール・連絡先

セキュリティ

AI・アシスタント

写真・動画・音楽

OneDrive・スマホ

印刷・周辺機器

アプリ

インストール・設定

Q 528　背景を映したくない！

A 仮想背景を設定しましょう

自室や外出先でビデオ会議を行うなど、自分の映像に背景を映したくない場合は、「仮想背景（バーチャル背景）」を設定してみましょう。仮想背景は、ビデオ会議に参加する前でも参加後でも設定でき、別の背景に変更することもできるので、ビデオ会議のシチュエーションに合わせて変えてみるのもよいでしょう。

●ビデオ会議の参加前に仮想背景を設定する

1 ［背景フィルター］をクリックし、

2 設定したい背景をクリックして、

3 ［適用してビデオをオンにする］をクリックすると、

4 選択した背景に変わります。

●ビデオ会議の参加中に仮想背景を設定する

1 ［その他］ … をクリックし、

2 ［背景の効果］をクリックします。

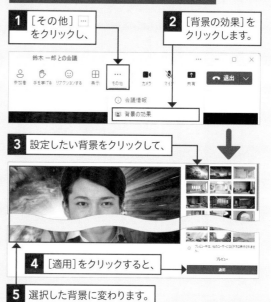

3 設定したい背景をクリックして、

4 ［適用］をクリックすると、

5 選択した背景に変わります。

Q 529　会議中に参加者とチャットしたい！

A ［会議チャット］画面から行えます

ビデオ会議中に参加者とチャットを行うには、［チャット］をクリックしてチャット画面を表示します。急にマイクが使えなくなってしまった場合や、URLなどテキストとして伝えたい内容を会議の参加者と共有する場合などに活用しましょう。

1 ［チャット］ をクリックし、

2 ここをクリックしてメッセージを入力して、

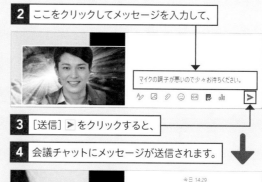

3 ［送信］ ➤ をクリックすると、

4 会議チャットにメッセージが送信されます。

基本

デスクトップ

キーボード・文字入力

インターネット

メール・連絡先

セキュリティ

AI・アシスタント

写真・動画・音楽

OneDrive・スマホ

印刷・周辺機器

アプリ

インストール・設定

 ビデオ会議　　　　　　重要度 ★ ★ ★

Q 530 チャットで特定の相手に話しかけたい！

A メッセージの最初に「@」を付けます

チャット画面で送信したメッセージは、基本的にはビデオ会議の参加者全員に送信されます。特定の参加者宛てにメッセージを送るには、メッセージの入力時に半角の「@（アットマーク）」を入れます。この機能を「メンション」といいます。

参加者の名前が表示されたら、メッセージを送る相手の名前をクリックし、名前の後ろに送りたいテキストを入力しましょう。なお、特定の参加者に送ったメッセージも、チャット画面上で表示されます。

1 最初に「@」を入力して、

2 メッセージを送りたい参加者の名前をクリックします。

 ビデオ会議　　　　　　重要度 ★ ★ ★

Q 531 画面を共有したい！

A ［共有］で共有できます

自分のパソコン上で開いている画面を会議の参加者に見せたい場合は、［共有］ をクリックします。［画面］をクリックすると自分のパソコンの画面全体が共有され、［ウィンドウ］をクリックすると、選択したウィンドウが共有されて、ほかの参加者も見えるようになります。共有をやめるには、［共有を停止する］ をクリックします。

画面全体を共有したり、誤ったウィンドウを選択してしまうと、見せたくない部分まで見えてしまう可能性があります。ビデオ会議中に使用しないブラウザーのページやウィンドウ、ファイルやアプリはあらかじめ閉じておくと安心です。

1 ［共有］ をクリックし、

2 共有する画面（ここでは［ウィンドウ］）をクリックします。

3 共有するウィンドウをクリックすると、

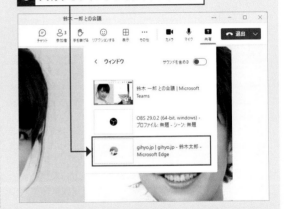

4 選択したウィンドウが参加者全員に共有されます。

［共有を停止する］ をクリックすると、共有が終了します。

12

インストールと設定の便利技！

532 ▶▶▶ 541　Windows 11 のインストールと復元

542 ▶▶▶ 556　Microsoft アカウント

557 ▶▶▶ 579　Windows 11 の設定

580 ▶▶▶ 598　その他の設定

Q 532 Windows 11が使える パソコンの条件は?

A システム要件は以下のとおりです

・ プロセッサ:1GHz以上のプロセッサで、2コア以上の64 ビット互換プロセッサまたはシステム・オン・チップ(SoC)
・ メモリ:4GB以上
・ ハードディスクの空き容量(ストレージ):64GB以上
・ ファームウェア:UEFI、セキュア ブート対応

Windows 10からWindows 11へのアップグレードを考えている場合は、Windows 11がきちんと動作するか、システム要件を事前に確認しておきましょう。Windows 11のシステム要件は下記のとおりです。

・ TPM:トラステッド プラットフォーム モジュール(TPM) バージョン 2.0
・ グラフィックカード:WDDM 2.0 ドライバーを搭載したDirectX 12 以上のグラフィックスデバイス
・ ディスプレイ:対角サイズ9インチ以上で、8ビットカラーの高解像度 (720p)
・ タッチを使う場合は、タブレットまたはマルチタッチに対応するモニター

Q 533 使っているパソコンのシステム要件を確認したい!

A [設定]から確認するか、「PC 正常性チェック」アプリを使いましょう

パソコンのシステム要件は「設定」アプリで確認するほか、「PC 正常性チェック」アプリをインストールして確認することもできます。「PC 正常性チェック」では、パソコンがWindows 11にアップグレードできるかどうかも表示されます。

参照 ▶ Q 532

● 「設定」アプリからシステム要件を確認する

1 [スタート]■→[設定]⚙→[システム]→[バージョン情報]をクリックすると、

2 パソコンの仕様が表示されます。

● 「PC 正常性チェックアプリ」でシステム要件を確認する

1 マイクロソフトのWebページ (https://www.microsoft.com/ja-jp/windows/windows-11#pchealthcheck) にアクセスして、

2 ページ下部の[PC正常性チェックアプリのダウンロード]をクリックします。

3 ファイルがダウンロードされたら、[ファイルを開く]をクリックし、「PC 正常性チェック」アプリをインストールします。

4 [Windows PC 正常性チェックを開く]にチェックが入っていない場合はチェックを入れ、

5 [完了]をクリックすると、

6 「PC正常性チェック」アプリが起動します。

7 [今すぐチェック]をクリックすると、

8 パソコンのシステム要件と、Windows 11のシステム要件を満たしているかどうか、結果が表示されます。

Q 534 Windows 11にアップグレードするには?

A Windows Updateから行うか、「インストールアシスタント」を利用します

現在Windows 10を利用している場合は、Windows 11のシステム要件を満たしていれば、無償でアップグレードすることができます。

Windows 11にアップグレードするには、Windows Updateで表示されている通知から行う方法と、「インストールアシスタント」を利用する方法があります。シ

ステム要件を満たしているのに通知が表示されない場合は、Windows Updateの更新プログラムをインストールし、Windows 10を最新の状態にしましょう。それでも通知が表示されない場合は、通知が表示されるまで待つか、「インストールアシスタント」を使って手動でダウンロードします。

Q 535 Windows 10に戻すには?

A 10日以内であればダウングレードできます

Windows 11にアップグレードしたものの、やはりもうしばらくWindows 10を使いたいと思ったら、Windows 10にダウングレードすることもできます。ただし、ダウングレードを行えるのはアップグレードしてから10日までと日数制限があります。

Windows 10にダウングレードするには、[スタート]■→[設定]⚙をクリックし、[システム]→[回復]→[復元]をクリックします。[Windows 10に復元する]ウィンドウが表示されるので、画面の指示に従って、ダウングレードの手順を進めます。

なお、11日目以降にWindows 10にダウングレードするには、Windows 10をクリーンインストールする必要があります。

1 [スタート]■→[設定]⚙をクリックし、

2 [システム]をクリックして、

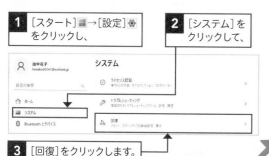

3 [回復]をクリックします。

4 [復元]をクリックします。

5 画面の指示に従って手順を進め、[Windows 10に復元する]をクリックすると、Windows 10へのダウングレードが開始されます。

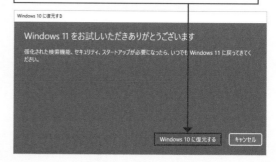

Q 536 ファイルを消さずにパソコンをリフレッシュしたい！

A [システム]から パソコンを初期状態に戻します

パソコンの動作が不安定になってしまったら、一度パソコンを初期状態に戻してみましょう。

このとき、写真などの個人用ファイルは残しておくことができます。ただし、パソコンを購入後にインストールしたアプリは削除されてしまうので、あとで再インストールする必要があります。注意しましょう。また、パソコンによっては、購入時に付属していたリカバリディスクなどが必要になります。

なお、Windows 10からWindows 11へアップグレードしている場合は、Windows 10へのダウングレードは行われず、Windows 11での初期状態に戻ります。

1 [スタート]■→[設定]◉をクリックし、

2 [システム]をクリックして、

3 [回復]をクリックします。

4 [このPCをリセット]の[PCをリセットする]をクリックして、

5 [個人用ファイルを保持する]をクリックします。

[クラウドからダウンロード]をクリックして、インターネットからインストールするデータをダウンロードすることもできます。

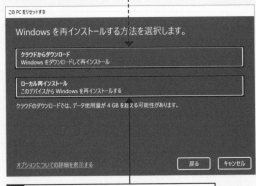

6 [ローカル再インストール]をクリックして、

7 [次へ]をクリックします。

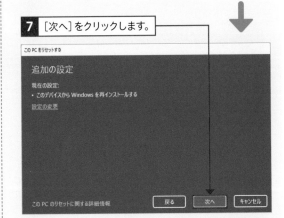

8 ほかのユーザーがサインインしている場合は、確認画面が表示されるので、[次へ]をクリックします。

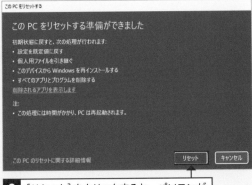

9 [リセット]をクリックすると、パソコンが初期状態に戻ります。

Q 537 再インストールして購入時の状態に戻したい!

A すべて削除してWindowsを再インストールします

パソコンを購入時の状態に戻すには、[回復]オプションの[すべて削除する]を実行します。インストールしたアプリや保存していた個人用ファイル、独自に設定した項目などはすべて削除されるので、不用意にこの操作を行うのはおすすめできません。必要なデータをバックアップしてから実行しましょう。

Windows 10からWindows 11へアップグレードしている場合は、Windows 10へのダウングレードは行われず、Windows 11がクリーンインストールされた状態になります。

1 Q536を参考に、[このPCをリセット]の[PCをリセットする]を選択して、

この PC をリセットする

オプションを選択してください

個人用ファイルを保持する
アプリと設定を削除しますが、個人用ファイルは保持します。

すべて削除する
個人用ファイル、アプリ、設定をすべて削除します。

2 [すべて削除する]をクリックします。

[クラウドからダウンロード]をクリックして、インターネットからインストールするデータをダウンロードすることもできます。

Windows を再インストールする方法を選択します。

クラウドからダウンロード
Windows をダウンロードして再インストール

ローカル再インストール
このデバイスから Windows を再インストールする

3 [ローカル再インストール]をクリックして、

追加の設定

現在の設定:
• アプリとファイルを削除する。ドライブのクリーニングは実行しない
• このデバイスから Wind…

このPCのリセットに関する詳細情報　　[戻る] [次へ] [キャンセル]

4 [次へ]をクリックし、

この PC をリセットする準備ができました

初期状態に戻すと、次の処理が行われます:
• この PC 上の個人用ファイルとユーザー アカウントをすべて削除する
• 設定に加えられたすべての変更を削除する

このPCのリセットに関する詳細情報　　[リセット] [キャンセル]

5 [リセット]をクリックすると、パソコンが初期状態に戻ります。

Q 538 リカバリディスクって何?

A パソコンを購入時の状態に戻すディスクです

リカバリディスクとは、パソコンを購入したときの状態に戻すためのディスクです。Windows 11が起動しないなど、パソコンで発生した問題がどうしても解決できない場合や、他人にパソコンを譲る場合など、パソコンを初期化するときに使用します。

リカバリディスクはパソコンの購入時に同封されていることもありますが、最近販売されているパソコンでは同封されていないケースが増えています。リカバリ

ディスクが同封されていない場合は、パソコン購入後のなるべく早いタイミングで「回復ドライブ」を作成しておきましょう。

回復ドライブはWindows 11のバックアップ方法の1つで、リカバリディスクの代わりに初期化などを行えます。USBメモリーを使用するため、DVD／Blu-rayドライブのないノートパソコンなどでも利用できます。なお、リカバリディスクや回復ドライブがない状態でパソコンを初期化するには、クリーンインストールを行います。この方法では、パソコンに最初から付属していたメーカー独自のアプリはインストールされないため、注意が必要です。メーカーによっては有償でリカバリディスクを提供しているので、必要に応じて検討しましょう。

参照 ▶ Q 536, Q 539

基本

デスクトップ

キーボード・文字入力

インターネット

メール・連絡先

セキュリティ

ヘルプ・アシスタント

写真・動画・音楽

OneDrive・スマホ

印刷・周辺機器

アプリ

インストール・設定

Q 539 回復ドライブを作成したい!

A [回復]の[回復ドライブの作成]から行います

回復ドライブの作成には、32GB以上の容量を持つUSBメモリーが必要です。回復ドライブの作成前に保存していたUSBメモリーのデータはすべて削除されるため、必要なデータは事前にバックアップを取っておきしょう。また、間違えて選択しないよう、使用するUSBメモリー以外の外付けハードディスクやSSDは取り外しておきます。なお、回復ドライブの作成完了までには時間がかかるため、ノートパソコンは電源につないでおきましょう。

作成した回復ドライブは、エクスプローラー上では「回復」と表示されます。なお、USBメモリーの容量が余っても、あとからデータは追加できません。

Windows 10からWindows 11にアップグレードしたパソコンでは、Windows 11の初期状態に戻る回復ドライブが作成されます。Windows 10の初期状態に戻す回復ドライブを作成するには、Windows 11にアップグレードする前に行う必要があります。

参照 ▶ Q 449, Q 451

1 回復ドライブの作成に使用するUSBメモリーをパソコンに接続し、管理者アカウントでWindows 11にサインインします。

2 スタートメニューで[すべてのアプリ]→[Windowsツール]をクリックし、

3 [回復ドライブ]をクリックします。

4 [システムファイルを回復ドライブにバックアップします。]のチェックボックスがオンになっていることを確認し、

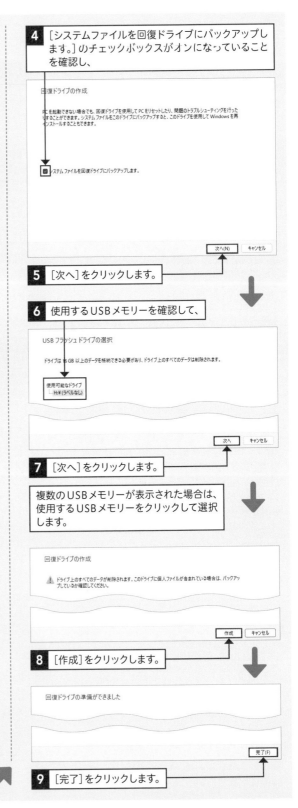

5 [次へ]をクリックします。

6 使用するUSBメモリーを確認して、

7 [次へ]をクリックします。

複数のUSBメモリーが表示された場合は、使用するUSBメモリーをクリックして選択します。

8 [作成]をクリックします。

9 [完了]をクリックします。

Q 540 正常に動いていた時点に設定を戻したい！

A 「システムの保護」を有効にして「システムの復元」を実行します

Windowsが何らかの要因で動作が不安定になったときは、コントロールパネルで「システムの復元」を実行すると、正常に動いていた状態にシステムを戻せます。ただし、そのためには「システムの保護」を前もって有効にしておく必要があります。パソコンが問題なく動いているときに設定しておきましょう。復旧には時間がかかるので、ノートパソコンの場合は電源にきちんとつないでおくことをおすすめします。

● 「システムの保護」を有効にする

1 ［スタート］■→［設定］⚙→［システム］をクリックして、

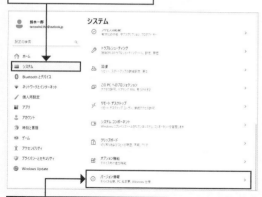

2 ［バージョン情報］をクリックし、

3 ［システムの保護］をクリックします。

［システムのプロパティ］ウィンドウの［システムの保護］タブが表示されます。

4 ［構成］をクリックします。

5 ［システムの保護を有効にする］をクリックし、

6 ［適用］をクリックして、

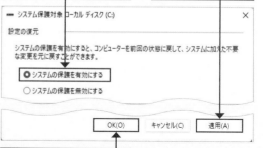

7 ［OK］をクリックします。

● 「システムの復元」を実行する

1 上の手順 **4** の画面で［システムの復元］をクリックして、

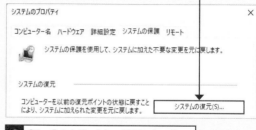

2 ［次へ］をクリックし、使用したい復元ポイントを選択して作業を進めます。

Q 541 ほかのパソコンから データを移したい!

A USBメモリーや外付けハードディス ク、OneDriveを利用します

パソコンを買い換えたときなどに、ほかのパソコンか らデータを移行するには、USBメモリーや外付けハー ドディスクを使用します。

USBメモリーや外付けハードディスクを持っていな い場合は、OneDriveを利用します。

OneDriveは、マイクロソフトが運営するストレージ サービス (インターネット上の保存場所)です。5GBま で無料で利用できますが、有料で保存容量を拡張する ことも可能です。

OneDriveを使ってデータを移行する際は、まず、移行 元のパソコンからOneDriveにサインインし、必要な データをアップロードします。次に、新しいパソコンか らOneDriveへアクセスし、データをダウンロードし ましょう。　　　　　　　　　　　参照 ▶ Q 398, Q 454

● OneDrive でデータを移す

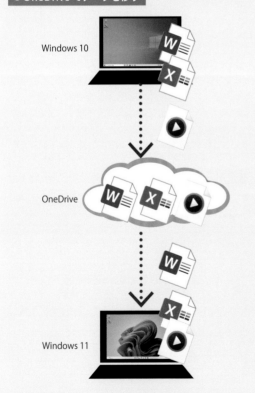

Windows 10

OneDrive

Windows 11

Q 542 Microsoftアカウントで 何ができるの?

A マイクロソフトの サービスを利用できます

Microsoft アカウントでWindows 11にサインインす ると、「Microsoft Store」で提供されているアプリをイ ンストールしたり、「Outlook」アプリや「Teams」アプ リを利用したり、「OneDrive」にファイルを保存した りできるようになります。

なお、アカウントの種類は下記の方法で確認できます。

1 ［スタート］■■→［設定］⚙をクリックして、

2 ［アカウント］をクリックします。

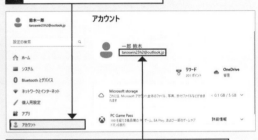

3 ここにメールアドレスが表示されていれば、 Microsoftアカウントでサインインしています。

Q 543 ローカルアカウントと Microsoftアカウントの違いは?

A Microsoftアカウントは 異なるパソコンでも使えます

ローカルアカウントは、アカウントを作成したパソコ ンでしか使えません。それに対してMicrosoft アカウ ントは、登録さえすればどのパソコンでも共通のアカ ウントとして利用できます。

複数のパソコンに同じMicrosoft アカウントでサイ ンインすれば、OneDriveに保存したファイルや、メール でやり取りした内容を同じように表示できます。また、 デスクトップのテーマやEdgeで保存したパスワード なども同期されます。

Q 544　ローカルアカウントを作るにはどうすればいい?

A　[アカウント]の[他のユーザー]から作成します

ローカルアカウントを作成するには、「設定」アプリの[アカウント]→[他のユーザー]をクリックし、[その他のユーザーを追加する]の[アカウントの追加]をクリックして、[このユーザーのサインイン情報がありません]→[Microsoftアカウントを持たないユーザーを追加する]をクリックします。アカウント名とパスワード、パスワードを忘れた場合の質問と答えを設定して[次へ]をクリックすると、ローカルアカウントを作成できます。

サインインする際にパスワードを忘れてしまった場合は、これらの質問にすべて正しく回答すると、パスワードをリセットできます。

参照▶Q 542

1 [スタート]■→[設定]⚙をクリックして、

2 [アカウント]をクリックし、

3 [他のユーザー]をクリックします。

4 [その他のユーザーを追加する]の[アカウントの追加]をクリックし、

5 [このユーザーのサインイン情報がありません]をクリックして、

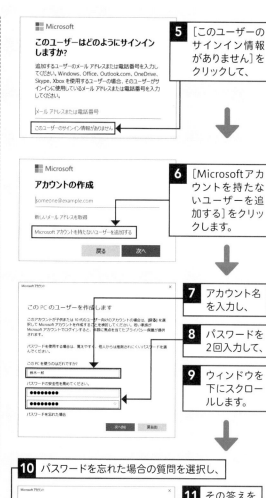

6 [Microsoftアカウントを持たないユーザーを追加する]をクリックします。

7 アカウント名を入力し、

8 パスワードを2回入力して、

9 ウィンドウを下にスクロールします。

10 パスワードを忘れた場合の質問を選択し、

11 その答えを入力して、

12 [次へ]をクリックすると、

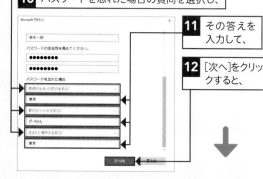

13 ローカルアカウントが作成されます。

基本

デスクトップ

キーボード・文字入力

インターネット

メール・連絡先

セキュリティ

AI・アシスタント

写真・動画・音楽

OneDrive・スマホ

印刷・周辺機器

アプリ

インストール・設定

315

Q545 Microsoftアカウントを作るにはどうすればいい?

A Microsoft アカウントのWebページなどで作成できます

Microsoft アカウントは、Windowsのいくつかのアプリから作成できます。Edgeの場合、MicrosoftアカウントのWebページを開いて、[アカウントを作成する]をクリックすると、新規作成を開始できます。

ほかにも、「設定」アプリの [アカウント]でアカウントを追加するときやMicrosoft アカウントでのサインインへの切り替え画面、「Outlook」アプリのアカウント登録画面などからも、Microsoft アカウントを作成できます。　　**参照 ▶ Q 289, Q 542, Q 544**

● Microsoft アカウントの Web ページから作成する

1 Edge を起動して「https://account.microsoft.com/account/」を開いて [サインイン]をクリックし、

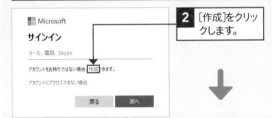

2 [作成]をクリックします。

3 [新しいメールアドレスを取得] をクリックします。

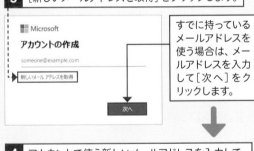

すでに持っているメールアドレスを使う場合は、メールアドレスを入力して [次へ]をクリックします。

4 アカウントで使う新しいメールアドレスを入力して、

5 [次へ]をクリックします。

6 アカウントで使うパスワードを入力して、

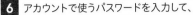
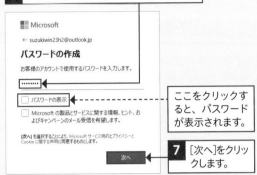

ここをクリックすると、パスワードが表示されます。

7 [次へ]をクリックします。

8 [国／地域]と[生年月日]を選択して[次へ]をクリックします。

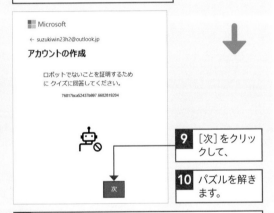

9 [次]をクリックして、

10 パズルを解きます。

11 「Microsoftアカウントに関する簡単なメモ」画面が表示されたら[OK]をクリックします。

12 「Microsoft Edgeにサインインすると〜」と表示されたら、[サインインしてデータを…]または[今は行わない]をクリックします。

13 アカウントが作成されます。

14 [あなたの情報]をクリックし、

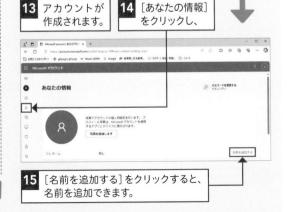

15 [名前を追加する]をクリックすると、名前を追加できます。

Q 546 Microsoftアカウントで同期する項目を設定したい!

A [アカウント]の[Windowsバックアップ]で設定します

Microsoftアカウントで、ほかのパソコンとデータなどを同期する項目は、「設定」アプリの[アカウント]で変更できます。

1 [スタート]■→[設定]◎をクリックし、

2 [アカウント]をクリックして、

3 [Windowsバックアップ]をクリックします。

4 [自分の設定を保存する]をクリックしてオンにします。

5 ここをクリックして、

6 同期する項目のオン／オフを設定します。

Q 547 Microsoftアカウント情報を確認するには?

A [アカウント]の[ユーザーの情報]で確認します

Microsoftアカウントを登録した際に入力したユーザー名や連絡先などの情報を確認したいときは、下記の手順で[Microsoftアカウント]画面を表示します。この画面から支払い情報やパスワードなども変更できます。

1 [スタート]■→[設定]◎をクリックし、

2 [アカウント]→[ユーザーの情報]をクリックして、

3 [アカウント]をクリックすると、

4 Edgeが起動して、サインイン画面が表示されます。EdgeでMicrosoftアカウントにサインインしている場合は、自動的にサインインします。

5 サインインが完了すると、アカウント画面が表示されます。

ここをクリックすると、パスワードを変更できます。

Q 548 自分のアカウントの画像を変えたい!

A [アカウント]の [ユーザーの情報]で変更できます

サインイン画面やスタートメニューに表示されているアカウントの画像は、初期状態では人物シルエットになっていますが、自分の顔写真やほかの画像に変更できます。

1 [スタート] ■ → [設定] ⚙ をクリックし、

2 [アカウント]を
クリックして、

3 [ユーザーの情報]を
クリックします。

4 [ファイルの選択]の[ファイルの
参照]をクリックし、

5 設定したい画像をクリックして、

6 [画像を選ぶ]をクリックすると、
アカウントの画像が変更されます。

Q 549 アカウントのパスワードを変更したい!

A [アカウント]の [サインインオプション]で変更できます

アカウントのパスワードは、下の手順に従っていつでも変更できます。パスワードは半角の8文字以上で、英字の大文字、小文字、数字、記号のうち2種類以上を含んでいる必要があります。なお、アカウントにWindows Hello認証を設定している場合、以下の手順に加え、PINやメールアドレス、SMSによる認証が必要になることがあります。

参照 ▶ Q 559

1 Q544の手順 **5** の画面を開きます。

2 [パスワードを変更する]をクリックします。

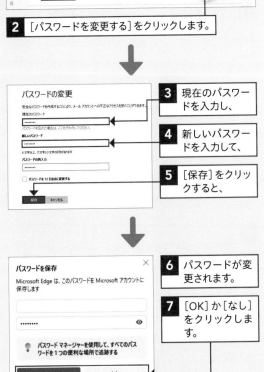

3 現在のパスワードを入力し、

4 新しいパスワードを入力して、

5 [保存]をクリックすると、

6 パスワードが変更されます。

7 [OK]か[なし]をクリックします。

Q 550 家族用のアカウントを追加したい！

A それぞれのアカウントを追加します

1台のパソコンを家族で共有する場合は、それぞれにアカウントを作成するとよいでしょう。そうすれば、自分もパートナーも子どもも独立した環境でパソコンを利用できます。ただし、アカウントを作成できるのは、管理者アカウントのユーザーのみです。　参照 ▶ Q 553

1 ［スタート］ ■ →［設定］ ⚙ をクリックし、

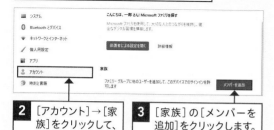

2 ［アカウント］→［家族］をクリックして、

3 ［家族］の［メンバーを追加］をクリックします。

4 サインインに使うMicrosoftアカウントを入力して、

5 ［次へ］をクリックします。

Microsoftアカウントが未取得の場合は、ここをクリックすると新規作成できます。

6 作成するアカウントの持ち主が子どもの場合は［メンバー］をクリックして、

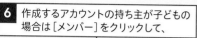

7 ［招待する］をクリックし、入力したメールアドレス宛に届くメールで認証を行うと、アカウントが追加されます。

Q 551 アカウントを削除したい！

A 「設定」アプリから削除できます

Windowsのアカウントを削除したいときは、「設定」アプリで［アカウント］→［他のユーザー］から削除したいアカウントを選択して行います。

アカウントを削除すると、［ドキュメント］フォルダーや［ピクチャ］フォルダーなどに保存していたファイルはすべて削除されるので、必要なファイルはあらかじめUSBメモリーなどにコピーしておきましょう。

なお、［他のユーザー］が表示されるのは、管理者のアカウントに限られます。　参照 ▶ Q 553

1 ［スタート］ ■ →［設定］ ⚙ をクリックし、

2 ［アカウント］→［他のユーザー］をクリックして、

3 削除したいアカウントを選択し、

4 ［削除］をクリックします。

5 ［アカウントとデータの削除］をクリックすると、

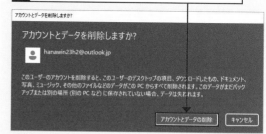

6 アカウントとデータが削除されます。

基本

デスクトップ

キーボード・文字入力

インターネット

メール・連絡先

セキュリティ

AI アシスタント

写真・動画・音楽

OneDrive・スマホ

印刷・周辺機器

アプリ

インストール・設定

Q 552 子どもが使うパソコンの利用を制限したい!

A 「Microsoftファミリ」を利用します

子どもがパソコンを利用する時間を制限したり、アクセスできるWebページ、使用するゲームやアプリなどを制限したりするには、「Microsoftファミリ」を利用します。設定後は子どもがアクセスしたWebページやダウンロードしたアプリを確認して、必要に応じて利用を制限できます。

なお、ファミリーセーフティは、管理者権限を持つユーザーが子どものアカウントに対して設定するため、子どものアカウントをあらかじめ追加しておく必要があります。　　**参照 ▶ Q 209**

1 [スタート] ⊞ → [設定] ⚙ をクリックし、

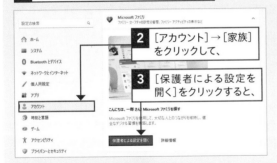

2 [アカウント] → [家族] をクリックして、

3 [保護者による設定を開く] をクリックすると、

4 ファミリーアプリが起動して、家族のアカウントの管理画面が表示されます。

5 子どものアカウント名をクリックして、

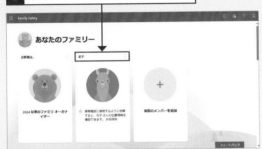

6 子どものアカウントによるパソコンの使用を管理できます。

● 概要

[Windows] タブをクリックすると、パソコンの使用時間などを確認できます。

● 使用時間

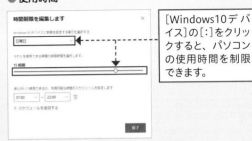

[Windows10デバイス] の [:] をクリックすると、パソコンの使用時間を制限できます。

● コンテンツフィルター

[アプリとゲーム] をクリックすると、アプリごとの使用時間を制限できます。

● 支出

[支出] をクリックすると、Microsoftアカウントに入金できる上限を設定し、子どもが購入できるコンテンツを制限できます。

Q 553 「管理者」って何？

A すべての機能を利用できる
権限を持つユーザーのことです

Windows 11で設定できるアカウントには「管理者」と
「標準ユーザー」の2種類があります。

管理者は、そのパソコンに関するすべての設定を変更
でき、保存されているすべてのファイルとプログラム
にアクセスできる権限を持ったユーザーです。パソ
コンを1人のユーザーが使っている場合は、そのユー
ザーが管理者になります。

標準ユーザーは、ほとんどのソフトウェアを使うこと
ができますが、アプリのインストールやアンインス
トールといった一部の操作が使用できません。また、ほ
かのユーザーの［ドキュメント］などのフォルダーや、
OSのファイルの一部にアクセスする権限はありませ
ん。　　　　　　　　　　　　　　　　参照 ▶ Q 554, Q 555

1 標準ユーザーでサインインして、

2 ほかのユーザーの［ドキュメント］などの
フォルダーを開こうとすると、

3 アクセスする許可がないというメッセージが
表示されます。

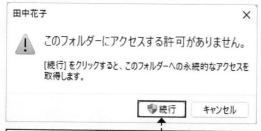

［続行］をクリックすると、標準ユーザーは管理者のア
カウントのパスワードやPINの入力を求められます。

Q 554 管理者か標準ユーザーか を確認したい！

A コントロールパネルか「設定」アプリ
から確認します

アカウントの種類は、コントロールパネルか「設定」ア
プリから確認できます。アカウントに「Administrator」
または「管理者」と表示されていれば管理者で、それ以
外は標準ユーザーです。Administratorは「管理者」と
いう意味で、管理者のアカウントを指す言葉として用
いられています。　　　　　　　　　　　　参照 ▶ Q 553

● コントロールパネルから確認する

1 スタートメニューで［すべてのアプリ］→［Windows
ツール］→［コントロールパネル］をクリックして、

2 ［アカウントの種類の変更］をクリックすると、

3 アカウントの種類を確認できます。

管理者アカウントには「Administrator」と表示されます。

● 「設定」アプリから確認する

1 ［スタート］ ■■ →［設定］ ⚙ をクリックし、

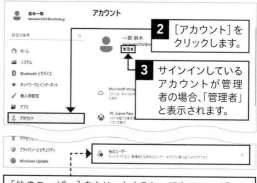

2 ［アカウント］を
クリックします。

3 サインインしている
アカウントが管理
者の場合、「管理者」
と表示されます。

［他のユーザー］をクリックすると、ほかのユーザーの
アカウントの種類を確認できます。

基本

デスクトップ

キーボード・
文字入力

インターネット

メール・
連絡先

セキュリティ

AI・
アシスタント

写真・動画・
音楽

OneDrive・
スマホ

印刷・
周辺機器

アプリ

インストール・
設定

基本

デスクトップ

キーボード・文字入力

インターネット

メール・連絡先

セキュリティ

AI・アシスタント

写真・動画・音楽

OneDrive・スマホ

印刷・周辺機器

アプリ

インストール・設定

Q 555 管理者と標準ユーザーを切り替えたい！

A コントロールパネルか「設定」アプリから切り替えます

アカウントの種類を変更するには、コントロールパネルで[アカウントの種類の変更]をクリックするか、「設定」アプリで[アカウント]をクリックして進めます。なお、変更を行うには、管理者のアカウントのパスワードかPINが必要となります。　　参照 ▶ Q 553

●コントロールパネルから切り替える

1 スタートメニューで[すべてのアプリ] → [Windows ツール] → [コントロールパネル] → [ユーザアカウント]の[アカウント種類の変更]をクリックし、

2 種類を変更したいアカウントをクリックして、

3 [アカウントの種類の変更]をクリックします。

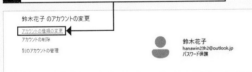

4 変更したい種類を選択して、

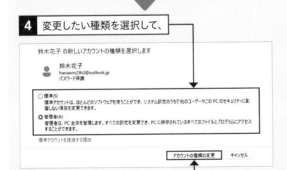

5 [アカウントの種類の変更]をクリックすると、アカウントの種類が変更されます。

●「設定」アプリから切り替える

1 [スタート]■■ → [設定]⚙ をクリックし、

2 [アカウント]をクリックして、

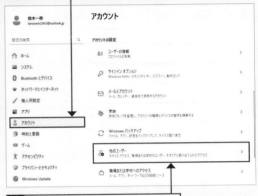

3 [他のユーザー]をクリックします。

4 種類を変更したいアカウントをクリックし、

5 [アカウントの種類の変更]をクリックします。

6 [アカウントの種類]をクリックして種類を選択し、

7 [OK]をクリックします。

Q556 「管理者として〇〇してください」と表示された!

A 標準ユーザーでは変更できない設定や操作で表示されます

Windows 11のアカウントのうち、「標準ユーザー」には設定や操作を行える項目に制限があり、許可されていない設定や操作を行おうとすると「管理者」の権限が求められることがあります。

下図のようなメッセージが表示されたら、管理者のアカウントを持っている人に、パスワードやPINを入力してもらいましょう。入力に成功すると、自分がサインインしたまま目的の設定や操作を行えます。　参照▶ Q 553

1 PINやパスワードを入力すると、

このアプリがデバイスに変更を加えることを許可しますか?

　　◻ ユーザー アカウント制御の設定

確認済みの発行元: Microsoft Windows

詳細を表示

続行するには、管理者のユーザー名とパスワードを入力してください。

管理者用にも ユーザー アカウント制御の設定 がインストールされます。

　　◻ PIN
　　taroswin23h2@outlook.jp

　　　PIN

PIN を忘れた場合

2 管理者しか許可されていない設定や操作が可能になります。

Q557 Windows 11の設定をカスタマイズするには?

A 「設定」アプリやコントロールパネルを利用します

Windows 11の設定をカスタマイズするには、「設定」アプリを利用する方法と、コントロールパネルを利用する方法があります。

「設定」アプリでは、Windows 11のよく使う機能に関する設定をカスタマイズできます。アイコンが大きく表示されるので、画面に直接触れるタッチ操作がしやすくなっています。OSがアップデートされるにつれて項目数も増え、今ではほとんどの設定をこの画面で行えるようになっています。

コントロールパネルでは、電源プランのカスタマイズといった、より詳細な設定ができます。　参照▶ Q 037

「設定」アプリでは、Windows 11の主な機能に関する設定をカスタマイズできます。

［スタート］■→［設定］◉をクリックして起動します。

コントロールパネルでは、「設定」アプリよりも詳細な設定を行えます。

スタートメニューで［すべてのアプリ］→［Windowsツール］→［コントロールパネル］をクリックして起動します。

基本

デスクトップ

キーボード・文字入力

インターネット

メール・連絡先

セキュリティ

AI・アシスタント

写真・動画・音楽

OneDrive・スマホ

印刷・周辺機器

アプリ

インストール・設定

Q 558 ピクチャパスワードを利用したい!

A [アカウント]の[サインインオプション]で設定します

ピクチャパスワードは、円、直線、タップを組み合わせたジェスチャ（動作）を画像上で行ってサインインする方法です。キーボードがないタブレットPCやタッチ操作ができるパソコンを利用する場合に便利です。

ピクチャパスワードでは、必ず3つのジェスチャを登録します。登録できるジェスチャは、「円形になぞる」「直線になぞる」「タップ（クリック）する」の3種類です。同じジェスチャを繰り返してもかまいませんが、順番や形、写真のどの場所を操作したかも記憶されるので、忘れないようにしましょう。なお、ピクチャパスワードの変更や削除を行うには、手順 **3** で［ピクチャパスワード］の［変更］や［削除］をクリックします。なお、［サインイン オプション］→［追加の設定］→「セキュリティ向上のため〜」の設定をオンにしていると、ピクチャパスワードは表示されません。

1 ［スタート］ ■ →［設定］ ⚙ をクリックします。

2 ［アカウント］→［サインインオプション］をクリックし、

3 ［ピクチャパスワード］をクリックして、

4 ［追加］をクリックします。

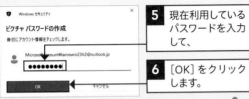

5 現在利用しているパスワードを入力して、

6 ［OK］をクリックします。

7 ［画像を選ぶ］をクリックし、

8 ピクチャパスワードに利用する画像をクリックして、

9 ［開く］をクリックします。

10 ［この画像を使う］をクリックして、

11 パスワードの代わりに使用するジェスチャを3つ入力します。

ここでは、画像内の異なる箇所を3回タップしています。

12 登録したジェスチャを再度入力し、

13 ［完了］をクリックすると、ピクチャパスワードが作成されます。

Q 559 PINを変更したい！

A [PINの変更]をクリックします

PINを変更するには、「設定」アプリを表示して[アカウント]→[サインインオプション]をクリックし、[PIN]をクリックして[PINの変更]をクリックすると、PINの変更画面が表示されます。現在のPINと新しいPINを入力して[OK]をクリックすると、PINが変更されます。

1 [スタート] ⊞ →[設定] ⚙ をクリックし、

2 [アカウント]をクリックして、

3 [サインインオプション]をクリックします。

4 [PIN (Windows Hello)]をクリックし、

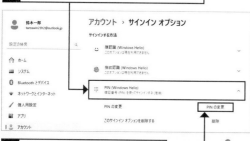

5 [PINの変更]をクリックします。

6 現在のPINを入力し、

7 新しいPINを確認も含めて2回入力し、

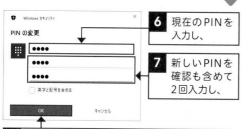

8 [OK]をクリックすると、PINが変更されます。

Q 560 スリープを解除するときにPINを入力するのが面倒！

A [アカウント]の[サインインオプション]で変更できます

スリープは、Windowsが動作している状態を保存しながらパソコンを一時的に停止し、節電状態で待機させる機能です。スリープから再開する際、通常はPINまたはパスワードの入力が必要ですが、省略することもできます。ただし、PINやパスワードを設定していないとほかの人もパソコンの操作を再開できてしまうので、変更する際には注意が必要です。

なお、この設定を行うには、管理者のアカウントでサインインしていることが条件です。 参照 ▶ Q 553

1 [スタート] ⊞ →[設定] ⚙ をクリックし、

2 [アカウント]をクリックして、

3 [サインインオプション]をクリックします。

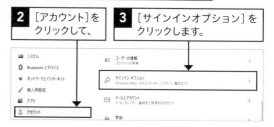

4 ここをクリックし、

5 [常にオフ]をクリックすると、

パソコンの機種によっては、「時間」「毎回」などの選択肢は表示されません。

6 PINやパスワードの入力が必要なくなります。

基本 ／ デスクトップ ／ キーボード・文字入力 ／ インターネット ／ メール・連絡先 ／ セキュリティ ／ AI・アシスタント ／ 写真・動画・音楽 ／ OneDrive・スマホ ／ 印刷・周辺機器 ／ アプリ ／ インストール・設定

Q 561 パソコンが自動的にスリープするまでの時間を変更したい!

A [システム]の[電源]で設定します

パソコンは、一定時間操作しないでいると、自動的にスリープするように設定されています。この時間は、「設定」アプリを開いて[システム]をクリックし、[電源]→[画面とスリープ]をクリックすると変更できます。

1 [スタート] ⊞→[設定] ⚙ をクリックし、

2 [システム]をクリックして、

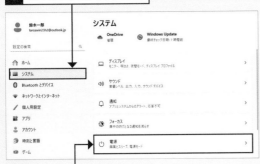

3 [電源]をクリックします。

4 [画面とスリープ]をクリックし、

5 ここをクリックして、スリープするまでの時間を設定します。

[なし]を選択すると、パソコンが自動的にスリープしなくなります。

Q 562 通知をアプリごとにオン／オフしたい!

A [システム]の[通知]で設定します

あまり使わないアプリの通知はオフにして、重要なアプリの通知はオンにしたいというときは、[システム]の[通知]で設定を行いましょう。

1 [スタート] ⊞→[設定] ⚙ をクリックし、

2 [システム]をクリックして、

3 [通知]をクリックします。

すべての通知をオフにする場合は、ここをオフにします。

4 機能ごとのオン／オフを切り替えます。

左端の縦タブ：基本／デスクトップ／キーボード・文字入力／インターネット／メール・連絡先／セキュリティ／AI・アシスタント／写真・動画・音楽／OneDrive・スマホ／印刷・周辺機器／アプリ／インストール・設定

Q 563 通知を表示する長さを変えたい！

A [アクセシビリティ]の[視覚効果]で設定します

各アプリからの通知は便利な機能ですが、初期状態では5秒に設定されているので、すぐに消えてしまいます。通知を表示する長さは下の手順で変更できます。

1 [スタート]■→[設定]⚙をクリックし、

2 [アクセシビリティ]をクリックし、

3 [視覚効果]をクリックします。

4 [この時間が経過したら通知を破棄する]をクリックして、

5 通知を表示する時間を指定します。

Q 564 通知を素早く消したい！

A キーボードショートカットで消せます

通知が表示されているときに■と Shift と V を同時に押すと、通知が選択状態になります。そこで Delete を押すと、通知が消えます。消えた通知はアクションセンターにも残りません。通知の表示時間を長く設定しているが現在の作業では邪魔なので素早く削除したい、といったときに便利です。

Q 565 作業中は通知を表示させたくない！

A [応答不可]をオンに切り替えましょう

メールを書いていたり、仕事の資料を作成している間は、アプリからの通知で集中を削がれたくないという場合もあるでしょう。[通知]で[応答不可]をオンにすれば、受け取る通知を制限できます。また、「設定」アプリで集中モードの設定を変更することも可能です。

●デスクトップから変更する

1 [通知]をクリックして、

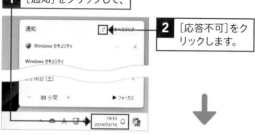

2 [応答不可]をクリックします。

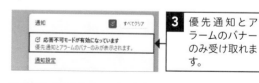

3 優先通知とアラームのバナーのみ受け取れます。

●「設定」アプリから変更する

1 「設定」アプリで[システム]→[フォーカス]をクリックすると、

2 [応答不可をオンにする]のオン／オフの切り替えができます。

Q 566 特定の時間だけ 通知をオフにしたい!

A [応答不可を自動的にオンにする]の [次の時間帯]で時間を指定します

仕事中や就寝中など、特定の時間帯に通知を表示しないようにしたい場合は、応答不可を適用する時間帯をあらかじめ指定しておきましょう。「設定」アプリで[通知]→[応答不可を自動的にオンにする]をクリックし、[次の時間帯]のチェックボックスをオンにすると、指定した時間に自動的に集中モードが開始または終了されます。

1 [スタート]■→[設定]● をクリックし、

2 [システム]→[通知]をクリックして、

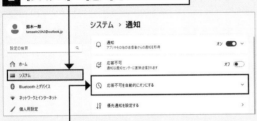

3 [応答不可を自動的にオンにする]をクリックします。

4 ここをクリックしてオンにし、

5 オンにする時刻とオフにする時刻をクリックして設定します。

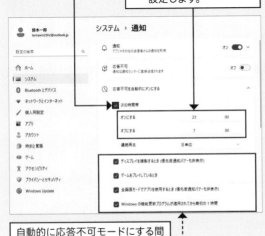

自動的に応答不可モードにする間隔や集中レベルも変更できます。

Q 567 位置情報を管理したい!

A [プライバシーとセキュリティ]の [位置情報]で設定します

「マップ」アプリや「天気」アプリなどでは、IPアドレス（パソコンなどの情報機器を識別するための番号。ネットワーク通信を行う際に利用される）やGPSなどによって入手した位置情報が使われます。位置情報を使うアプリの選択や、位置情報の履歴の削除などは、[プライバシーとセキュリティ]の[位置情報]から行います。

1 [スタート]■→[設定]● をクリックし、

2 [プライバシーとセキュリティ]をクリックして、

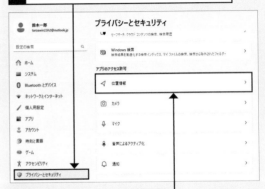

3 [位置情報]をクリックします。

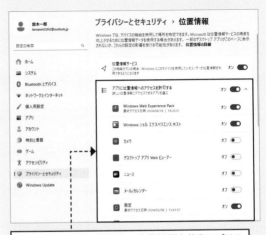

位置情報の履歴の削除や、位置情報を使うアプリの選択などができます。

Q 568 ロック画面の画像を変えたい!

A [個人用設定]の[ロック画面]で変更できます

Windows 11の起動時や、ロックをかけたときに表示されるロック画面は、背景を自由に変更できます。自分で撮影した写真を背景に変更してみましょう。なお、オリジナルの画像を使用する場合は、画像のサイズに注意が必要です。あまりサイズが小さいと、ロック画面を表示したときに背景がぼやけてしまいます。

1 [スタート]■→[設定]⚙をクリックし、

2 [個人用設定]をクリックして、

3 [ロック画面]をクリックします。

4 ここで[画像]を選択し、

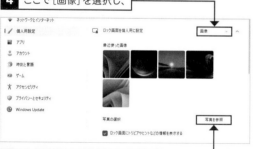

5 [写真を参照]をクリックして、変更したい画像を選択します。

Q 570 「Windowsスポットライト」って何?

A ロック画面上に毎日新しい画像を表示する機能です

Q 569 ロック画面で通知するアプリを変更したい!

A [個人用設定]の[ロック画面]で変更できます

ロック画面には、メールやカレンダーといったアプリからの通知が表示されるように設定できます。
表示をオフにする場合は、手順**4**で[なし]をクリックしましょう。

1 [スタート]■→[設定]⚙をクリックします。

2 [個人用設定]→[ロック画面]をクリックし、

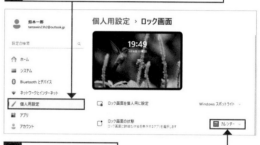

3 ここをクリックして、

4 通知を表示したいアプリをクリックすると、ロック画面に通知が追加されます。

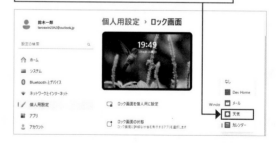

「Windowsスポットライト」は、ロック画面の画像を毎日新しいものに自動で切り替えてくれる機能です。追加の画像もダウンロードされるので、飽きることがありません。Windows 11ではロック画面の背景の初期値が「Windowsスポットライト」に設定されています。

参照 ▶ Q 568

基本　デスクトップ　キーボード・文字入力　インターネット　メール・連絡先　セキュリティ　AIアシスタント　写真・動画・音楽　OneDrive・スマホ　印刷・周辺機器　アプリ　インストール・設定

Q571 目に悪いと噂のブルーライトを抑えられない?

A 「夜間モード」を
オンにしましょう

パソコンの画面からは「ブルーライト」という光が発せられており、長く浴び続けると眼精疲労の要因になるとされています。長時間利用が続きそうな場合は、「夜間モード」をオンにしましょう。画面がオレンジがかった色に変化し、ブルーライトが軽減されて目への負担を軽くできます。また夜間モードは色温度(画面の色)や開始・終了時刻も設定できます。

● 夜間モードを設定する

1 画面右下の[クイック設定] 🔲 をクリックして、

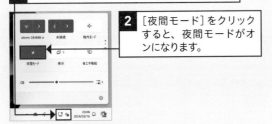

2 [夜間モード]をクリックすると、夜間モードがオンになります。

● 夜間モードの設定を変更する

1 [スタート] ▦ → [設定] ⚙ をクリックします。

2 [システム] → [ディスプレイ]をクリックし、

3 ここをクリックしてオンにして、

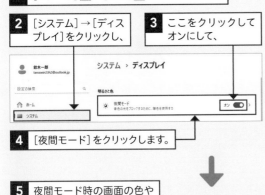

4 [夜間モード]をクリックします。

5 夜間モード時の画面の色やスケジュールを設定します。

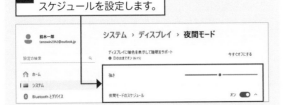

Q572 スタートメニューの「おすすめ」に表示する内容を変更したい!

A [個人用設定]の[スタート]から
変更できます

スタートメニューの「おすすめ」には、最近使用したファイルやインストールしたアプリなどが表示されます。表示される内容を変更するには、「設定」アプリの[個人用設定]をクリックして、[スタート]をクリックします。表示されているスイッチをオンまたはオフにすると、「おすすめ」に表示される内容が変更されます。なお、[よく使うアプリを追加する]をオンにした場合、そのあとに何回かアプリを起動しないと「おすすめ」には表示されません。 参照 ▶ Q 025

1 [スタート] ▦ → [設定] ⚙ をクリックし、 **2** [個人用設定]をクリックして、

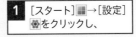

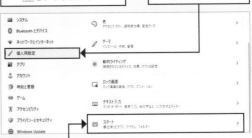

3 [スタート]をクリックします。

4 項目のスイッチをクリックして、オンまたはオフ(ここではすべてオフ)にすると、

5 「おすすめ」に表示される内容が変更されます。

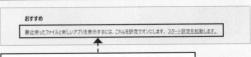

ここではスイッチをすべてオフにしたため、「おすすめ」には何も表示されていません。

基本 / デスクトップ / キーボード・文字入力 / インターネット / メール・連絡先 / セキュリティ / AI・アシスタント / 写真・動画・音楽 / OneDrive・スマホ / 印刷・周辺機器 / アプリ / インストール・設定

Q 573　スタートメニューによく使うフォルダーを表示したい!

A　[個人用設定]の[スタート]からフォルダーを選択します

スタートメニューには、[ドキュメント]フォルダーや[ピクチャ]フォルダーなど、よく使うフォルダーを表示することができます。これらのフォルダーをスタートメニューに表示するには、「設定」アプリで[個人用設定]→[スタート]→[フォルダー]をクリックし、スタートメニューに表示したいフォルダーのスイッチをクリックしてオンにします。また、フォルダーだけでなく、「設定」アプリと「エクスプローラー」、「ネットワーク」のアイコンも表示できます。

1 [スタート] ⊞ →[設定] ⚙ をクリックし、

2 [個人用設定]→[スタート]をクリックして、

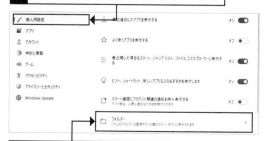

3 [フォルダー]をクリックします。

4 スタートメニューに表示したいフォルダーのスイッチをクリックしてオンにすると、

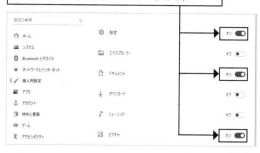

5 スタートメニューの[電源] ⏻ の横に、対応するフォルダーのアイコンが追加されます。

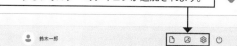

鈴木一郎

Q 574　離席したときにパソコンが自動でロックされるようにしたい!

A　「動的ロック」をオンに切り替えます

「動的ロック」機能をオンにすると、スマートフォンとWindows 11をBluetoothで接続し、席を立ってから携帯しているスマートフォンがBluetoothの範囲外へ出ると、自動的にパソコンがロックされます。ここではパソコンとスマートフォンの接続が完了していることを前提に、操作を解説します。

参照 ▶ Q 459

1 [スタート] ⊞ →[設定] ⚙ をクリックし、

2 [アカウント]をクリックして、

3 [サインインオプション]をクリックします。

4 [動的ロック]をクリックし、

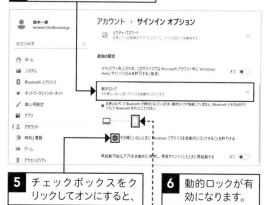

5 チェックボックスをクリックしてオンにすると、

6 動的ロックが有効になります。

ここにパソコンとペアリングされたスマートフォンが表示されます。

「動的ロック」によって表示されたロック画面も、通常のロック画面と同様に解除できます。

Q 575 パソコンのフォルダー、アプリ、設定情報をバックアップしたい！

A 「Windowsバックアップ」でバックアップしましょう

パソコンには大切なデータがたくさん入っています。故障などのトラブルでデータを失わないよう、「設定」アプリの［Windowsバックアップ］でパソコンをバックアップしておくと安心です。［Windowsバックアップ］を使えば、フォルダー・アプリ・設定情報などをOneDriveへ自動的にバックアップできます。万が一データが紛失しても、バックアップに使用したMicrosoftアカウントでサインインすれば、データを復元することが可能です。

● フォルダーをバックアップする

1 ［スタート］■■→［設定］◎をクリックし、

2 ［アカウント］をクリックして、　　**3** ［Windowsバックアップ］をクリックします。

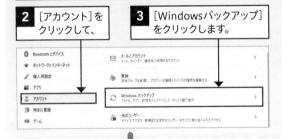

4 ［同期の設定を管理する］をクリックします。

5 同期したいフォルダーのスイッチをクリックし、

6 ［バックアップの開始］をクリックすると、選択したフォルダーがバックアップされます。

● アプリをバックアップする

1 ［設定］→［アカウント］→［Windowsバックアップ］をクリックし、

2 ［アプリを記憶］のスイッチをクリックすると、アプリがバックアップされます。

● 設定をバックアップする

1 ［設定］→［アカウント］→［Windowsバックアップ］をクリックし、

2 ［自分の設定を保存する］のスイッチをクリックしてオンにします。

3 ここをクリックすると、

4 バックアップしたい設定項目のオンとオフを切り替えることができます。

基本
デスクトップ
キーボード・文字入力
インターネット
メール・連絡先
セキュリティ
AIアシスタント
写真・動画・音楽
OneDrive・スマホ
印刷・周辺機器
アプリ
インストール・設定

Q 576 Windows Updateって何?

A Windowsを最新の状態にする機能です

Windowsでは、不具合を修正するプログラムや新しい機能の追加、セキュリティの強化などが適宜行われています。Windows Update は、これらの更新プログラムを自動的にダウンロードし、Windowsにインストールする機能です。

Q 577 Windows UpdateでWindowsを最新の状態にしたい!

A 初期状態では自動で更新が実行されます

Windows Updateは、初期状態では重要な更新が自動的にインストールされるように設定されており、更新の間は何回か再起動を求められることもあります。再起動によって作業が中断されるのを避けたい場合は、インストール方法を変更しておきましょう。

1 [スタート]■→[設定]●をクリックして、

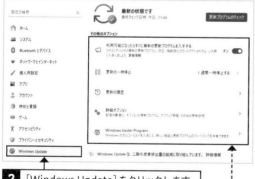

2 [Windows Update]をクリックします。

ここをクリックすると、更新プログラムのインストール方法を変更できます。

3 更新プログラムは、自動的にインストールされるように設定されています。

Q 578 ファイルを開くアプリをまとめて変更したい!

A [既定のアプリ]の項目で利用するアプリを変更します

Windowsでは、ファイルをダブルクリックすると、そのファイルに関連付けられたアプリが起動してファイルが表示されます。ファイルが関連付けされていない場合は、アプリを指定してから開きます。
同じ種類のファイルの関連付けをまとめて変更するには、「設定」アプリを起動して [アプリ]をクリックし、以下の操作を行いましょう。

参照 ▶ Q 121

1 [スタート]■→[設定]●をクリックし、

2 [アプリ]→[既定のアプリ]をクリックして、

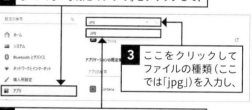

3 ここをクリックしてファイルの種類(ここでは「jpg」)を入力し、

4 候補から当てはまるものをクリックします。

5 現在ファイルに関連付けられているアプリが表示されるのでクリックし、

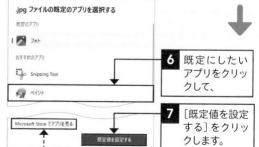

6 既定にしたいアプリをクリックして、

7 [既定値を設定する]をクリックします。

[Microsoft Storeでアプリを見る]をクリックすると、[その他のオプション] に表示されていないアプリを選択できます。

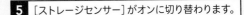

Q 579 不要なファイルが自動で削除されるようにしたい!

A 「ストレージセンサー」を有効にしましょう

仕事のファイルや写真の数が増えてきて、Windowsの容量がそろそろピンチ…。そうしたときは、「設定」アプリの [ストレージ] で [ストレージセンサー] を有効にしましょう。何らかの理由でたまった一時ファイル(アプリを起動したりすると自動生成されるファイル。通常はアプリ終了時に消去される)や、「ごみ箱」内のファイルを削除して、空き容量を確保してくれます。自動的に削除するスケジュールなども変更できるので、自分の都合に合わせて設定するとよいでしょう。

参照 ▶ Q 110

1 [スタート] ■■ → [設定] ⚙ をクリックし、

2 [システム] をクリックして、

3 [ストレージ] をクリックします。

4 [ストレージセンサー] のスイッチをクリックします。

5 [ストレージセンサー] がオンに切り替わります。

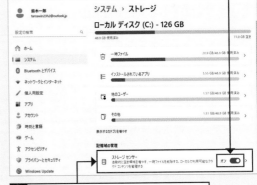

6 [ストレージセンサー] をクリックすると、

7 削除に関するルールを設定できます。

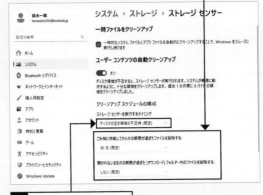

8 ここをクリックすると、

9 ストレージセンサーを自動実行するタイミングを指定できます。

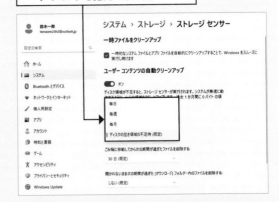

Q 580 国内と海外の時間を同時に知りたい！

A 時間を知りたい国の時計を追加しましょう

仕事で海外へ出張しているときや、海外にいる人と連絡を取る際は、国によって現在日時が異なるという点に気を付ける必要があります。自分の現在地の時刻が昼間だったとしても、相手がいる国によっては真夜中だったり、日付が異なっていたりします。相手と連絡を取りやすくするためにも、現地の時間はできる限り把握しておきたいものです。

Windows 11では、「設定」アプリの［時刻と言語］から海外の時計を追加して、日時をパソコン上から確認することができます。追加した時計は、タスクバーの［通知］にマウスポインターを合わせるか、［通知］をクリックすると表示されます。現在地の日時と追加した時計の日時の両方が並んでいるため、一目で日時を比較できるのが利点です。

● 海外の時計を追加する

1 ［スタート］ ■→［設定］ ⚙ をクリックし、

2 ［時刻と言語］→［日付と時刻］をクリックして、

3 ［その他の時計］をクリックします。

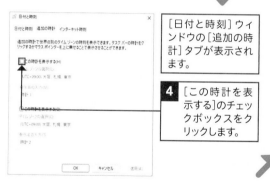

［日付と時刻］ウィンドウの［追加の時計］タブが表示されます。

4 ［この時計を表示する］のチェックボックスをクリックします。

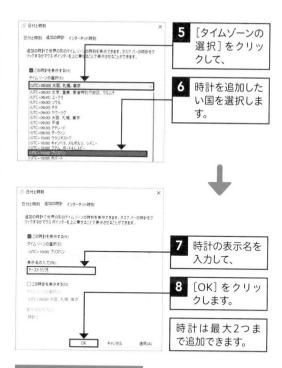

5 ［タイムゾーンの選択］をクリックして、

6 時計を追加したい国を選択します。

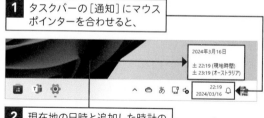

7 時計の表示名を入力して、

8 ［OK］をクリックします。

時計は最大2つまで追加できます。

● 追加した時計を表示する

1 タスクバーの［通知］にマウスポインターを合わせると、

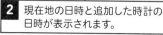

2 現在地の日時と追加した時計の日時が表示されます。

3 ［通知］をクリックすると、

4 追加した時計の日時が表示されます。

Q 581 電源ボタンを押したときの動作を変更したい!

A [電源ボタンの動作の変更]から設定します

電源ボタンを押したときの動作は、デスクトップパソコンではシャットダウンが、ノートパソコンではスリープが初期状態で設定されています。この設定を変更するには、下記の操作を行います。

手順 **5** の画面は、一般的なデスクトップパソコンでの表示です。ノートパソコンの場合は「バッテリ駆動」と「電源に接続」で別の設定にすることができます。なお、操作手順は変わりません。

1 スタートメニューで[すべてのアプリ]→[Windowsツール]をクリックします。

2 [コントロールパネル]をクリックし、

3 [ハードウェアとサウンド]をクリックして、

4 [電源ボタンの動作の変更]をクリックします。

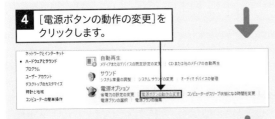

5 ここをクリックして、設定したい動作をクリックします。

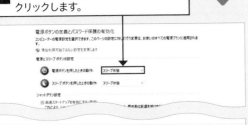

6 [変更の保存]をクリックします。

Q 582 ノートパソコンのバッテリーの消費を抑えるには?

A [バッテリー節約機能]をオンにします

ノートパソコンをバッテリーの残量が気になる場合は、「バッテリー節約機能」を利用しましょう。バッテリー節約機能は、タスクバーの[クイック設定] 📶 🔊 🔋 をクリックし、[バッテリー節約機能] 🔋 をクリックするとオンになります。なお、バッテリー節約機能の設定は、「設定」アプリの[システム]→[電源とバッテリー]から確認できます。

● バッテリー節約機能を有効にする

1 [クイック設定] 📶 🔊 🔋 をクリックし、

2 [バッテリー節約機能] 🔋 をクリックします。

● バッテリー節約機能の設定を変更する

1 [スタート] ⊞ → [設定] ⚙ をクリックし、

2 [システム]→[電源とバッテリー]をクリックして、

3 [バッテリー節約機能]をクリックすると、バッテリー節約機能の設定を変更できます。

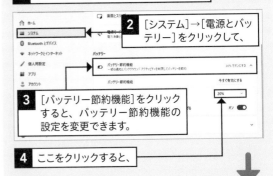

4 ここをクリックすると、

5 バッテリー節約機能が有効になるバッテリー残量を選択できます。

基本　デスクトップ　キーボード・文字入力　インターネット　メール・連絡先　セキュリティ　AI アシスタント　写真・動画・音楽　OneDrive・スマホ　印刷・周辺機器　アプリ　インストール・設定

Q 583 アプリの背景色を暗くしたい！

A [個人用設定]の[色]で設定します

Windows 11に標準でインストールされているアプリは、背景色を暗くすることができます。夜間など暗い場所でパソコンやタブレットPCを操作するときに利用するとよいでしょう。

1 [スタート] ■■ → [設定] ● をクリックし、

2 [個人用設定]をクリックして、　**3** [色]をクリックします。

4 [モードを選ぶ]で[ダーク]をクリックすると、

5 アプリの背景が暗くなります。

Q 584 マウスポインターを見やすくしたい！

A [アクセシビリティ]の[マウスポインターとタッチ]でサイズを変更します

「設定」アプリで[アクセシビリティ]→[マウスポインターとタッチ]をクリックして表示される画面では、マウスポインターを大きいサイズに変更して見やすくできます。　**参照▶Q 585, Q 586**

1 「設定」アプリの[アクセシビリティ]→[マウスポインターとタッチ]をクリックし、

2 スライダーをドラッグして、マウスポインターのサイズを指定します。

Q 585 マウスポインターの色を変えたい！

A [アクセシビリティ]→[マウスポインターとタッチ]で色を変更します

[アクセシビリティ]→[マウスポインターとタッチ]をクリックして表示される画面では、[マウスポインターのスタイル]の中からマウスポインターの色を選択できます。　**参照▶Q 584, Q 586**

1 「設定」アプリの[アクセシビリティ]→[マウスポインターとタッチ]をクリックし、

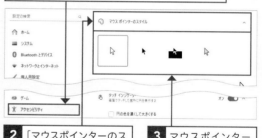

2 [マウスポインターのスタイル]をクリックして、　**3** マウスポインターの色を指定します。

Q 586 マウスポインターの移動スピードを変えたい！

A [Bluetoothとデバイス]の[マウス]でスピードを調整します

マウスポインターの移動速度を変えたいときは、「設定」アプリで[Bluetoothとデバイス]→[マウス]をクリックします。表示されるスライダーを左にドラッグすれば、マウスポインターの移動速度が遅くなり、右にドラッグすれば速くなります。　　参照▶Q 458

> [設定]アプリで[Bluetoothとデバイス]→[マウス]をクリックし、[マウスポインターの速度]のスライダーをドラッグして、移動速度を調整します。

Q 587 マウスの設定を左利き用に変えたい！

A [Bluetoothとデバイス]の[マウス]で変更します

マウスを左利き用に変更するには、「設定」アプリで[Bluetoothとデバイス]→[マウス]をクリックします。そのあと[マウスの主ボタン]で[右]をクリックすれば、マウスの右ボタンと左ボタンの機能が入れ替わります。

> [右]をクリックすると、設定が左利き用になります。

Q 588 ダブルクリックがうまくできない！

A ダブルクリックの速度を調整しましょう

ダブルクリックがうまくできない場合は、クリックの速度を調整してみましょう。「設定」アプリを開いて[Bluetoothとデバイス]→[マウス]をクリックし、[マウスの追加設定]をクリックします。表示された画面で[ダブルクリックの速度]のスライダーを左右にドラッグすると、速度を調整できます。

1 [スタート]▦→[設定]⚙をクリックし、

2 [Bluetoothとデバイス]→[マウス]をクリックして、

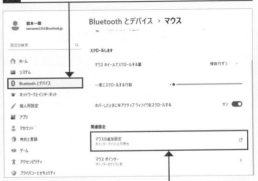

3 [マウスの追加設定]をクリックします。

4 ここをドラッグして調整し、　**5** ここをダブルクリックして、速度を確認します。

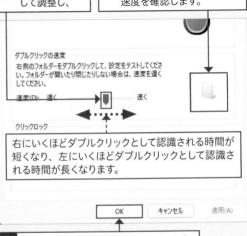

右にいくほどダブルクリックとして認識される時間が短くなり、左にいくほどダブルクリックとして認識される時間が長くなります。

6 確認が済んだら[OK]をクリックします。

Q589 ドライブの空き容量を確認したい!

A エクスプローラーで[PC]やドライブのプロパティから確認できます

ドライブの空き容量を確認するには、エクスプローラーを使用します。[PC]を表示すると、[デバイスとドライブ]に各ドライブの容量と空き領域が表示されます。さらに詳細な数値を確認したい場合は、ドライブを右クリックし、表示されたメニューの[プロパティ]をクリックすると、使用領域と空き領域の両方が表示されます。

1 Q091を参考にエクスプローラーを表示して、

2 [PC]をクリックします。

3 ドライブのアイコンを右クリックして、

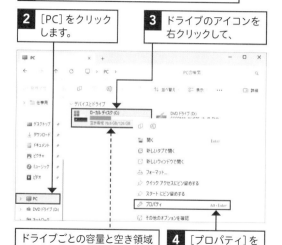

ドライブごとの容量と空き領域が表示されます。

4 [プロパティ]をクリックすると、

5 ドライブの使用領域、空き領域、容量が表示されます。

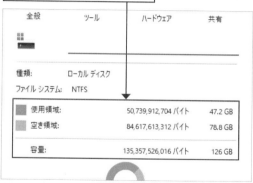

種類:	ローカル ディスク
ファイル システム:	NTFS
使用領域:	50,739,912,704 バイト　47.2 GB
空き領域:	84,617,613,312 バイト　78.8 GB
容量:	135,357,526,016 バイト　126 GB

Q590 特にファイルを保存していないのに空き容量がなくなってしまった!

A バックアップの容量が増えたためかもしれません

特に大きなファイルを保存していないのにドライブの空き容量がなくなった場合、バックアップに使用する容量が増えたことが考えられます。Windows 11のバックアップ機能は、標準では[1時間ごと]にバックアップを行い、バックアップデータは[無期限]に保存する設定となっているからです。

ドライブの容量が不足するようなら、[古いバージョンのクリーンアップ]を実行して昔のバックアップデータを削除します。または、[保存されたバージョンを保持する期間]を短くしてもよいでしょう。

1 スタートメニューで[すべてのアプリ]→[Windowsツール]をクリックし、[コントロールパネル]→[システムとセキュリティ]をクリックして、

2 [ファイル履歴]をクリックします。

3 [詳細設定]をクリックして、

4 [古いバージョンのクリーンアップ]をクリックして、

ここをクリックすると、古いバックアップデータの保存期限を設定できます。

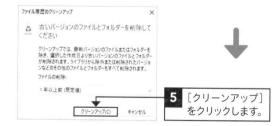

5 [クリーンアップ]をクリックします。

Q 591 ハードディスクの空き容量を増やしたい！

A 不要なアプリのアンインストールやドライブの圧縮で増やします

ハードディスクの空き容量を確保するには、大きな容量のアプリをアンインストールするのが効果的です。自分で作成したファイルを削除しても数MBから数百MB程度の空き容量しか確保できませんが、不要なアプリをアンインストールすれば1GB程度、大きいアプリなら数10GBの容量を確保できます。

アプリのアンインストールは、「設定」アプリの［アプリ］→［インストールされているアプリ］から行います。アプリのリストは名前順に並んでいますが、容量の大きいアプリを見つけたいときは［サイズ（大から小）］で、古いアプリから削除していきたいときは［インストール日付］で並べ替えるとよいでしょう。

また、ドライブを圧縮して空き容量を確保する方法もあります。ドライブの圧縮とは、ファイルを圧縮して保存しておき、開くときは展開してくれるOSの機能です。ファイルの圧縮や展開はOSが自動で行うので、使い勝手はドライブの圧縮を使用しないときと変わりません。

空き容量を確保する方法にはほかにも、ストレージセンサーによるファイルの削除や、OneDriveのファイルオンデマンドなどがあります。

参照▶Q 464, Q 579, Q 590

● サイズの大きいアプリを見つける

1 ［スタート］ ■ →［設定］ ⚙ をクリックして、

2 ［アプリ］→［インストールされているアプリ］をクリックすると、

3 インストールされているアプリの一覧が表示されます。

4 ここをクリックして、

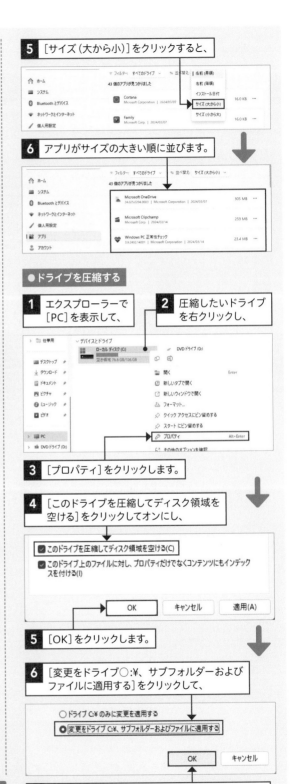

5 ［サイズ（大から小）］をクリックすると、

6 アプリがサイズの大きい順に並びます。

● ドライブを圧縮する

1 エクスプローラーで［PC］を表示して、

2 圧縮したいドライブを右クリックし、

3 ［プロパティ］をクリックします。

4 ［このドライブを圧縮してディスク領域を空ける］をクリックしてオンにし、

- ☑ このドライブを圧縮してディスク領域を空ける(C)
- ☑ このドライブ上のファイルに対し、プロパティだけでなくコンテンツにもインデックスを付ける(I)

5 ［OK］をクリックします。

6 ［変更をドライブ○:¥、サブフォルダーおよびファイルに適用する］をクリックして、

- ○ ドライブ C:¥ のみに変更を適用する
- ● 変更をドライブ C:¥、サブフォルダーおよびファイルに適用する

7 ［OK］をクリックすると、ドライブが圧縮されます。

Q592 ハードディスクの最適化って何?

A データを素早く読み書きできるように並べ替えます

ハードディスクは、ファイルを一定のサイズごとのブロックに分割して保存しています。最初は1つのファイルのすべてのブロックが連続した領域に保存されますが、ファイルの削除や保存を繰り返し行っていると、連続した空き領域がなくなり、1つのファイルがあちこちの領域にバラバラに保存されます。この状態を断片化といいます。

ハードディスクは記録媒体として円盤を使用しているので、断片化したデータは読み出すのに時間がかかってしまいます。データを素早く読み書きできるよう、断片化を解消する作業がハードディスクの最適化です。

ハードディスクを搭載したパソコンは、最適化を定期的に実行するように設定されています。また、パソコンにハードディスクではなくSSDが搭載されているパソコンでは、最適化を実行する必要はありません。

手動で最適化を行う手順は、下のとおりです。

1 エクスプローラーで［PC］を表示して、

2 いずれかのドライブをクリックして選択し、

3 ［もっと見る］…をクリックして、

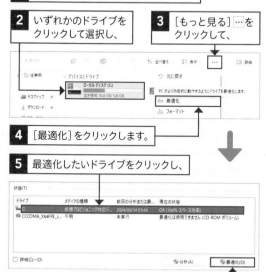

4 ［最適化］をクリックします。

5 最適化したいドライブをクリックし、

6 ［最適化］をクリックすると、最適化が実行されます。

最適化が終了するまでには時間がかかります。最適化中はほかのアプリの操作も可能なので、作業を行いながら待つことができます。

Q593 スクリーンセーバーを設定したい!

A ［スクリーンセーバーの設定］で設定します

スクリーンセーバーはもともとCRTディスプレイ（ブラウン管のディスプレイ）の焼き付きを防止するために作られたものですが、現在は画面を他人に見られないようにするためなどに利用されています。

1 ［スタート］■→［設定］⚙をクリックし、

2 ［個人用設定］→［ロック画面］をクリックして、

3 ［スクリーンセーバー］をクリックします。

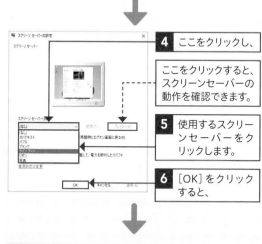

4 ここをクリックし、

ここをクリックすると、スクリーンセーバーの動作を確認できます。

5 使用するスクリーンセーバーをクリックします。

6 ［OK］をクリックすると、

7 スクリーンセーバーが設定されます。

基本
デスクトップ
キーボード・文字入力
インターネット
メール・連絡先
セキュリティ
AIアシスタント
写真・動画・音楽
OneDrive・スマホ
印刷・周辺機器
アプリ
インストール・設定

📝 その他の設定　　　　重要度 ★ ★ ★

Q 594 スクリーンセーバーの起動時間を変えたい!

A [スクリーンセーバーの設定]の [待ち時間]で設定します

パソコンの操作を止めてから、スクリーンセーバーが開始されるまでの時間は、[スクリーンセーバーの設定]ダイアログボックスの[待ち時間]で設定できます。なお、Q593の手順 **5** で［(なし)]を選択すると、スクリーンセーバーが無効になります。

1 Q593を参考に、[スクリーンセーバーの設定]ダイアログボックスを表示して、

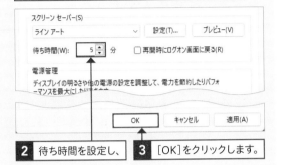

2 待ち時間を設定し、　**3** [OK]をクリックします。

📝 その他の設定　　　　重要度 ★ ★ ★

Q 595 デスクトップの色を変えたい!

A [個人用設定]の[色]から変更できます

「設定」アプリの[個人用設定]にある[色]では、ウィンドウの枠やタスクバー、スタートメニューの色を変更できます。以下の手順は、変更の一例です。元に戻したい場合は、手順 **3** で[ライト]または[ダーク]を選択し、手順 **6** のスイッチをオンにして、手順 **8** のスイッチをオフにします。

1 [スタート] ⊞ →[設定] ⚙ をクリックし、

2 [個人用設定]→[色]をクリックします。　**3** [モードを選ぶ]で[カスタム]を選択し、

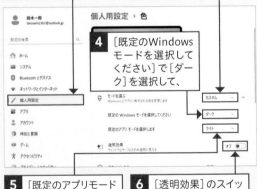

4 [既定のWindowsモードを選択してください]で[ダーク]を選択して、

5 [既定のアプリモードを選択します]で[ライト]を選択します。　**6** [透明効果]のスイッチをクリックしてオフにします。

7 下にスクロールし、[Windowsの色]で好みの色をクリックします。

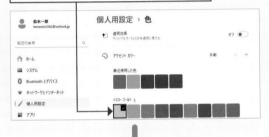

8 [スタートとタスクバーにアクセントカラーを表示する]のスイッチをクリックしてオンにすると、

9 デスクトップの色が変更されます。

Q 596 デスクトップの背景を変更したい！

A [個人用設定]の[背景]から変更できます

デスクトップの背景を変更するには、「設定」アプリを起動して、[個人用設定]→[背景]をクリックします。そのあとWindowsに標準で用意されている別の画像を選択するか、[写真を参照]をクリックし、自分で過去に撮影した画像を選択しましょう。このほか、背景にスライドショーを設定することも可能です。お気に入りの画像が何枚もある場合に利用するとよいでしょう。

●あらかじめ用意されている画像を背景に設定する

1 [スタート]■■→[設定]◎をクリックし、

2 [個人用設定]→[背景]をクリックして、

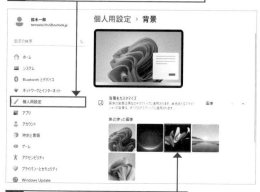

3 背景にしたい画像をクリックすると、

4 デスクトップの背景が変更されます。

●独自の画像を背景に設定する

1 [写真の選択]の[写真を参照]をクリックして、

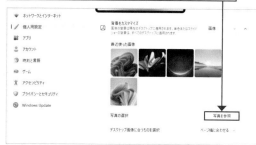

2 画像が保存されているフォルダーを指定します。

3 背景にしたい画像をクリックして、

4 [画像を選ぶ]をクリックすると、

5 デスクトップの背景が独自の画像に変更されます。

●背景にスライドショーを設定する

[背景をカスタマイズ]で[スライドショー]を指定すると、スライドショーが設定されます。

スライドショーで使う画像が保存されているフォルダーを指定できます。

Q 597 デスクトップの色や背景をガラリと変えたい！

A 「設定」アプリでテーマを設定しましょう

デスクトップの背景やタスクバー、スタートメニューの色などをまとめて変えたいなら、テーマを新しく設定しましょう。

テーマを設定するには、「設定」アプリで [個人用設定] → [背景] をクリックして、適用したいテーマをクリックします。なお、「Microsoft Store」アプリから、新たにテーマを追加することもできます。

参照 ▶ Q 598

1 [スタート] ■ → [設定] ⚙ をクリックし、

2 [個人用設定] → [テーマ] をクリックして、

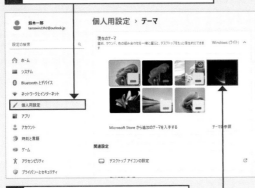

3 適用したいテーマをクリックすると、

4 背景やスタートメニューの色などが変更されているのを確認できます。

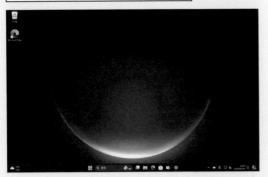

Q 598 新しいテーマを入手するには？

A 「Microsoft Store」アプリから入手します

Q597で設定できるテーマは、Windowsにあらかじめ用意されているもののほか、「Microsoft Store」アプリからインストールして設定することも可能です。Microsoft Storeにはさまざまなテーマが用意されており、概ね無料で入手できます。自分好みのテーマを探して、デスクトップ画面を一新してみましょう。

1 タスクバーやスタートメニューで [Microsoft Store] 📄 をクリックし、

2 ここをクリックして「テーマ」と入力して、

3 🔍 をクリックします。

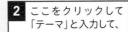

表示された候補をクリックしても、結果が表示されます。

4 [スタイルを使用してデスクトップをカスタマイズ] をクリックすると、

5 Windowsテーマの一覧が表示されます。

6 テーマをクリックして、

7 [入手] をクリックすると、

8 テーマをQ597の手順 3 で選択できるようになります。

用語集

Amazon.co.jp（アマゾンドットシーオードットジェービー）

アマゾンジャパン合同会社が運営する日本向けのショッピングサイトです。「Amazon」と省略されて呼ばれることが多いです。本やCDのほか、家電や食品、生活用品など幅広い品目を取り扱っています。

Android（アンドロイド）

Google社が開発したスマートフォンやタブレットに使用されるモバイルOSです。

BCC（ビーシーシー）

Blind Carbon Copyの略で、宛先以外の人に同じメールを送信するときに利用します。誰に対してメールを送信したか知られたくない場合に利用します。

Bing（ビング）

Microsoft社が提供する検索エンジンで、Edgeのデフォルトの検索エンジンとして設定されています。

Blu-ray（ブルーレイ）ディスク

青紫色レーザーを用いてデータの読み書きを行う光ディスクメディアのひとつです。片面1層で25GB、片面2層で50GBの大容量が記録できるので、高画質の映像を保存するのに適しています。

Bluetooth（ブルートゥース）

数十メートル程度の機器間の接続に使われる近距離無線通信規格のひとつです。スマートフォンや携帯電話、ノートパソコン、周辺機器などを無線で接続してデータや音声をやり取りできます。

bps（ビーピーエス）

bits per secondの略で、1秒間に送受信できるデータを表す単位のことです。たとえば、1bpsは、1秒間に1ビットのデータを転送できることを表します。

CATV（シーエーティーブイ）

ケーブルテレビや、ケーブルテレビの回線を利用したインターネット接続技術を指します。

CC（シーシー）

Carbon Copyの略で、宛先以外の人に同じメールを送信するときに利用します。

CD（シーディー）

Compact Discの略で、樹脂製の円盤に細かい凹凸を刻んでデータを記録する光学メディア規格のひとつです。ディスクの表面にレーザー光を照射し、その反射光でデータの読み取りや書き込みを行います。

ChatGPT（チャットジーピーティー）

アメリカのOpenAI社が開発した対話型式AIで、質問に応じた多様な返答をすることができます。リリースしてから、爆発的に世界中で人気を集め、公開2か月で、利用者数が世界で1億人を突破しました。

Chromebook（クロームブック）

Google社が提供する、Chrome OSを搭載したノートパソコン、タブレットなどのことです。起動の速さやセキュリティ対策が強固であることが特徴です。

Copilot（コパイロット）

Microsoft社が開発した対話型AIです。Microsoft365の機能と連動し作業を自動化できます。

DisplayPort（ディスプレイポート）

主にコンピューターとディスプレイの間で映像と音声を転送するために使用する規格です。

DVD（ディーブイディー）

CDと同じ光学メディア規格のひとつです。CDより大容量のデータを記録できます。

Edge（エッジ）

Microsoft社が提供する、Windows11に標準で搭載されているWebブラウザーのことです。

Firefox（ファイアフォックス）

Webブラウザーのひとつで、高いセキュリティ性と強力なトラッキング防止機能が特徴です。

FTTH（エフティーティーエイチ）

光ファイバーケーブルを使ってインターネット接続を家庭まで直接提供する技術です。

Gemini（ジェミニ）

Google社が開発した対話型AIです。大規模データに対する機械学習とデータ分析に強みがあります。

Gmail（ジーメール）

Google社の提供するWebメールサービスで、Googleアカウントを取得すると利用できます。

Google（グーグル）

世界で最も多くのユーザーに利用されているWebブラウザーです。動作が軽く、OSの異なる端末間での連携や拡張機能の追加なども可能です。

◆ Google Chrome（グーグルクローム）

Google社の提供するWebブラウザーで、動作が軽くOS違いの連携や拡張機能の追加などが可能です。

◆ Google Meet（グーグルミート）

Google社が提供するWeb会議のサービスならびにアプリです。

◆ GPS（ジーピーエス）

Global Positioning Systemの略で、現在地測定システムのことです。

◆ GPU（ジーピーユー）レンダリング

Graphics Processing Unit（GPU）を使って、主に画像や映像を描画する技術です。

◆ HDD（エイチディーディー）

Hard Disk Driveの略で、磁気記憶方式によりデータを記録するパソコンの記憶装置です。

◆ HDMI（エイチディーエムアイ）

コンピューターとディスプレイの間で映像と音声を転送するために使用する、ごく一般的な規格です。

◆ HOME（ホーム）

Windowsのエディションのひとつで、個人や一般家庭に向けた機能が利用できます。

◆ HTML（エイチティーエムエル）

HyperText Markup Languageの略で、Webページを記述するためのマークアップ言語です。

◆ HTML（エイチティーエムエル）形式メール

HTML言語を使ったメールの形式です。文字サイズやフォントを変更したり、装飾を施したりできます。

◆ HTTP（エイチティーティーピー）

WebサーバーとWebブラウザーとの間で情報をやり取りするために使われる通信規格です。

◆ HTTPS（エイチティーティーピーエス）

HyperText Transfer Protocol Securityの略で、HTTPにデータ暗号化機能を追加したものです。

◆ IEEE（アイトリプルイー）802.11

IEEE（米国電気電子学会）によって策定された無線LANの国際規格の総称です。

◆ IMAP（アイマップ）

Internet Message Access Protocolの略で、メールサーバーからメールを受信する規格のひとつです。

◆ IME（アイエムイー）

Input Method Editorの略で、パソコンなどの情報機器で文字入力を行うためのソフトウェアです。日本語用としては、Microsoft IME、ジャストシステム、ATOK、Google日本語入力などがあります。

◆ IME（アイエムイー）パッド

手描き文字や総画数から漢字を入力・検索ができる機能です。

◆ InPrivate（インプライベート）

Edgeで、閲覧履歴や検索履歴などを保存せずにWebページを閲覧できる機能です。

◆ iPhone（アイフォーン）

アメリカのApple社が提供するスマートフォンです。iOSというApple社独自のOSが搭載されています。

◆ JPEG（ジェイペグ）

Joint Photographic Experts Groupの略で、パソコンなどで扱われる静止静止画像のデジタルデータを圧縮する方式のひとつです。

◆ LAN（ラン）

Local Area Networkの略で、同じ建物の中にあるパソコン同士を接続するネットワークのことです。

◆ LAN（ラン）ケーブル

LANを構成するために、光回線終端装置とWi-Fi ルーターをつなぐ場合などに使用します。

◆ Mac（マック）

アメリカのApple社が提供するMac OSを搭載するパソコンです。デスクトップ型のiMacや、ノートパソコン型のMacBookなどが、小型デスクトップ型のMac Miniなどが販売されています。

◆ Microsoft（マイクロソフト）

1975年にビル・ゲイツとポール・アーレンによって設立された世界最大のコンピューターソフトウェア会社です。

◆ Microsoft（マイクロソフト）365

Microsoft社が提供するサブスプリクションサービスです。

◆ Microsoft Clipchamp（マイクロソフトクリップチャンプ）

Windows 11のバージョン22H2から標準で搭載された動画編集ソフトです。

◆ Microsoft Defender（マイクロソフトディフェンダー）

Windows 11に標準で搭載されているセキュリティ対策ソフトです。さまざまな攻撃に対応します。

Microsoft Office（マイクロソフトオフィス）

Microsoft社が販売しているビジネス用のアプリをまとめたパッケージの総称です。アプリには、Excel、Wordなどがあります。

Microsoft Outlook（マイクロソフトアウトルック）

Microsoft社が提供している電子メールおよびスケジュール管理アプリです。

Microsoft Store（マイクロソフトストア）

アプリやゲームなどのデジタルコンテンツを簡単に入手できるアプリストアです。

Microsoft Teams（マイクロソフトチームズ）

Microsoft社が提供しているアプリで、組織やグループ内の作業をより進めやすくするコラボレーションツールのことを指します。チームやチャネル単位でチャットやWeb会議を行ってコミュニケーションをとるほか、ファイルやスケジュールなどを共有することもできます。

Microsoft（マイクロソフト）アカウント

Microsoft社が提供するWeb サービスや各種アプリを利用するために必要なアカウントです。

OneDrive（ワンドライブ）

Microsoft社が提供しているオンラインストレージサービス（データの保管場所）です。

OS（オーエス）

Operating Systemの略で、パソコンのシステム全体を管理する基幹的なソフトウェアのことです。

PC（ピーシー）

Personal Computerの略で、個人使用を想定したサイズ、性能、価格の小型コンピューターのことです。

PDF（ピーディーエフ）

Portable Document Formatの略で、テキストや画像を電子文書として保存するファイル形式のことです。

PIN（ピン）

Windows 11にサインインする際に利用できる認証方法のひとつです。4桁以上の数字で認証します。

POP（ポップ）

Post Office Protocolの略で、メールを受信するための規格のひとつです。

PRO（プロ）

Windowsのエディションのひとつで、ビジネス向けの高機能な設定やセキュリティ機能が利用できます。

SD（エスディー）カード

デジタルカメラや携帯電話などで利用されているフラッシュメモリーカードの規格のひとつです。

Skype（スカイプ）

Microsoft社が提供する、国内外とのチャットや通話機能が無料で利用できるアプリです。

Slack（スラック）

Slack Technologies社が開発した、コミュニケーションアプリのことです。チャットで使える機能が豊富で、仕事でのやり取りなどで用いられることが多いアプリです。基本的な機能を備えた無料版と、企業向けの機能が使えるようになる有料版があります。

SMTP（エスエムティーピー）

Simple Mail Transfer Protocolの略で、メールを送信するための規格のひとつです。

Snipping Tool（スニッピングツール）

Windows 11に標準で付属している、パソコンの画面を画像として保存できるアプリです。

SNS（エスエヌエス）

Social Networking Serviceの略で、インターネット上で人と人とのつながりをサポートするサービスです。

SSD（エスエスデイー）

Solid State Driveの略で、フラッシュメモリーを用いたパソコンの記憶装置のことです。

URL（ユーアールエル）

Uniform Resource Locatorの略で、インターネット上の情報がある場所を表す文字列のことです。

USB（ユーエスビー）

Universal Serial Busの略で、パソコンに周辺機器を接続するための規格のひとつです。機器をつなぐだけで認識したり、機器の電源が入ったままで接続や切断ができるのが特長です。

USB TypeC

最も新しいUSBの規格です。パソコンやスマートフォンなどさまざまな媒体に搭載されています。

USB（ユーエスビー）メモリー

フラッシュメモリーを内蔵した記憶媒体のことです。USBポートに接続して、使用します。

◆ Web（ウェブ）サイト／ Webページ

インターネット上に公開されている文書のことをWebページ、個人や企業が作成した複数のWebページを構成するまとまりをWebサイトといいます。

◆ Web（ウェブ）メール

メールの閲覧やメッセージの作成、送信などをWeb ブラウザー上で行うことができるメールシステムです。

◆ Wi-Fi（ワイファイ）

無線通信技術のひとつです。パソコンなどネットワークに対応する機器を無線でLANに接続する規格です。

◆ Windows（ウィンドウズ）

Microsoft 社が開発した、世界で最も普及しているパソコン用のOSの名称です。

◆ Windows（ウィンドウズ）10

Windowsの最新より1つ前のバージョンです。2015年に公開され、サポート期間は2025年までです。

◆ Windows（ウィンドウズ）11

2021年10月に公開されたWindowsの最新バージョンです。

◆ Windows Hello（ウィンドウズハロー）

指紋などの身体的な特徴を利用してWindows 11にサインインする機能のことです。

◆ Windows Media Player（ウィンドウズメディアプレーヤー）

Windows 11に標準搭載されている音楽再生アプリです。

◆ Windows Update（ウィンドウズアップデート）

新しい機能の追加などの更新プログラムをダウンロードし、Windowsにインストールする機能です。

◆ WWW（ダブリュスリー）

World Wide Webの略で、インターネット上でWebページを利用するしくみの名称です。

◆ ZIP（ジップ）

ファイルを圧縮するときに利用する形式の1つで、拡張子も「zip」です。

◆ Zoom（ズーム）

Zoomビデオコミュニケーションズ社が提供するWeb会議のサービスならびにアプリのことです。

◆ アイコン

プログラムやデータの内容を、図や絵にしてわかりやすく表現したものです。

◆ アカウント

Windows へのサインインやインターネット上の各種サービスを利用する権利、またはそれを特定するためのIDのことです。

◆ アクティブ時間

パソコンを使用している時間を指します。

◆ 圧縮

圧縮プログラムを使ってファイルやフォルダーのサイズを小さくし、1つのファイルにまとめることです。

◆ アップグレード

ソフトウェアの新しいバージョンや機能の拡張をインストールすることです。パソコンにパーツを追加して、機能をアップさせることを指す場合もあります。

◆ アップデート

ソフトウェアを最新版に更新することです。不具合の修正や追加機能、セキュリティ対策ソフトで最新のウイルスなどに対抗するための新しいデータを取得するときなどに行われます。

◆ アップロード

インターネット上のサーバーにファイルを保存することです。

◆ アドレス

インターネット上のWebページにアクセスするときに指定するURLのことです。

◆ アプリ／アプリケーション

ユーザーにさまざまな機能を提供するプログラムのことをいいます。「ソフト」「ソフトウェア」ともいいます。

◆ アラーム

「クロック」アプリからアラームの設定ができます。パソコンの電源がオフのときはアラームは鳴りません。

◆ アンインストール

パソコンにインストールしたアプリやプログラムをパソコンから削除することです。

◆ 位置情報

GPSを利用して求められる現在地の情報のことです。マップなどさまざまなアプリに利用されます。

◆ インクジェットプリンター

用紙に細かいインクを吹き付けて印刷する方式のプリンターです。比較的低価格なわりに印刷品質が高いのが特長です。

インストール

WindowsなどのOSやアプリをパソコンのドライブにコピーして使えるようにすることです。

インターネット

世界中のコンピューターを相互に接続したコンピューターネットワークのことです。

インポート

データをアプリやパソコンに取り込んで使えるようにすることです。

ウィジェット

天気や株価、最新のニュースなどを一覧で見ることができる機能です。タスクバーの［ウィジェット］アイコンか転記の表示をクリックすると表示できます。

ウィンドウ

デスクトップ画面に表示される枠によって区切られた表示領域のことです。

エクスプローラー

パソコン内のファイルやフォルダーを操作・管理するために用意されたアプリの名称で、Windowsに標準で搭載されています。

エクスポート

ほかのソフトウェアやアプリでも利用できるようにデータを取り出すことです。

エコーキャンセリング機能

エコー（同じ音が反響し、自分の声が遅れて聞こえてくる現象）を防ぐことができる機能です。「エコーキャンセル機能」とも呼ばれます。

エディション

用途によって機能や価格などに違いがあるWindowsの種類のことをいいます。

エンコード

一定の規則に基づいて、ある形式のデータを別の形式のデータに変換することです。

お気に入り

頻繁に閲覧するWebページを登録しておき、簡単にアクセスできるようにするWebブラウザーの機能です。

カーソル

文字の入力位置や操作の対象となる場所を示すマークのことで、「文字カーソル」ともいいます。また、マウスポインターのことを「マウスカーソル」と呼ぶこともあります。

解像度

画面をどれくらいの細かさで描画するかを決める設定のことです。Windowsでは「1920×1080」など、画面を構成する点の数で表現されます。

回復ドライブ

Windows 11のバックアップ方法の1つで、パソコンを購入時の状態に戻すときに使用します。

隠しファイル

システムで使用する重要なファイルの一部は、誤って削除しないように隠しファイルとして保存されています。他人に見せたくないファイルを通常のファイルから隠しファイルに変更することもできます。

拡大鏡

画面の一部を拡大して表示できる機能です。表示倍率は100%〜1600%の間で、100%刻みで変更できます。

拡張機能

Edgeの拡張機能とは、新たな機能を追加したり、環境設定をカスタマイズしたりすることを指します。

拡張子

ファイル名の後半部分に、「.」に続けて付加される「txt」や「jpg」などの文字列のことです。ファイルを作成したアプリやファイルのデータ形式ごとに個別の拡張子が付きます。ただし、Windowsの初期設定では、拡張子が表示されないように設定されています。

仮想デスクトップ

仮想のデスクトップ環境を複数作成して切り替えることで、1つのディスプレイでもマルチディスプレイのように作業できる機能のことです。

仮想背景

Web会議のアプリで設定できる背景のことです。TeamsやZoomなど多くのWeb会議用のアプリで設定できます。

画素数

1枚の画像を構成する画素（小さな点）の総数のことをいいます。画素数が多いほど滑らかで高画質になります。

画面録画

Xbox Game barなどで、Windowsに表示されているアプリやデスクトップの画面を録画することができます。

◆ 管理者

Windows 11において、設定できるアカウントの種類のひとつです。使用するパソコンのすべての設定を変更でき、保存されているすべてのファイルとプログラムにアクセスできます。

◆ キーボード

パソコンで利用されている入力機器のひとつです。「キー」を押すことで文字や数字などをパソコンに送信し、画面に表示できます。

◆ ギャラリー

エクスプローラーの機能のひとつで、登録順に画像や動画を一覧表示します。

◆ 共有

1つの物を複数人、複数デバイスで使用することです。主にファイルやフォルダーをインターネットを通じて共同で所有することを指します。

◆ 近距離共有

近くにあるパソコンとデータのやり取りができる機能です。

◆ クイックアクセス

最近使用したファイルやよく使うフォルダーなどを表示する仮想のフォルダーのことです。

◆ クイック設定

Wi-Fi やBluetooth への接続や各種設定などを行う画面です。タスクバーにある[クイック設定]から表示できます。

◆ クラウド

ネットワーク上に存在するサーバーが提供するサービスを利用できる形態を表す言葉です。

◆ クラウドストレージ

ファイルなどをデータをクラウド上に保存するスペースのことです。

◆ クリック（左クリック）

左ボタンを1回押して離す操作です。画面上の対象物を選択するときに使います。

◆ クリップボード

コピーしたり切り取ったりしたデータを一時的に保管しておく場所のことです。

◆ 言語バー

Windowsで文字入力のための補助ツールで、入力方式などを設定できます。

◆ 検索エンジン

インターネット上で公開されているWeb サイトの中から、ページを探すためのWeb サイトのことです。

◆ 検索ボックス

ファイルやアプリなどを検索して表示することができます。[スタート]ボタンの隣に表示されています。

◆ 光学式メディア

光によって情報を読み書きする記憶媒体のことです。CD、DVD、BDがこれにあたります。

◆ 更新プログラム

プログラムに含まれる不具合や機能の追加、問題を改善するための新しいプログラムのことです。

◆ コピー＆ペースト

選択したデータをコピーして別の場所に貼り付ける（ペーストする）ことです。異なるアプリ間にも、コピー＆ペーストは可能です。よく「コピペ」と呼ばれます。

◆ ごみ箱

不要なファイルやフォルダーなどを一定期間保存する場所です。

◆ コレクション

Webページのリンクだけでなく、テキストや画像も保存することができる、Edgeの機能です。

◆ コントロールパネル

コンピュータのシステムやセキュリティの設定、周辺機器やプログラムの設定などさまざまなWindowsの設定を操作するための機能です。

◆ コンピューターウイルス

パソコンに入り込んでファイルを破壊したり、正常な動作を妨害したりする悪質なプログラムの総称です。

◆ サーバー

ネットワーク上でファイルやデータを提供するコンピューター、またはそのプログラムのことです。

◆ 再起動

パソコンを終了し、起動し直すことです。更新プログラムインストール後やアプリのインストール時などに、再起動が必要な場合もあります。

◆ 最小化

デスクトップや別のウィンドウを見るために、作業中のウィンドウをタスクバーに格納することです。

最大化

作業中のウィンドウを画面いっぱいのサイズに拡大することです。

サインアウト

開いているウィンドウや起動中のアプリを終了させ、Windowsの利用を終了する操作のことをいいます。

サインイン

ユーザー名とパスワードで本人の確認を行い、いろいろな機能やサービスを利用できるようにすることです。

サムネイル

ファイルの内容を縮小表示した画像のことをいいます。

辞書

単語と読みをセットで登録することで、次回から読みを入力すると対応する単語が表示される昨日のことです。

システムの復元

あらかじめ作成しておいた復元ポイントの状態にパソコンのシステムを戻すことです。

システムの保護

事前に有効にしておくことで、実行すると正常に動いていた状態にシステムを戻すことができます。

システム要件

システムに求められる機能や性能などの要件のことで、Windows11にアップデートするためには、一定のシステム要件を満たす必要があります。

自動再生

CDなどをパソコンに接続すると、自動でデータを再生する機能のことです。

シャットダウン

Windowsを終了し、パソコンの電源を完全に切ることです。

ジャンプリスト

タスクバーのアプリアイコンを右クリックすると表示されるメニューのことです。

ショートカット

Windows で別のドライブやフォルダーにあるファイルを呼び出すために参照として機能するアイコンのことです。

ショートカットキー

画面上のメニューから操作する代わりにキーボードの特定のキーを押すだけで実行する機能のことです。

証明書

URLがhttpsから始まるWebサイトのアドレスバーには鍵のアイコンが表示されています。クリックすると、証明書の詳細が確認できます。

署名

メール本文の最後に記載されている名前や電話番号などの差出人情報のことです。

スキャナー

印刷物や現像済みの写真などを読み取って、画像データとしてパソコンに取り込む機器です。

スクリーンショット

パソコンの画面を画像として保存したファイルを指します。スクリーンショットを作成して保存するには、キーボードで⊞を押しながら Print Screen を押すか、「Snipping Tool」アプリを利用します。

スクリーンセーバー

作業をしないまま一定時間経過するとパソコン画面に表示される、画像や映像を指します。パソコン画面をほかの人に見られたくないときなどに利用します。

スタートメニュー

デスクトップ画面の［スタート］ボタンか、キーボードの⊞と押すと表示されるメニューのことです。

ストレージセンサー

設定した時期がくると、パソコン内にある不要なデータなどを自動で削除される機能のことです。

スナップ機能

画面を分割して複数のアプリを同時に表示する機能で、ウィンドウのサイズや位置を自由に調整できます。

スナップレイアウト

スナップ機能をより視覚的にした機能です。画面に表示されたスナップレイアウトを利用するとクリックすると、指定した位置や大きさにウィンドウを配置できます。なお、画面の解像度によって、表示されるスナップレイアウトの数は異なります。

スパイウェア

ユーザーの知らないうちにパソコン内に侵入して、情報を持ち出したり、設定の変更などを行う悪質なプログラムのことです。

スピーカーフォン

マイクとスピーカーが一体化した機器で、通常のマイクよりも集音範囲が広いのが特徴です。同じ部屋で複数人でWeb会議を参加するときに適しています。

スポットライト

Windows11のロック画面の画像を毎日新しいものに自動で切り替える機能のことです。

スマートフォン

パソコンのような機能を持ち、タッチ操作で操作できる携帯電話です。よく「スマホ」と呼ばれます。

スリープ

パソコンが動作中の状態を保持したまま、一時的に停止し、節電状態で待機させる機能のことです。

セキュリティ

コンピューターウイルスを防いだり、パソコン内のファイルや通信内容が第三者にのぞかれたりしないようにしたり、ファイルが破損されないようにしたりと、パソコンを安全に守ることです。

セキュリティキー

無線LANの接続に利用されるパスワードのようなものです。「ネットワークキー」「暗号キー」などとも呼ばれます。

全角

1文字の高さと幅の比率が1：1（縦と横のサイズが同じ）になる文字のことです。

挿入モード

テキストを入力するモードのひとつです。入力したテキストをカーソル位置に挿入します。

ソフトウェア

パソコンを動作させるためのプログラムをまとめたもののことです。単に「ソフト」ともいいます。

対話型AI

人間と自然な会話ができる人工知能の一種です。CopilotやChatGPTが有名です。

タイムライン

「Microsoft Clipchamp」で、動画を編集するスペースのことです。

ダウングレード

ソフトウェアを古いバージョンに戻すことです。たとえば、Windows 11のバージョンから、Windows10に戻すことです。

ダウンロード

インターネット上で提供されているファイルやプログラムをパソコンのHDDなどに保存することです。

ダークモード

Windows11の黒を基調とした画面の設定です。

タスクバー

デスクトップの最下段に表示される横長のバーのことです。アプリの起動や切り替え、ウィンドウの切り替えなどに利用します。

タスクビュー

タスクビューのアイコンをクリックすると、現在起動中のアプリがサムネイルで表示されます。

タスクマネージャー

Windows 上で動作しているアプリやシステムなどのタスクを管理するアプリです。動かないタスクを強制終了したり、CPUやメモリ、HDDなどの使用状態を確認したりできます。

タッチディスプレイ

ディスプレイの上を直接指でなぞったり、触る（タッチする）ことでマウスと同様の操作を行える機器です。

タッチパッド

ノートパソコンなどで利用されている、マウスと同様の操作を行うための機器です。パッドの上を指でなぞって操作します。

タブ

「タブ」は見出しのようなもので、Web ブラウザーやダイアログボックスなどで使われています。タブをクリックすると、ページの内容を表示できます。

ダブルクリック

左ボタンを2回素早く押す操作です。フォルダーを開いたり、アプリを起動するときなどに使います。

タブレット

画面を直接触って操作する携帯端末のことをいいます。操作性がよく、持ち運びに便利なのが特長です。

チャット

ネットワークを介して、他人とリアルタイムでメッセージのやり取りをする機能のことです。

通知

現在の日時が表示されている場所です。未読の通知がある場合は、「バッジ」のアイコンが青くなります。

◆ テザリング
携帯電話回線に接続したスマートフォンなどを経由して、パソコンなどの機器をインターネットに接続することです。

◆ デスクトップ
デスクトップアプリを表示したり、ファイルを操作するためのウィンドウを表示するための作業領域です。

◆ デスクトップパソコン
デスクなどに据え置きで置くタイプのパソコンを指します。タワー型、一体型などの種類があります。

◆ デバイス
CPUやメモリ、ディスプレイ、プリンターなど、パソコンに内蔵あるいは接続されている装置のことです。

◆ テレワーク
tele（離れたところ）とwork（働く）を合わせた造語です。時間や場所にとらわれず、自宅やコワーキングスペースなどで働くことです。

◆ 展開
圧縮ファイルを元のファイルやフォルダーに戻すことを指します。「解凍」ともいいます。

◆ 電子メール
インターネットを通じてメッセージやファイルなどをやり取りするしくみのことです。「Eメール」や「メール」とも呼ばれます。

◆ 転送
受信したメールをほかの人にも送ることです。ほかの人に内容を確認して欲しいときなどに利用できます。

◆ 添付ファイル
メールといっしょに送信する文書や画像などのファイルのことです。

◆ 同期
アカウントと端末を紐づけることです。たとえば、Gmailアカウントをパソコンに同期すると、メールがパソコンに届くようになります。

◆ ドライバー
周辺機器をパソコンで利用するために必要なファイル（プログラム）のことで「デバイスドライバー」とも呼ばれます。

◆ ドライブ
USBなどの外部メディアのデータを読み込んだり、保存したりする機能です。

◆ ナビゲーションウィンドウ
エクスプローラーの左側に表示される、パソコン内のお気に入りやフォルダー、ドライブなどを一覧で表示する画面です。表示されている項目をクリックすると、そのお気に入りやフォルダー、ドライブなどの内容を表示できます。

◆ ネットワーク
複数のパソコンや周辺機器を接続し、相互にデータのやり取りができる状態、もしくはそのしくみのことです。

◆ ノートパソコン
本体が小型で、バッテリーを搭載しているので、外出先などに手軽に持ち運びできるパソコンのことです。

◆ ノイズキャンセリング機能
ノイズを防いだり小さくしたりする機能です。イヤホンやマイクなどにヘッドホン、マイクなどに搭載されています。

◆ バージョン
アプリの仕様が変わった際に、それを示す数字のことです。数字が大きいほど、新しいものであることを示しています。

◆ パーティション
ハードディスクやSSD内の分割された領域のことです。1台のハードディスクをパーティションで分割することで、複数台のハードディスクとして利用できます。

◆ ハードウェア
パソコン本体や周辺機器、パソコンの中の部品など、物理的な機械やパーツのことです。

◆ ハードディスク（HDD）
パソコンに搭載されているデータ記憶装置です。磁気を利用して情報を記録したり、読み出したりします。

◆ パスキー
パスワードを使わずにWebサイトやアプリへ簡単にサインインできる認証機能のことです。

◆ ハウリング
マイクがスピーカーから出力される音を拾い、その音をスピーカーが出力するという現象が繰り返されることによって、発生する大きな音のことです。

◆ パスワード
オンラインサービスなどを利用時に、正規の利用者であることを証明するために入力する文字列のことです。

◆ バックアップ
パソコン上のデータを、パソコンの故障やウイルス感染などに備えて、別の記憶媒体に保存することです。

バッジ

未読の通知がある場合、タスクバーの［通知］に表示される数字を指します。

ハブ

同じ規格のケーブルを1か所に集めて、互いに通信できるようにする中継器のことです。

半角

1文字の高さと幅の比率が2：1（文字の幅が全角文字の半分）になる文字のことです。

光回線終端装置

光信号をデジタル信号に変える機器のことです。光回線のコンセントとパソコンの間に置いて利用します。

ピクチャパスワード

Windows 11にサインインする方法のひとつで、登録した組み合わせをなぞってサインインします。なお、ピクチャパスワードには好きな画像を設定できます。

ビデオ会議

パソコンやスマートフォンから、インターネットを通してビデオ通話を行う機能のことです。

標準ユーザー

Windows 11におけるアカウントの種類のひとつで、管理者よりも制限された権限が付与されます。

ピン留め

スタートメニューやタスクバーにアプリのアイコンを登録する機能です。

ファイアウォール

悪意のあるユーザーやソフトウェアがインターネットを経由してコンピューターに不正にアクセスするのを防ぐために、自分のパソコンと外部との情報の通過を制限するためのシステムです。

ファイル

ひとかたまりのデータやプログラムのことです。パソコンでは、ファイル単位でデータが管理されます。

ファイル履歴

Windows 11のバックアップ方法の1つで、USB メモリーや外付けのハードディスクなどに、ファイルを定期的に保存できる機能です。初期設定ではオフになっているため、利用するにはコントロールパネルから設定をオンにする必要があります。

ファミリーセーフティ

子どもがパソコンを使用する時間やWeb ページ、ゲームやアプリなどを制限する機能です。設定するにはあらかじめ子ども用のアカウントを作成しておき、管理者の権限を持つユーザーが設定を行います。「ファミリー機能」と呼ばれることもあります。

フィッシングサイト

銀行や決算再度などのWeb ページに似せた偽りのWeb サイトのことです。個人情報やクレジットカード番号、銀行の個人番号といった情報を盗み取ることを目的に作られています。

フォーマット

記憶媒体にデータを書き込む際に、データを書き込み、管理方法などについて設定した形式のことです。

フォルダー

ファイルを分類して整理するための場所のことです。フォルダーの中にさらにフォルダーを作れます。

フォント

文字をパソコンの画面に表示したり、印刷したりする際の文字の形のことです。

プライバシー

個人の私生活に関する事柄が第三者から隠されており、干渉されない状態、また、そのような状態を要求する権利のことです。

プライバシーポリシー

Web ページなどで収集した個人情報の取り扱いについて企業が設定した取り決めです。

ブラウザー（Webブラウザー）

Web ページを閲覧するためのソフトウェアのことをいいます。

フリー Wi-Fiスポット

無料でWi-Fiを利用できる場所のことで、公共施設や飲食店などで提供されています。しかし、安全性の低い場合もあるので、利用には注意が必要です。

プリインストール

パソコンなどの販売時に、OSやアプリがあらかじめインストールされていることです。

プリンター

パソコンなどの接続して、データを紙に印刷する機器のことです。

◆ ブルーライト

強いエネルギーをもつ青色光です。ブルーライトを浴びることで目の疲れなど身体に悪影響を及ぼすといわれています。

◆ プレイリスト

メディアプレーヤーで、自分の好きな曲だけを集めて作成するオリジナルのリストのことです。

◆ プレビュー

実際に紙に印刷する前に、印刷結果を画面上で確認したり、エクスプローラーで文書や画像などの内容を確認したりする機能のことです。

◆ プログラム

パソコンを動作させるための命令が組み込まれたファイルのことをいいます。

◆ プロバイダー

インターネットサービスプロバイダーの略で、インターネットへの接続サービスを提供する事業者のことです。

◆ プロバイダーメール

プロバイダーと契約して利用するメールシステムのことです。パソコンやスマートフォンのメールソフトを利用してメールの送受信します。

◆ プロパティ

ファイルやプリンター、画面などに関する詳細な情報のことです。たとえば、ファイルのプロパティでは、そのファイルの保存場所、サイズ、作成日時、作成者などの情報を確認できます。

◆ 文節

意味が通じる最小単位で文を分割したものです。

◆ ペイント

Windows 11に標準で付属しているペイントアプリです。画像を作成したり編集したりできます。

◆ ヘルプ

ソフトウェアおよびハードウェアの使用法やトラブルを解決するための解説をパソコンの画面上で説明する文書のことです。

◆ ポート

ハードウェアのポートとは、パソコンの差し込み口のことを、ソフトウェアのポートとは、データをやりとりする出入り口のことを指します。

◆ ホーム

エクスプローラーを開くと最初に表示される画面です。「クイックアクセス（よく利用するフォルダー）」や「お気に入り」、「最近使用したファイル」などが表示されます。

◆ ポインター

マウスの動きと連動して、画面上を移動するマークのことです。基本的には矢印の形です。形や色などは設定から変更することができます。

◆ マウス

パソコンで利用されている入力装置のひとつです。左右のボタンやホイールを利用して、パソコンを操作します。

◆ マスター

CDの書き込み形式のひとつです。CDやDVDプレイヤーなどで使用するメディアを作成する形式です。

◆ 右クリック

操作対象にマウスポインターを合わせて、右ボタンを1回押して離す操作です。メニューを表示するときなどに利用されます。

◆ 右クリックメニュー

デスクトップやファイルなどをマウスで右クリックすると表示されるメニューのことです。主に右クリックした対象に対して行える操作が表示されます。

◆ ミュート

音を出さないことです。ビデオ会議の場合のミュートでは、自分の声が相手に聞こえないようになります。

◆ 無線LAN

電波を利用してパソコンからインターネットに接続したり、パソコン同士をネットワークに接続したりする通信技術のことです。

◆ メールアドレス

電子メールにおける送信者や受信者の住所と名前に相当するものです。単に「アドレス」ともいいます。

◆ メールサーバー

メールを送受信するインターネット上のサーバーのことです。

◆ 迷惑メール

広告や勧誘など、一方的に送られてくるメールのことです。「スパムメール」ともいいます。

メディアプレーヤー

音楽の再生と管理ができるアプリです。CDからの音楽取り込みや、パソコン内の音楽の再生ができます。

メモ帳

Windows 11に標準で付属しているテキスト編集アプリです。文章の編集や保存ができます。

メモリ

パソコンに内蔵された、データを一時的に記憶する装置のことを指します。

文字コード

電子機器で文字を扱うためのルールのことです。文字を一覧表にして、文字ごとに対応した数値を割り当てることで、文字を表現します。

モデム

デジタル信号をアナログ信号に、アナログ信号をデジタル信号に変換するネットワーク機器のことです。

メンション

特定の相手に呼びかけることです。チャットでは、相手の名前の前に「@」をつけることがメンションのサインです。

夜間モード

ブルーサイトの発光をおさえ、目への負担を緩和させる状態のことです。

ユーザー

ソフトウェアやハードウェアを使用する使用者自身のことを指します。

ユーザーアカウント制御

危険なプログラムがパソコンにインストールされたり、パソコンが不正に変更されたりすることを監視する機能です。

ユーザー名

Windows やプロバイダーなどが、利用者を識別するために割り当てる名前のことです。多くの場合、利用者側が自由に決められます。

ライブファイルシステム

CDの書き込み形式のひとつです。ファイルを書き込んだ後に、データの追加、編集、削除も可能な形式です。

リカバリディスク

パソコンのデータを初期化し、購入したときの状態に戻すためのディスクです。リカバリディスクが同封されていない場合は、回復ドライブを作成すると、代わりに利用することができます。

リムーバブルメディア

CD／DVDやSDカードのように、パソコンなどから簡単に取り外しができる記憶媒体のことです。

リモートデスクトップ

ネットワークを使用して、手持ちのパソコンで別のパソコンを遠隔操作することができる機能です。リモートデスクトップ接続を行うには、接続先となるパソコンのWindowsのエディションがWindows 11 Proであり、あらかじめリモートデスクトップの接続を許可しておく必要があります。

履歴

Webサイトにおける履歴とは、過去に閲覧したWebサイトやページの記録のことです。

リンク

Webページの文字列や画像にほかのWebページを結び付けるしくみのことです。「ハイパーリンク」の略称です。

ルーター

ネットワーク上のデータが正しい経路を流れるように制御するための機器です。

レーザープリンター

用紙にトナーを吸着させて印刷する方式のプリンターです。印刷スピードの速さが特長です。

ローカルアカウント

特定のパソコンだけで利用できるアカウントです。登録された情報は、そのパソコンでのみ利用されます。

ロック

一般に、特定のファイルやデータに対するアクセスや更新などを制御することです。

ロック画面

パソコンの電源を入れたときや、消灯時に表示される画面です。不正利用を防ぐために、サインインするまでパソコンを使えないようにする設定が可能です。また、一定時間パソコンを使わないときや席を外すときなど、ほかの人にパソコンを使用されないようしておく機能のこともロックといいます。

ワークスペース

Edgeの新しい機能で、タブや履歴などをタスクごとに管理できる機能です。ほかの人と共有も可能です。

キーボードショートカット一覧

Windows 11を活用するうえで覚えておくと便利なのがキーボードショートカット（ショートカットキー）です。ショートカットキーとは、キーボードの特定のキーを押すことで、操作を実行する機能です。ショートカットキーを利用すれば、素早く操作を実行することができます。ここでは、Windows 11で利用できる主なショートカットキーや、多くのアプリで一般的に利用されているショートカットキーを紹介します。なお、キーの数が少ないキーボードでは、PrintScreenなどのキーがFnとほかのキーの組み合わせに割り当てられています（117ページ参照）。

●デスクトップのショートカットキー

ショートカットキー	操作内容
⊞（ウィンドウズ）	スタートメニューを表示します。
⊞（ウィンドウズ）＋ D	デスクトップを表示します。
⊞（ウィンドウズ）＋ ,	ウィンドウを透明にして一時的にデスクトップを表示します。
⊞（ウィンドウズ）＋ E	エクスプローラーを起動します。
⊞（ウィンドウズ）＋ S	検索メニューを表示します。
⊞（ウィンドウズ）＋ A	クイック設定を表示します。
⊞（ウィンドウズ）＋ I	「設定」アプリを起動します。
⊞（ウィンドウズ）＋ K	［キャスト］画面を表示します。
⊞（ウィンドウズ）＋ L	画面をロックします。
⊞（ウィンドウズ）＋ M	すべてのウィンドウを最小化します。
⊞（ウィンドウズ）＋ Shift ＋ M	最小化したウィンドウを元に戻します。
⊞（ウィンドウズ）＋ R	［ファイル名を指定して実行］画面を表示します。
⊞（ウィンドウズ）＋ T	タスクバーに格納されているアプリをサムネイルで表示します。
⊞（ウィンドウズ）＋ B	タスクバーの端にある最初のアイコンを選択した状態にします。
⊞（ウィンドウズ）＋ N	通知センターと予定表を表示します。
⊞（ウィンドウズ）＋ G	ゲーム実行中にゲームバーを表示します。
⊞（ウィンドウズ）＋ P	複数ディスプレイの表示モード選択画面を表示します。
⊞（ウィンドウズ）＋ U	「設定」アプリの［アクセシビリティ］を表示します。
⊞（ウィンドウズ）＋ X	クイックリンクメニューを表示します。
⊞（ウィンドウズ）＋ Pause ／ Break	［システム］画面を表示します。
⊞（ウィンドウズ）＋ W	ウィジェットを表示します。
Print Screen	画面全体を画像としてコピーします。
Alt ＋ Print Screen	選択しているウィンドウのみを画像としてコピーします。
⊞（ウィンドウズ）＋ Print Screen	画面を撮影して、［ピクチャ］フォルダーの［スクリーンショット］フォルダーに画像として保存します。
⊞（ウィンドウズ）＋ Shift ＋ S	デスクトップの指定範囲を画像としてコピーします。
⊞（ウィンドウズ）＋ Tab	タスクビューを表示します。
⊞（ウィンドウズ）＋ Ctrl ＋ D	新しい仮想デスクトップを作成します。
⊞（ウィンドウズ）＋ Ctrl ＋ F4	仮想デスクトップを閉じます。
⊞（ウィンドウズ）＋ Ctrl ＋ → ／ ←	仮想デスクトップを切り替えます。

ショートカットキー	操作内容
■（ウィンドウズ）＋ ＋	拡大鏡を表示して、画面表示を拡大します。
■（ウィンドウズ）＋ −	拡大鏡で拡大された表示を縮小します。
■（ウィンドウズ）＋ Esc	拡大鏡を終了します。
Alt ＋ Tab	起動中のアプリの一覧を表示し、アプリを切り替えます。
Alt ＋ Shift ＋ Tab	起動中のアプリの一覧を表示し、アプリを逆順に切り替えます。
Ctrl ＋ Alt ＋ Tab	起動中のアプリの一覧を、カーソルキーで選択可能な状態で表示します。
Alt ＋ F4	起動中のアプリのうち、アクティブなアプリを終了します。
Ctrl ＋ Shift ＋ Esc	デスクトップで［タスクマネージャー］画面を表示します。
Ctrl ＋ Alt ＋ Delete	パソコンの再起動やタスクマネージャーの起動が行える画面を表示します。
■（ウィンドウズ）＋ 1 〜 0	タスクバーに登録されたアプリを起動します。
■（ウィンドウズ）＋ Shift ＋ 1 〜 0	タスクバーに登録されたアプリを新しく起動します。
■（ウィンドウズ）＋ Alt ＋ 1 〜 0	タスクバーに登録されたアプリのジャンプリストを表示します。
■（ウィンドウズ）＋ Ctrl ＋ Shift ＋ B	ディスプレイドライバーを再起動します。
Alt ＋ Shift	キーボードレイアウトを切り替えます。
■（ウィンドウズ）＋ ．	絵文字パネルを表示します。
Alt ＋ F8	サインイン画面でパスワードを表示します。
■（ウィンドウズ）＋ G	Xbox Game Bar を表示します。
■（ウィンドウズ）＋ V	クリップボードを表示します。
■（ウィンドウズ）＋ O	画面の向きを固定します。

●エクスプローラーのショートカットキー

ショートカットキー	操作内容
Shift ＋ F10	選択したファイルやフォルダーのショートカットメニューを表示します。
Alt ＋ Enter	選択したファイルやフォルダーの［プロパティ］画面を表示します。
Alt ＋ P	プレビューウィンドウの表示／非表示を切り替えます。
Back space	前に表示していたフォルダーを表示します。
Ctrl ＋ E	検索ボックスを選択します。
Delete	選択したファイルやフォルダーを削除します。
Shift ＋ Delete	選択したファイルやフォルダーを完全に削除します。
F2	選択したファイルやフォルダーの名前を変更します。
Ctrl ＋ Shift ＋ N	新しいフォルダーを作成します。
Shift ＋ ↑ ↓ ← →	ファイルやフォルダーを複数選択します。
Ctrl ＋ A	フォルダー内のすべてのファイルを選択します。
Ctrl ＋ C	選択したファイルやフォルダーをコピーします。
Ctrl ＋ X	選択したファイルやフォルダーを切り取ります。
Ctrl ＋ V	コピーや切り取りを行ったファイルやフォルダーを貼り付けます。

ショートカットキー	操作内容
Ctrl + Shift + 1 ～ 8	アイコンの表示形式を変更します。
Alt + ←	直前に見ていたフォルダーを表示します。
Alt + →	戻る前のフォルダーを表示します。
Alt + ↑	1つ上のフォルダーを表示します。
F4	アドレスバーの入力履歴を表示します。
Alt + F4	選択中のウィンドウを閉じます。
Home	ウィンドウ内の一番上を表示します。
End	ウィンドウ内の一番下を表示します。
Num Lock + ＊	選択しているフォルダーの下の階層にあるフォルダーをすべて展開します。
Num Lock + ＋	選択しているフォルダーを展開します。
Num Lock + －	選択しているフォルダーを折りたたみます。

●ダイアログボックスのショートカットキー

ショートカットキー	操作内容
Ctrl + Tab	右のタブを表示します。
Ctrl + Shift + Tab	左のタブを表示します。
Tab	次の項目へ移動します。
Shift + Tab	前の項目へ移動します。
Space	選択中のチェックボックスのオン／オフを切り替えます。

●アプリ／ウィンドウ／入力のショートカットキー

ショートカットキー	操作内容
■（ウィンドウズ）+ Home	アクティブウィンドウ以外をすべて最小化します。
■（ウィンドウズ）+ ↓	アクティブウィンドウを最小化します。
■（ウィンドウズ）+ ↑	アクティブウィンドウを最大化します。
■（ウィンドウズ）+ →	画面の右側にウィンドウを固定します。
■（ウィンドウズ）+ ←	画面の左側にウィンドウを固定します。
■（ウィンドウズ）+ Shift + ↑	アクティブウィンドウを上下に拡大します。
F11	アクティブウィンドウを全画面表示に切り替えます。
Alt + Space	ウィンドウ自体のメニューを表示します。
F10	アクティブウィンドウのメニューを選択状態にします。
F7	入力中のひらがなを全角カタカナに変換します。
F8	入力中のひらがなを半角カタカナに変換します。
F10	入力中のひらがなを英字の小文字に変換します。
Home	カーソルを入力した行の先頭に移動します。
End	カーソルを入力した行の末尾に移動します。

●多くのアプリで共通して使えるショートカットキー

ショートカットキー	操作内容
Ctrl + +	画面表示を拡大します。
Ctrl + −	画面表示を縮小します。
Shift + ↑↓←→	選択範囲を拡大／縮小します。
Ctrl + A	文書内のすべての文字列などを選択します。
Ctrl + C	選択した文字列などをコピーします。
Ctrl + X	選択した文字列などを切り取ります。
Ctrl + V	コピーや切り取りを行った文字列などを貼り付けます。
Ctrl + Y	直前の操作をやり直します。
Ctrl + Z	直前の操作を取り消し、1つ前の状態に戻します。
Ctrl + N	ウィンドウや文書を新規に作成します。
Ctrl + O	ファイルを開く画面を表示します。
Ctrl + P	文書やWebページなどの印刷を行う画面を表示します。
Ctrl + S	編集中のデータを上書き保存します。
Ctrl + W	編集中のファイルや表示しているウィンドウを閉じます。
Ctrl + E	アプリ内の「検索」機能を表示します。
Esc	現在の操作を取り消します。
F1	ヘルプ画面を表示します。
Ctrl + F	検索を開始します。
Page Up / Page Down	1画面分、上下にスクロールします。
Shift + F10	選択中の項目のショートカットメニューを表示します。

●Webブラウザーのショートカットキー

ショートカットキー	操作内容
Alt + D	アドレスバーを選択します。
Ctrl + R / F5	Webページを最新の状態に更新します。
Ctrl + T	新しいタブを開きます。
Ctrl + W	表示しているタブを閉じます。
Ctrl + Shift + T	直前に閉じたタブを開きます。
Alt + ←	直前に見ていたWebページに戻ります。
Alt + →	戻る前のWebページを表示します。
Ctrl + D	表示しているWebページをお気に入りに登録します。
Ctrl + H	履歴画面を表示します。
Ctrl + J	ダウンロード画面を表示します。
Esc	Webページの読み込みを中止します。
Ctrl + Tab	右のタブを表示します。
Ctrl + Shift + Tab	左のタブを表示します。

目的別索引

記号

「—」（ダッシュ）を入力する ……………………………… 116
「◎」や「▲」を入力する ………………………………… 115
「m²」を入力する ………………………………………… 116
「ー」（長音）を入力する ………………………………… 116

A〜N

Android スマートフォンを接続する …… 244, 254, 289
Bluetooth 機器を接続する ……………………… 265, 266
CapsLock の有効／無効を切り替える ……………… 118
CD ／ DVD にデータを書き込む ………………… 273, 276
CD ／ DVD にファイルを追加する ………………… 275
Copilot を利用する ………………………………………… 203
Edge を利用する ………………………… 130, 251, 252
Gmail を利用する ………………………………………… 171
InPrivate ブラウズを利用する ……………………… 191
iPhone を接続する ………………………… 244, 254, 289
Microsoft アカウントを確認する ……………………… 314
NumLock の有効／無効を切り替える ……………… 118

O〜T

OneDrive を利用する …………………………………… 234
「Outlook」アプリを利用する ……………………… 173
［PC］を開く …………………………………………………… 77
PDF に書き込む ………………………………………… 161
PDF の表示サイズを変更する ……………… 160, 161
PDF を閲覧する …………………………………………… 160
PIN を変更する …………………………………………… 325
PIN をリセットする ……………………………………… 39
SD カードを読み込む …………………………………… 264
「Snipping Tool」アプリを利用する ………………… 55
「Teams」アプリでビデオ会議を行う ……………… 299
「Teams」アプリを表示する ………………………… 293

U〜W

USB ポートの数を増やす ……………………………… 264
USB メモリーにファイルを保存する ………………… 263
USB メモリーのファイルを表示する ……………… 262
USB メモリーを初期化する ……………………………… 264
Web ページの画像を編集する ……………………… 159
Web ページの画像をダウンロードする ……………… 143

Web ページの表示倍率を変える ……………………… 155
Web ページを印刷する …………………………………… 156
Web ページをお気に入りに登録する ……………… 145
Web ページを検索する …………………………………… 161
Web ページを最新の状態に更新する ……………… 135
Web ページを開く ………………………………………… 133
Web ページの履歴を消去 ……………………………… 153
Web ページの履歴を表示 ……………………………… 153
Wi-Fi に接続する ………………………………………… 126
Wi-Fi に接続できない …………………………………… 127
Windows 10 にダウングレードする ………………… 309
Windows 11 にアップグレードする ………………… 309
Windows Media Player を起動する ………………… 227
Windows セキュリティでスキャンを実行する …… 197
Windows のエディションを調べる ……………………… 31
Windows のバージョンを調べる ……………………… 31
Windows をアップデートする …………………………… 333

あ行

アカウントの画像を変更する ……………………… 318
アカウントの種類を確認する ……………………… 321
アカウントの種類を変更する ……………………… 322
新しいテーマを入手する ……………………………… 344
アプリの背景色を暗くする …………………………… 337
アプリをアップデートする ………………………… 288
アプリをアンインストールする …………………… 288
アプリをインストールする ………………………… 286
アプリを起動する ……………………………………… 43
アプリを検索する ………………………………… 46, 286
アプリを購入する ……………………………………… 287
アプリを終了する ……………………………………… 48
印刷する …………………………………………………… 256
インターネットに接続する …………………………… 122
インターネットに接続できない …………………… 128
ウィジェットの大きさを変更する ………………… 284
ウィジェットのピン留めを外す …………………… 285
ウィジェットを追加する ……………………………… 284
ウィジェットを利用する ……………………………… 283
ウィンドウの大きさを変更する …………………… 58
ウィンドウを移動する ………………………………… 58
ウィンドウを切り替える ……………………………… 59

ウィンドウを最小化する／元に戻す ················ 58, 63
ウィンドウを最大化する／元に戻す ················ 48, 58
ウィンドウを並べて表示する ················ 60, 61
エクスプローラーを開く ················ 75
エクスプローラーのレイアウトを変更する ··············78
応答不可をオンにする ················ 327
大文字を入力する ················ 113
音楽 CD の曲をパソコンに取り込む ··············229
音楽 CD を再生する ················ 228
音楽を聴く（メディアプレーヤー） ··············230
音楽を聴く（スマートフォン） ··············246, 247
音量を調整する ················ 40

か行

海外の時計を追加する ················ 335
回復ドライブを作成する ················ 312
隠しファイルに変更する ················ 88
隠しファイルを表示する ················ 88
拡大鏡機能を利用する ················ 155
拡張子を表示する ················ 89
画像のテキストを抽出する ················ 57
仮想デスクトップを利用する ················ 71
カタカナを入力する ················ 106
画面操作を録画する ················ 57
画面を画像にして保存する ················ 55, 56
カレンダーに祝日を追加する ················ 280
カレンダーを利用する ················ 279
漢字を入力する ················ 105
キーボードの言語設定を確認する ··············97
キーボードの配列を覚える ················ 96
記号を入力する ················ 115
クイックアクセスからフォルダーを削除する ··············94
クイックアクセスにフォルダーを追加する ··············94
クイック設定を表示する ·········· 129, 330, 336
空白を入力する ················ 114
ゲームで遊ぶ ················ 285
検索エンジンを変更する ················ 162
ごみ箱のファイルを個別に削除する ··············85
ごみ箱のファイルを元に戻す ················ 84
ごみ箱を空にする ················ 85
ごみ箱を開く ················ 84
小文字を入力する ················ 112
コレクションを削除する ················ 152

コレクションを追加する ················ 151
「コントロールパネル」を開く ················ 49

さ行

システムの保護を有効にする ················ 313
システム要件を確認する ················ 308
システムを復元する ················ 313
自動再生の設定を変更する ················ 210
写真に書き込む ················ 216
写真の向きを変更する ················ 215
写真や動画を簡単に確認する ················ 93
写真を Bluetooth で共有する ················ 247
写真を印刷する ················ 217, 218
写真を検索する ················ 213
写真を削除する ················ 212
写真を修整する ················ 214
写真を取り込む ················ 208, 248, 249
写真をトリミングする ················ 215
写真をロック画面の壁紙にする ················ 329
ジャンプリストを利用する ················ 67
周辺機器を接続したときの動作を変更する ··········267
ショートカットを作成する ················ 94
スクリーンセーバーの起動時間を変更する ··········342
スクリーンセーバーを設定する ················ 341
スタートメニューのレイアウトを変更する ··········47
ストレージセンサーを有効にする ················ 334
スマートフォンと接続する ················ 244
「スマートフォン連携」アプリを利用する ······ 254, 289
スリープ解除時にパスワードを入力しない ··········325
スリープする ················ 36
スリープするまでの時間を設定する ················ 326
セキュリティ機能を確認する ················ 196
全角英数字を入力する ················ 114
挿入モードに切り替える ················ 117

た行

タッチキーボードを利用する ················ 100
タッチパッドを操作する ················ 33
ダブルクリックの速度を調整する ················ 338
単語を辞書に登録する ················ 111
通知設定を変更する ················ 326, 327, 328
通知を確認する ················ 69
ディスクの書き込み形式を選ぶ ················ 273

デスクトップアイコンの大きさを変える ·················· 54
デスクトップアイコンを移動する ························· 54
デスクトップアイコンを整理する ························· 54
デスクトップの色を変更する ··············· 342, 344
デスクトップの背景を変更する ··············· 343, 344
「天気」アプリの地域を変更する ·················281
「天気」アプリを利用する ····························281
電源ボタンの動作を変更する ·······················336
動画を編集する ·······································221
「ドキュメント」を開く ································ 77
ドライブの容量を確認する ··························339

な行

ナビゲーションウィンドウを操作する ··············· 76
日本語を入力する ···························103, 104
入力した文章を改行する ····························103
入力モードを切り替える ····················· 99, 110
ネットワークへの接続状態を確認する ················129

は行

ハードディスクの空き容量を増やす ···················· 340
ハードディスクを最適化する ························341
パスワードを再設定する ····························190
パスワードの入力履歴を消す ·······················191
パソコンからサインアウトする ······················ 37
パソコンの電源を切る（シャットダウンする）········· 36
パソコンのバックアップを行う ··············· 269, 332
パソコンを起動する ································· 35
パソコンを終了する ································· 36
パソコンを初期状態に戻す ················· 310, 311
パソコンをロックする ······························· 36
バッテリー節約機能をオンにする ····················336
ピクチャパスワードを利用する ······················324
「ピクチャ」を開く ································· 77
ビデオ映像を再生する ······························219
ビデオ映像を取り込む ······························219
ピン留めを解除する ································· 45
ピン留めを追加する ································· 44
ピン留めを並べ替える ······························· 45
「ファイル名を指定して実行」を開く ··············· 49
ファイル名を変更する ······························· 82
ファイルを CD ／ DVD に書き込む ·············· 273, 276
ファイルを圧縮する ································· 86

ファイルを移動する ································· 79
ファイルを検索する ···························· 91, 92
ファイルをコピーする ······························· 78
ファイルを削除する ································· 83
ファイルをダウンロードする ·······················142
ファイルを展開（解凍）する ························· 87
ファイルを並べ替える ······························· 83
ファイルを開かずに内容を確認する ················· 92
ファイルを開く ····································· 77
ファミリーセーフティを利用する ··········· 136, 320
「フォト」アプリを利用する ························211
フォルダーを作成する ······························· 80
複数のファイルを一度に選択する ····················· 79
「付箋」アプリを利用する ····························283
プライバシーポリシーを確認する ····················192
ブラウザー上で Office を利用する ···················242
プリンターを使えるようにする ······················256
ブルーライトを抑える ······························330
プロバイダーを選ぶ ································124
文節の区切りを変える ······························107
本人確認を行う ····································· 41

ま行

マウスポインターの大きさを変更する ···············337
マウスポインターの移動スピードを変更する ··········338
マウスを操作する ···························· 32, 33
マウスを左利き用に変更する ·······················338
「マップ」アプリを利用する ························282
メディアプレーヤーを起動する ······················227
メール以外でファイルを送る ·······················172
文字カーソルを移動する ····························103
文字を削除する ····································104
文字を変換し直す ··································108

や行

夜間モードをオンにする ····························330
ユーザーアカウント制御の設定を変更する ············199
予定の通知を設定する ······························280
読み方が不明な漢字を入力する ······················109

ら行

ローカルアカウントを作成する ······················315
ロック画面の画像を変更する ·······················329

用語索引

アルファベット

BCC ··· 179
Bing ··· 161, 162, 203
Bluetooth ·· 265, 266
Blu-ray ディスク ······························· 270, 271, 272
CATV ·· 123
CapsLock ··· 118
CC ·· 179, 180
CD ································· 270, 273, 275
CD の取り込み ····································· 229
Copilot ··· 202
DVD ································ 270, 273, 275
Edge ·········· 130, 131, 190, 191
Firefox ··································· 132
Fn キー ····················· 117
FTTH ····················· 123
Gmail ························· 169, 171, 172
Google ······················ 161, 162
Google Chrome ················· 132
Google アカウント ················· 171
GPU レンダリング ················· 166
Home ···························· 30, 50
IEEE802.11 ··················· 125
IMAP ·························· 168
IME ツールバー ··················· 102
IME パッド ·················· 116
InPrivate ブラウズ ··············· 191
LAN ケーブル ·············· 122, 261
Microsoft 365 ·········· 222, 243, 278
「Microsoft Clipchamp」アプリ ·········· 221
Microsoft Defender ·············· 196, 197
「Microsoft Store」アプリ ·········· 278
Microsoft アカウント ·············· 314
Microsoft アカウントの作成 ············· 316
Microsoft アカウントの同期 ············· 317
NumLock ····························· 118
OneDrive ·············· 234, 250, 314
OS ······························· 30
「Outlook」アプリ ·············· 173, 174
PC ·················· 77, 143, 264, 339
「PC 正常性チェック」アプリ ·········· 308

PDF ····················· 160, 161
PIN ···················· 35, 325
POP ···························· 168
PrintScreen ················· 55, 56
Pro ····························· 50
SD カード ······················ 264
Skype ···················· 278 ,291
Slack ························· 291
SMTP ························· 168
「Snipping Tool」アプリ ··········· 55, 56, 57
SNS ·························· 192
SOHO ························ 30
「Teams」アプリ ··········· 292, 293, 294
URL ····················· 133, 194
USB ハブ ···················· 264
USB ポート ············ 32, 264, 268
USB メモリー ················· 262
Web カメラ ···················· 298
Web ブラウザー ················ 130
Web ページを検索 ·············· 161
Web メール ·············· 169, 171
Wi-Fi ·················· 125, 126
Windows ················· 30, 31
Windows 10 へのダウングレード ········· 309
Windows 11 ···················· 30
Windows 11 のシステム要件 ·········· 308
Windows 11 のバージョン ············ 31
Windows 11 へのアップグレード ········· 309
Windows Media Player ·········· 227
Windows Update ··········· 196, 333
ZIP 形式 ························ 86
Zoom ························· 291

あ行

アイコン ····················· 78, 235
アカウントの画像 ················ 318
アカウントの種類を変更 ············ 322
新しいタブ ················ 139, 142
新しいデスクトップ ················ 71
圧縮 ·················· 86, 87, 340
アップグレード ·················· 309

アップデート ······················· 31
アドレスバー ················· 75, 133
アプリ ··························· 44, 278
アプリの検索 ····················· 286
アプリの入手 ····················· 286
アプリをアップデート ············· 288
アプリを削除 ····················· 288
アラーム ··························· 280
アンインストール ················· 288
位置情報 ····················· 282, 328
インク ··························· 260
インクジェットプリンター ········· 256
印刷 ············· 156, 186, 217, 256
印刷プレビュー ··················· 257
インストール ··········· 30, 251, 286
インターネット ··················· 122
インポート ····· 148, 208, 219, 221
ウィジェット ············· 52, 53, 283
ウイルス ··························· 193
ウィンドウ ························· 58
上書き保存 ························· 82
上書きモード ····················· 117
エクスプローラー ················· 75
エクスポート ····················· 225
エディション ······················· 30
大文字 ····························· 113
お気に入り ······················· 145
お気に入りバー ··············· 148, 149
音楽 CD の取り込み ··············· 229
音楽 CD を再生 ··················· 228
音量 ·············· 40, 70, 212, 224

か行

カーソル ····················· 98, 103
改行 ······························ 103
回復ドライブ ················· 311, 312
隠しファイル ······················· 88
拡大鏡 ··························· 155
拡張機能 ··························· 158
拡張子 ····························· 89
仮想デスクトップ ··················· 71
仮想背景（バーチャル背景）········· 305
カタカナ ····················· 106, 120

かな入力 ····················· 110, 118
画面の共有 ······················· 306
カレンダー ······················· 279
漢字 ······························· 105
管理者 ················· 199, 321, 323
キーボード ························· 96
記号 ······························· 115
起動 ······························· 35
切り取り ····················· 76, 79
近距離共有 ······················· 240
クイックアクセス ············· 77, 94
クイック設定 ····· 53, 129, 330, 336
空白 ······························· 114
クラウドストレージ ················· 234
クリック ··························· 33
ケーブル ····················· 245, 261
ゲーム ··························· 285
言語バー ························· 102
検索ボックス ············· 42, 52, 75
光学式メディア ··················· 270
公衆無線 LAN ····················· 126
コネクター ······················· 261
コピー ······························· 78
ごみ箱 ····················· 84, 243
小文字 ····························· 112
コレクション ················· 151, 152
コントロールパネル ······· 49, 197, 321

さ行

再インストール ··················· 311
再起動 ····························· 64
最小化 ····················· 58, 63
最大化 ················· 48, 58, 60
最適化 ····························· 341
サインアウト ················· 37, 237
サインイン ··················· 35, 130
サインインオプション ········· 37, 318
サムネイル ············· 72, 73, 211
辞書 ······························· 111
システムの復元 ··················· 313
自動再生 ····················· 210, 267
写真を印刷 ··················· 217, 218
写真を削除 ······················· 212

写真を修整 ……………………………… 214
写真を取り込む ………………………… 208
写真をトリミング ……………………… 215
シャットダウン ………………………… 36
ジャンプリスト ………………………… 67
周辺機器 ………………………… 261, 267
受信トレイ ……………………………… 174
証明書 …………………………………… 166
ショートカット ………………………… 94
ショートカットキー ……………… 49, 120
署名 ……………………………………… 181
数字 ……………………………………… 118
スクリーンショット …………………… 55
スクリーンセーバー ……………… 341, 342
スタートメニュー ………………… 42, 330
ストレージセンサー …………………… 334
ストレッチ ……………………………… 34
「スナップ」機能 ………………………… 60
スナップレイアウト ……………… 60, 61
スパイウェア …………………………… 196
「スマートフォン連携」アプリ … 254, 289
スピーカー ……………………………… 304
スライド ………………………………… 34
スライドショー ………………………… 343
スリープ …………………… 36, 325, 326
セキュリティ対策ソフト ………… 193, 195
接続状態 ………………………………… 129
「設定」アプリ …………………………… 323
全角 ……………………………………… 113
全角英数字 ……………………………… 114
挿入モード ……………………………… 117
外付けハードディスク …… 269, 312, 314

た行

タイトルバー ……………………… 48, 58
タイムライン …………………………… 222
対話型 AI ………………………………… 202
ダウングレード ………………………… 309
ダウンロード ……… 142, 194, 241, 297
タスクバー ……………………………… 64
タスクバーアイコン …………………… 53
タスクビュー …………… 59, 64, 71, 73
タッチキーボード ………………… 100, 101

タッチディスプレイ ………… 34, 100, 101
タッチパッド ……………………… 32, 33
タップ …………………………………… 34
タブ ……………………………………… 137
タブのピン留め ………………………… 141
ダブルクリック ………………………… 33
ダブルクリックの速度の調整 ………… 338
ダブルタップ …………………………… 34
単漢字変換 ……………………………… 109
チャット ………………………… 291, 292
通知 ………………………………… 69, 326
通話 …………………………… 124, 290, 292
テーマ …………………………………… 344
テザリング ……………………………… 124
デジタルカメラ ………… 208, 210, 219
デスクトップ ……………………… 52, 53
デスクトップの色を変更 ………… 342, 344
デスクトップの背景を変更 ……… 343, 344
展開 ……………………………………… 87
「天気」アプリ …………………… 278, 281
電源 ……………………………………… 35
電源ボタン …………… 35, 36, 38, 336
電子メール ……………………………… 168
転送 ……………………………………… 180
添付ファイル …………… 178, 181, 296
問い合わせ ……………………………… 128
同期 …………………………… 182, 236, 317
ドキュメント …………………………… 77
閉じる …………………………… 48, 58
トップサイト …………………………… 142
ドライブ ………………… 77, 272, 340
ドラッグ＆ドロップ …………………… 33
トランジション ………………………… 222

な行

長押し …………………………………… 34
ナビゲーションウィンドウ ……… 75, 76
名前の変更 ………………… 82, 147, 152
名前を付けて保存 ……………………… 82
並べ替え …………………………… 54, 83
ノイズ …………………………………… 304

は行

バージョン	30, 31
ハードディスク	77, 268, 340
ハウリング	304
パスキー	200
パスワードの再設定	190, 318
バックアップ	250, 269, 332
バッジ	70
バッテリー	38, 336
貼り付け	78, 79
半角	113
半角英数字	99, 112
光回線終端装置	122
ピクチャ	77
ピクチャパスワード	37, 324
ビデオ会議	291, 297
表示倍率	155
標準ユーザー	321, 322
ひらがな	103, 104
ピンチ	34
ピン留め	44
ファイル	74
ファイルの共有	238
ファイル名を指定して実行	49
ファイル履歴	269
ファミリーセーフティ	136, 320
フィッシングサイト	194
「フォト」アプリ	211
フォルダー	74
「付箋」アプリ	283
プライバシーポリシー	192
ブラウザー	130
プリンター	256
ブルーライト	330
プレイリスト	226, 232
プレビューウィンドウ	64, 92, 174
プロバイダー	122, 124
プロバイダーメール	168, 169, 175
文節	107, 108
「ペイント」アプリ	278
ポート	261
ホーム	93

ま行

マイク	304
マウス	32, 33
マウスの設定	337, 338
マウスポインター	53, 98, 337, 338
マスター	273, 276
「マップ」アプリ	278, 282
右クリック	33
右クリックメニュー	54
ミュート	40, 212, 301
メディアプレーヤー	226
「メモ帳」アプリ	278
メモリーカード	208
メンション	306
文字一覧	116
文字カーソル	98, 103
モデム	122, 126
元に戻す	84
モバイルデータ通信	123, 124
モバイルルーター	124

や行

ユーザーアカウント制御	199
有料アプリ	287

ら行

ライブファイルシステム	273
リアクション	301
リカバリディスク	311
リモートデスクトップ	50
履歴	153, 192, 253
リンク	139, 239
ルーター	125
レーザプリンター	256
連絡先	187, 188
ローカルアカウント	314
ローマ字入力	110, 111
ロック	36
ロック画面	35, 329

わ行

ワークスペース	156, 157

用語索引

お問い合わせについて

本書に関するご質問については、本書に記載されている内容に関するもののみとさせていただきます。本書の内容と関係のないご質問につきましては、一切お答えできませんので、あらかじめご了承ください。また、電話でのご質問は受け付けておりませんので、必ず FAX か書面にて下記までお送りください。
なお、ご質問の際には、必ず以下の項目を明記していただきますよう、お願いいたします。

1　お名前
2　返信先の住所または FAX 番号
3　書名（今すぐ使えるかんたん Windows 11
　　完全ガイドブック 困った解決＆便利技　Copilot 対応 [改訂第3版]）
4　本書の該当ページ
5　ご使用の OS とソフトウェアのバージョン
6　ご質問内容

なお、お送りいただいたご質問には、できる限り迅速にお答えできるよう努力いたしておりますが、場合によってはお答えするまでに時間がかかることがあります。また、回答の期日をご指定なさっても、ご希望にお応えできるとは限りません。あらかじめご了承くださいますよう、お願いいたします。

問い合わせ先

〒 162-0846
東京都新宿区市谷左内町 21-13
株式会社技術評論社　書籍編集部
「今すぐ使えるかんたん Windows 11
完全ガイドブック 困った解決＆便利技　Copilot 対応 [改訂第3版]」質問係
FAX 番号　03-3513-6167

URL：https://book.gihyo.jp/116

■お問い合わせの例

```
            FAX

1 お名前
  技術　太郎

2 返信先の住所または FAX 番号
  03-XXXX-XXXX

3 書名
  今すぐ使えるかんたん
  Windows 11 完全ガイドブック
  困った解決＆便利技　Copilot 対応
  [改訂第3版]

4 本書の該当ページ
  44 ページ　Q 027

5 ご使用の OS とソフトウェアのバージョン
  Windows 11

6 ご質問内容
  ピン留めが追加できない
```

※ご質問の際に記載いただきました個人情報は、回答後速やかに破棄させていただきます。

今すぐ使えるかんたん Windows 11
完全ガイドブック 困った解決＆便利技　Copilot 対応 [改訂第3版]

2022 年 7 月 9 日　初版　第 1 刷発行
2024 年 7 月 5 日　3 版　第 1 刷発行

著　者●リブロワークス
発行者●片岡 巌
発行所●株式会社技術評論社
　　　　東京都新宿区市谷左内町 21-13
　　　　電話　03-3513-6150　販売促進部
　　　　　　　03-3513-6160　書籍編集部
装丁●田邉恵里香
本文デザイン●リブロワークス・デザインチーム
DTP ●リブロワークス・デザインチーム
編集●リブロワークス
担当●宮崎主哉（技術評論社）
製本／印刷●大日本印刷株式会社

定価はカバーに表示してあります。

ISBN978-4-297-14198-1　C3055
Printed in Japan